陆相湖盆岩性圈闭
地震解释与地质评价

Seismic Interpretation and Geological Evaluation of
Lithological Traps in Lacustrine Basins

杨占龙　著

石油工业出版社

内 容 提 要

本书论述了陆相湖盆岩性圈闭地震解释与地质评价方法，重点分析在层序地层与沉积微相研究的基础上，利用地震信息多参数综合分析方法进行岩性圈闭识别、描述、优选与评价的技术系列，提出了适合陆相湖盆和具体盆地地质特点的实用性技术，对陆相湖盆常规和非常规岩性油气藏勘探有重要借鉴意义。

本书可供从事油气勘探与开发的研究人员及石油与地质院校相关专业的师生参考。

图书在版编目（CIP）数据

陆相湖盆岩性圈闭地震解释与地质评价 / 杨占龙著. —北京：石油工业出版社，2024.3
ISBN 978–7–5183–5653–9

Ⅰ. ①陆… Ⅱ. ①杨… Ⅲ. ①地震数据–应用–陆相–湖盆–地层圈闭–油气勘探–研究–中国 Ⅳ. ① P315.63 ② P618.130.8

中国版本图书馆 CIP 数据核字（2022）第 186261 号

出版发行：石油工业出版社
（北京安定门外安华里 2 区 1 号　100011）
网　　址：www.petropub.com
编辑部：（010）64222261　　图书营销中心：（010）64523633
经　　销：全国新华书店
印　　刷：北京中石油彩色印刷有限责任公司

2024 年 3 月第 1 版　2024 年 3 月第 1 次印刷
787×1092 毫米　开本：1/16　印张：12.25
字数：300 千字

定价：150.00 元
（如出现印装质量问题，我社图书营销中心负责调换）
版权所有，翻印必究

序

20世纪30—40年代，以李四光（1889—1971）、潘钟祥（1906—1983）、黄汲清（1904—1995）等为代表的中国石油工业先驱预测中国东部新华夏构造带可能找到油气，提出了陆相生油的观点并认为陆相生油具有多期多层生、储油的特征，为陆相湖盆油气勘探奠定了理论基础。美国石油地质学家 A. I. Leforsen（1894—1965）研究认为并不是所有的油气藏都与背斜有关，他的学生 F. A. F. Berry 于1966年提出了"隐蔽油气藏"的概念，在"背斜论"的基础上为含油气盆地油气勘探开发提供了更广阔的领域。

20世纪70—80年代，随着"隐蔽油气藏"概念引入国内，石油勘探工作者紧密结合中国沉积盆地地质特征与勘探实际，不断探索，从找油思路、研究方法、技术手段到组织形式，积极转变勘探思想。实现了从构造向岩性、正向构造带向负向构造带、构造高部位向构造翼部、环凹向洼槽、源上源外向源内、单一类型向多类型油气藏找油思路的转变；从"构造精细解释，落实圈闭高点"向"精细沉积储层预测，落实砂体空间展布"的构造研究找背景、沉积研究找砂体、构造背景与沉积砂体综合研究相结合预测隐蔽油气藏有利勘探区带研究方法的转变；从"传统石油地质评价"向"应用含油气系统、层序地层等理论，结合地震信息多参数综合分析与评价钻探目标"研究手段的转变；从"构造解释、沉积储层、新技术应用、圈闭评价"分头研究向"组织多学科，地质与物探有机结合、资料处理、解释、分析与评价一体化、优势互补、联合攻关、解决关键地质问题"研究组织形式的转变。经过"十五"到"十三五"持续攻关，中国含油气盆地岩性油气藏勘探取得重要进展，在多个盆地取得显著勘探成效，截至"十三五"末，岩性油气藏年增储规模占比达76%以上，特别是随着近年来"非常规"和"源内"油气藏勘探的全面展开，岩性油气藏更是展现出广阔的勘探前景。

中国横跨多个大地构造域，大地构造背景复杂，盆地沉积演化过程多变、沉积盆地类型多样，陆相湖盆广泛发育，既有东部辽阔的拉张断陷盆地群，又有中部广袤的克拉通盆地群，更有西部数量众多的多旋回叠合盆地群，油气勘探前景广阔，勘探发现与技术挑战并存。其中陆相湖盆岩性油气藏经过三十多年的持续发展，在勘探方法与技术探索方面积淀了丰硕的成果，特别是从岩性圈闭发育的共性特征出发，探索了系列适应岩性油气藏勘探的有效方法和成熟技术，有效指导了含油气盆地有利勘探区带优选与目标评价。随着研究程度的深入、面对对象的复杂化以及目标研究的精细化，陆相湖盆岩性油气藏赋存的复杂性和勘探技术的密集型特征进一步显现出来，对勘探方法思考与技术探索提出了更多更具体的地质问题。为科学、有序、高效促进陆相湖盆岩性油气藏勘探深入发展，积极探索和形成适合陆相湖盆地质特征的岩性油气藏勘探特色技术是技术发展的必然要求。

杨占龙博士紧盯国际前沿，紧随国内外技术进步，长期从事岩性油气藏勘探方法研究与技术探索，并在多个探区从事实际勘探研究，取得了良好的勘探成效与丰富的理论和技术积累，探索提出了适合陆相湖盆岩性圈闭赋存特点的勘探方法与技术体系，其核心是在层序地层和沉积微相综合地质研究基础上，利用地震信息多参数综合分析方法识别、描述、优选与评价岩性圈闭。重点是紧密结合陆相湖盆地质特征和具体盆地勘探实际，在地震隐性层序界面识别与高频层序格架建立、"三相"联合解释开展沉积微相研究，特别是在地震地质等时体概念的提出及应用、地震波形精细分类研究、储层预测中层位—储层的精细标定、地震属性交会映射分析、融合地震结构与属性信息表征陆相湖盆沉积体系、地震地貌切片解释技术的提出和具体应用等方面进行了卓有成效的探索，并将相关研究成果凝练总结提升，使《陆相湖盆岩性圈闭地震解释与地质评价》这本书大为增色，并极大地增加其实际的应用性。

本书从陆相湖盆地质背景分析与岩性圈闭赋存特征入手，全面讨论了在层序地层和沉积微相等综合地质研究基础上，利用地震信息多参数综合识别、描述、优选与评价陆相湖盆岩性圈闭的勘探方法与相关特色技术，结合实际讨论了方法和相关技术应用的关键点，并分析了未来一段时期岩性圈闭勘探需要攻关的关键技术。方法探索结合陆相湖盆地质特征，技术研发针对岩性圈闭赋存特点，在实践中形成勘探方法，在生产需求中提升技术，理论与实践紧密结合。

《陆相湖盆岩性圈闭地震解释与地质评价》一书将是从事油气勘探开发的研究人员及石油、地质高等院校相关专业师生进行科研和教学的良师益友，值得阅读并定有教益。

2023 年 6 月于北京

前　言

不同类型岩性圈闭是当前及今后一段时期常规和非常规油气勘探面对的主要圈闭类型。相对于海盆，湖盆规模小，水体局限，水进水退频繁，受气候影响水体活动能量变化幅度大；湖盆内发育多水系、短物源、多物源、多类型沉积体系，沉积体系规模小，受局部构造或古地貌控制明显；沉积物横向相变快，平面分异明显，同一构造期沉积（亚）相继承性强而沉积微相侧向迁移明显；湖盆内岩性圈闭面积小、数量多、成群分布。对以地震资料为基础开展岩性圈闭识别、描述、优选等地震解释与地质评价提出更高要求。

陆相湖盆沉积背景决定了岩性圈闭本身发育、空间分布、油气运聚成藏与构造类圈闭或海盆中的大型岩性圈闭有差异，陆相湖盆岩性圈闭边界条件复杂、形态不规则，赋存状态隐蔽，成藏条件复杂，流体运聚机理多样。这些特点相辅相成，共同决定了陆相湖盆岩性圈闭的勘探特点和勘探难度。

随着岩性油气藏勘探的不断实践，先后探索了滚动预测—滚动评价—滚动勘探提高岩性油气藏勘探成效的方法，地震储层预测与层序地层学开展岩性油气藏勘探研究的两项核心技术，地质物探紧密结合的岩性油气藏区带评价、圈闭识别和有效性评价技术体系等，有效促进了陆相湖盆岩性油气藏勘探的持续开展。上述方法与技术体系着重从岩性圈闭发育与成藏的一般性规律出发进行了深入探索，相关技术是进行岩性圈闭解释与评价的共性技术，一定程度上缺乏针对圈闭具体特点和对圈闭所属盆地本身地质条件特殊性的考虑，主要适用于岩性圈闭勘探的宏观预测与评价。总体来看，前期针对岩性圈闭勘探的成功率仍不高，钻探结果与实际预测评价的误差较大。具体表现为在陆相盆地预测评价的岩性油气藏有利勘探区带比较明确，但区带内岩性圈闭的具体落实有难度；宏观上预测的岩性油气藏规模大，但在选择具体的勘探突破点上仍难以把握，分析其原因主要是宏观有利区带与具体岩性圈闭分析评价衔接不紧密。从岩性圈闭与层序格架内层序界面级别的依存关系看，陆相湖盆内目标研究单元的准确厘定与细化是相关技术应用面临的主要技术瓶颈，而适应盆地地质特点的岩性圈闭识别与精细描述技术研发是关键，同时，不同类型岩性圈闭有效性的动态评价仍需要探索。

2001年以来，笔者重点从事岩性油气藏勘探方法与技术等研究，通过20多年在中国陆相湖盆岩性油气藏勘探的不断探索实践，提出并逐步丰富了在层序地层和沉积微相等综合地质研究基础上的地震信息多参数综合识别、描述、优选与评价岩性圈闭的方法与技术系列，其核心是在地震资料解释的基础上，重点从地质分析角度来探索适合陆相湖盆地质特点的岩性圈闭勘探方法与技术，突出了有利勘探区带评价与圈闭识别、优选的紧密衔接。对于相关技术，主要是在共性技术基础上，着重探索适合陆相湖盆和具体盆地地质特点的针对性技术，从而为陆相湖盆岩性圈闭勘探的井位部署提供地震解释与地质分析评价依据。

岩性油气藏勘探方法探索和技术研究已取得长足进展，有效促进了常规和非常规油气勘探发展。实践证实，笔者提出的岩性油气藏勘探方法与技术体系是进行陆相湖盆岩性圈闭识别、描述、优选与评价的有效方法，其中层序地层和沉积微相研究是构成岩性油气藏形成基本地质背景分析的两项核心地质综合研究技术。地震信息多参数综合分析主要包括地震波形分类基础上的地震相分析、常规储层预测和非常规储层预测、多类型数据的地震属性分析、地震信息分解基础上的目标含油气性检测评价、流体势分析、三维可视化等。其中储层预测和目标含油气性检测构成岩性圈闭勘探的两项核心地球物理综合评价技术。

该方法包含的相关技术较多，但本书并不是对上述技术进行面面俱到的分析和讨论，笔者重点以上述相关进行岩性圈闭勘探的共性技术为基础，结合陆相湖盆岩性圈闭发育特点和盆地自身特征，探索相关技术在陆相湖盆有效应用的特色技术，同时突出了相关技术在陆相湖盆岩性圈闭勘探中的地质含义分析与评价，以增强技术应用的适用性和实用性。

例如在建立以等时地层格架为目的的层序地层学研究方面，创新性提出了地震隐性层序界面的概念和识别方法，研发了地震高频层序格架建立技术，准确厘定和细化了与岩性圈闭密切相关的研究与评价单元；在沉积微相研究方面，采用测井相、地震相、沉积相"三相"联合解释技术、提出的地震地质等时体概念与方法进行岩性油气藏纵向有利勘探层系和平面有利勘探位置优选；在以波形分类为基础的地震相研究方面，通过地震相分类并与已知目标类比，快速逼近有利勘探目标，并提出了针对有利地震相类型的再分类研究，以明确有利勘探目标区的地质变化细节，为井位部署提供直接依据；在储层预测方面，重点在测井对于地震资料的标定方面提出了层位—储层的两步精细标定方法，有效提高了储层预测精度；在地震属性分析方面，探索了地震属性交会与多维映射分析方法，提出了融合地震结构信息与属性信息表征陆相湖盆沉积体系的新方法以及地震地貌切片概念并归纳了其解释方法，以有效开展陆相湖盆精细沉积体系表征；在圈闭含油气性检测方面，深化了地震信息分解基础上小时窗范围内地震动力学参数分析开展含油气检测的方法；在流体势分析方面，综合考虑沉积层序内与流体运移有关的古构造、储层厚度、孔隙度、渗透率、压力等参数，开展油气运聚单元划分与流体运移轨迹分析；在三维可视化方面，强化了岩性圈闭空间分布形态及其组合的全面认识，协助确定钻井位置、优化钻井轨迹等。通过岩性圈闭勘探共性技术和上述特色技术在吐哈盆地台北凹陷侏罗系、江汉盆地潜江凹陷古近系—新近系等的实际应用，取得了良好勘探效果，证实了方法和技术体系在陆相湖盆岩性油气藏勘探中的适用性和实用性。笔者在2020—2022年新冠肺炎疫情期间，对上述方法和技术体系进行了完善和总结，期待与同行共勉，共同促进陆相湖盆岩性油气藏勘探方法与技术研究及实际勘探的高效开展。

本书共分六章，第一章讨论了陆相湖盆岩性圈闭发育地质背景及赋存特征，是在层序地层和沉积微相综合地质研究基础上，利用地震信息多参数综合识别、描述、优选与评价岩性圈闭方法的基础。第二章讨论了层序格架控制下的沉积微相研究方法，以地震隐性层序界面识别与高频层序格架建立、"三相"联合解释技术、地震地质等时体概念的提出及应用等，明确陆相湖盆岩性圈闭发育的纵向层系和平面位置。第三章总结了地震信息多参数分析方法进行岩性圈闭识别、优选、描述与评价的关键技术，主要包括地震相分析、储层预测、地震属性分析、含油气性检测、流体势分析与三维可视化等，系统开展有利勘探区带内具体岩性圈闭的识别、描述、优选与评价。第四章结合实际应用，讨论了利用地震信息多参数分析方法开展岩性圈闭勘探相关技术应用的关键点。地震数据体选择、层位—储层精细标定、目标体顶底约束层位解释、分析时窗大小确定等是岩性圈闭地震解释的关键，而地震相分类、地震反演与储层预测、地震属性分析、流体势分析与含油气检测、三维可视化等具体技术根据各自应用的侧重点不同，在实际应用中也有相应的关键点需要把握。第五章以江汉盆地潜江凹陷古近系—新近系、吐哈盆地台北凹陷侏罗系等为例，讨论了上述方法和技术结合盆地地质特点的具体应用及效果。第六章简要讨论了岩性油气藏勘探方法与技术未来的发展方向。

20多年来，笔者的工作得到众多领导、同行专家学者的大力支持、指导和帮助，正是他们严谨的科学态度、务实的科研风范与积极探索的超前思维，促进了上述研究方法与技术的不断深入完善，也促进了本书的出版。这些领导、专家分别是中国石油勘探开发研究院杨杰、陈启林、顾家裕、袁选俊、朱如凯、袁剑英、卫平生、关银录、王西文、刘化清、李相博、苏明军等；中国石油吐哈油田分公司梁世君、梁浩、罗劝生、焦立新、陈旋、肖冬生等。先后参加本书研究工作的还有中国石油勘探开发研究院西北分院黄云峰、吴青鹏、魏立花、李在光、沙雪梅、郝彬、张丽萍、郭精义、黄军平、刘震华、倪长宽、姚军、冯明、李红哲等。特别是中国石油勘探开发研究院顾家裕教授对本书内容提出了宝贵意见，并在百忙之中抽出时间为本书撰写了序言，在此一并向他们表示衷心的感谢！

由于笔者水平有限，书中难免存在纰漏之处，敬请同行批评指正！

目 录

第一章 陆相湖盆岩性圈闭发育地质背景与赋存特征 ········· 1
  第一节 陆相湖盆岩性圈闭发育地质背景 ········· 1
  第二节 陆相湖盆岩性圈闭赋存特征 ········· 14
  第三节 陆相湖盆岩性油气藏勘探方法与技术 ········· 20

第二章 层序格架控制下的沉积体系 ········· 26
  第一节 地震隐性层序界面识别与高频层序格架建立 ········· 26
  第二节 "三相"联合解释技术与沉积微相 ········· 45
  第三节 地震地质等时体与沉积体系 ········· 52

第三章 地震信息多参数综合分析 ········· 63
  第一节 地震相分类与再分类 ········· 63
  第二节 储层预测中层位—储层的精细标定 ········· 75
  第三节 地震属性分析 ········· 82
  第四节 流体势分析 ········· 108
  第五节 含油气性检测 ········· 117
  第六节 三维可视化 ········· 123

第四章 岩性圈闭勘探方法、技术应用的关键点 ········· 129
  第一节 模型正演与地震资料品质分析 ········· 129
  第二节 综合评价方法应用的关键点 ········· 137
  第三节 岩性圈闭评价技术应用的关键点 ········· 139

第五章 综合应用实例 ········· 150
  第一节 江汉盆地潜江凹陷古近系—新近系 ········· 150
  第二节 吐哈盆地台北凹陷上侏罗统 ········· 153

第六章 技术发展方向……………………………………………………… 157
　第一节 技术攻关方向分析 …………………………………………… 157
　第二节 技术标准和规范的建立与完善 ……………………………… 166
参考文献……………………………………………………………………… 170

第一章　陆相湖盆岩性圈闭发育地质背景与赋存特征

陆相湖盆相对于海相沉积盆地有其独特的水动力、古地貌与沉积环境，造就了有别于海相沉积盆地的沉积充填演化过程，也决定了陆相湖盆自身岩性圈闭发育、空间分布、油气成藏特点与勘探要求。

第一节　陆相湖盆岩性圈闭发育地质背景

湖泊不能简单地看作是一个小海洋，它在许多方面与海洋不同（Sladen，1994），这些差异显著影响了湖盆沉积充填演化过程，也决定了湖盆内烃源岩、储层、盖层的形成、分布及其变化特征，认识这些差异对于陆相湖盆油气勘探与开发至关重要。

一、湖泊与海洋沉积充填演化的差异

宏观上来看，湖泊与海洋沉积充填是源汇系统（Source to Sink System）的综合体现，但湖泊与海洋沉积系统有差异，主要表现在以下四方面。

1. 湖泊对于可容空间与气候变化更敏感

湖泊水位通常比海平面变化幅度更大、更快，在 15000 年内可能发生 300m 的湖平面变化（Currey et al.，1985；Manspeizer，1985；Hayberan et al.，1987；Johnson et al.，1987）。对于面积较大的湖泊，如果地形起伏变化微弱，则微小的短期湖水水位变化（数周至数月）可以使湖岸线移动很远距离。如非洲北部的乍得湖（Chad Lake），1966—1985 年，湖泊水体面积波动超过 92%，其中在 9 个月内湖平面下降 3m 导致湖岸线退缩超过 18km（Mohler et al.，1995）。位于长江中下游的中国第一大淡水湖鄱阳湖自东南向西北倾斜，是一个过水性、吞吐型、季节性湖泊，湖水面积随着汛期降雨量及上游来水量的变化而明显变化，年内水位变化幅度在 9.79～15.36m 之间，平水位（14～15m）时湖水面积为 3150km^2，高水位（20m）时为 4125km^2 以上，低水位（12m）时仅 500km^2。即使在相同季节，不同年度湖泊水体面积也存在较大差异（图 1-1）。在地层记录中，反映湖盆大小的岸线沉积通常保存不好或者相对较薄，但其水化学和湖泊生态在较短地层间隔内会有很大变化（Gierlowski-Kordesch et al.，1994），它们对烃源岩、储层、盖层特征具有显著的影响。

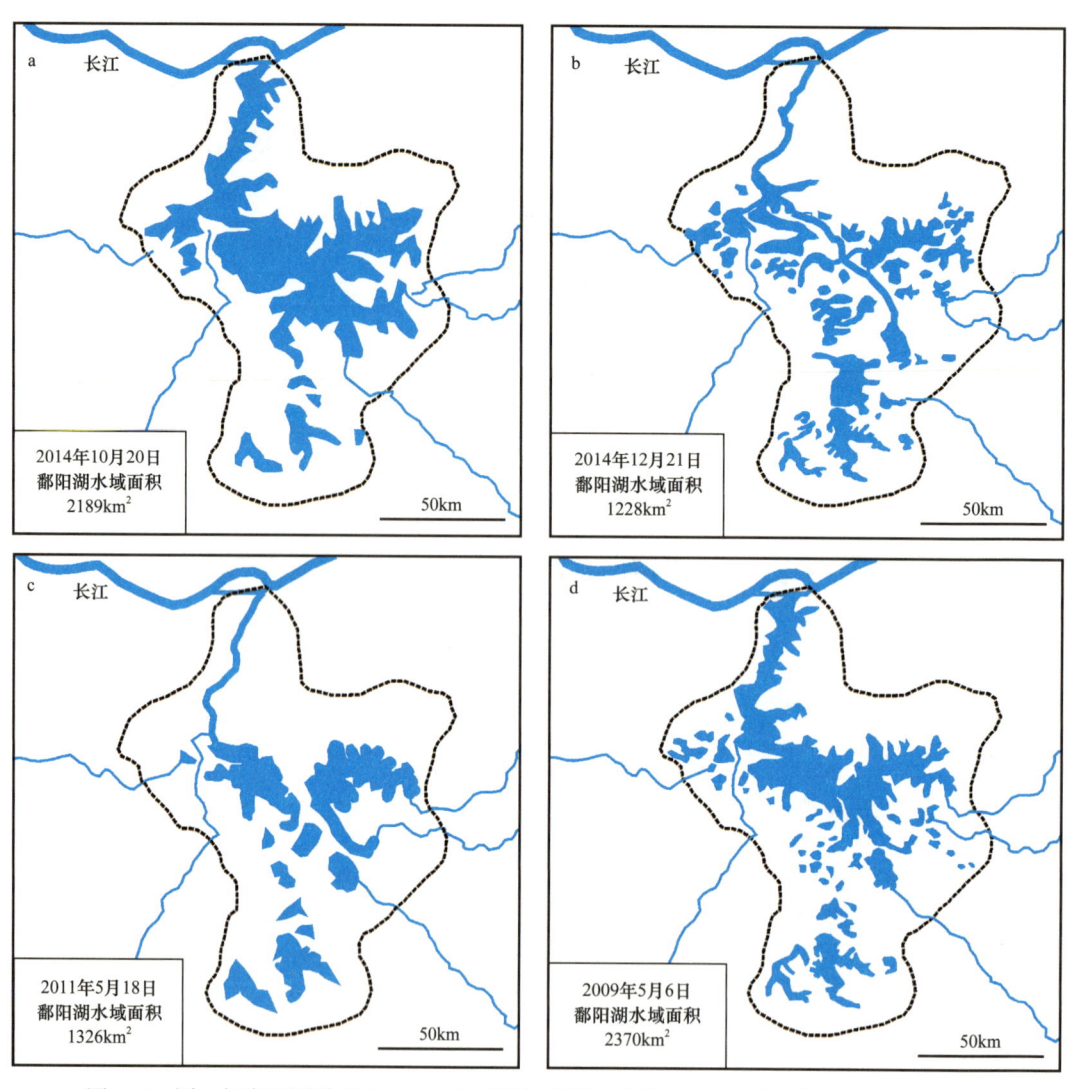

图 1-1　同一年度不同季节（a、b）与不同年度同一季节（c、d）鄱阳湖水域面积变化图
（原图据中国气象国家卫星气象中心遥感监测影像图解释，修改）

2. 湖泊水位与沉积物供给关系密切

一般情况下，当供给湖泊的河流水流量大时，湖平面上升，水流量变小时湖平面下降，这种联系因湖盆类型不同而有所差异，在封闭水文环境的湖盆中表现明显，在开放水文环境的湖盆中则表现微弱（Schumm，1977；Perlmutter et al.，1990），这与海洋形成鲜明的对比。在海洋中，海平面变化与沉积物供应量关系非常微弱，甚至可以认为二者之间没有联系（Posamentier et al.，1988）。这种差异是湖盆沉积序列多样性及其与海洋沉积序列形成鲜明对比的主要原因。

3. 沉积物进积或湖水后退使湖岸线向盆内移动

沉积物向湖盆进积通常形成一个典型的沉积单元（图 1-2），但是湖水后退除了在先期沉积表面发育泥裂等干旱特征外几乎不会保留其他记录（图1-3）。而在海洋中，几乎看不到沉积物输入对海平面升降变化的影响。

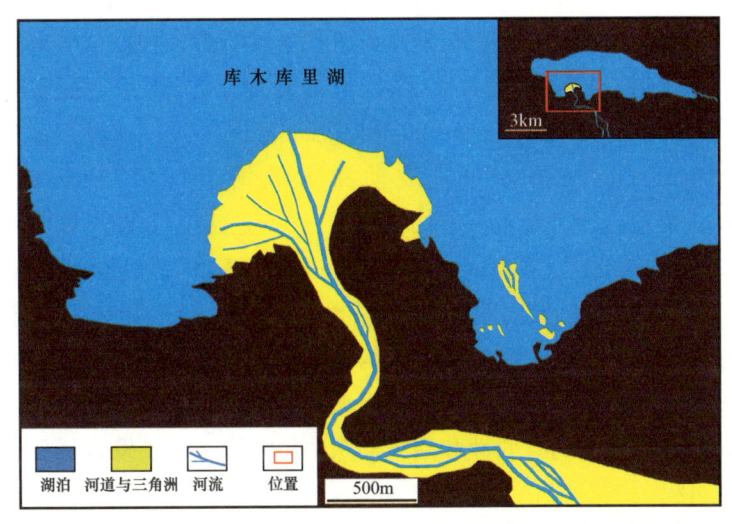

图1-2 沉积物进积在湖盆边缘形成的典型沉积单元（青藏高原库木库里湖南岸三角洲）

a. 博斯腾湖边　　　　　　b. 伊吾炫彩湖边　　　　　　c. 鄱阳湖边

图1-3 湖水后退因干旱在前期沉积物表面形成泥裂

4. 湖盆性质与演化受潜在可容空间和沉积物+水供应量相对比率变化控制

潜在可容空间是指河流搬运来的沉积物在湖盆出口点或溢出点之下能够发生沉积的空间，它是盆地沉降、溢出口高度和盆地空间形态的函数（Carroll et al., 1995, 1999）。Gilbert（1890）认为，湖盆类型取决于一定时间跨度内被沉积物+水所充填的潜在可容空间，因此，气候（通过沉积物+水来表征）和构造/地形（潜在可容空间）对湖盆性质、沉积体系分布及烃源岩、储层和盖层等岩相具有同等重要的控制作用。

湖泊与海洋之间的这些差异表明，不能将一个未经修改的海洋层序—地层模型直接应用于所有湖泊系统。层序—地层方法可以看作是被不同级别层序界面围限的岩石组合，它在湖盆地层应用中仍非常有效。然而，湖盆沉积层序的表述应随沉积体系的差异而变化，比如同样属于浅海环境的碳酸盐岩和硅质碎屑岩，它们的层序表述截然不同。因此，单一的湖盆模型并不适用于所有湖盆。认识这些差异对于陆相湖盆油气勘探具有重要意义。

二、湖盆类型

Carroll 和 Bohacs（1995，1999，2000）结合层序地层学和湖泊沉积环境分析原理，基于对从寒武纪到全新世大量地质历史时期湖盆沉积观察经验，根据可容空间（与湖盆沉降相关）与沉积物＋水供应量（与降雨量/蒸发量相关）的变化关系，提出湖盆发育三种最常见的岩相组合［即 Fluvial-Lacustrine Facies Association（河—湖岩相组合）、Fluctuating Profundal Lacustrine Facies Association（波动深水岩相组合）和 Evaporative Lacustrine Facies Association（蒸发岩相组合）］，它们对应于三种湖盆类型：即过填充湖盆（Overfilled Lake Basins）、平衡填充湖盆（Balanced-Fill Lake Basins）和欠填充湖盆（Underfilled Lake Basins）（图 1-4）。每种类型湖盆有其自身的岩相、岩性、地层组合及对应的烃源岩发育特征。该分类方案以地质记录为前提，着重构建基于沉积过程的湖盆填充模型（常见的湖盆分类方案主要基于地质记录的结果），为模型将假设扩展到预测领域提供了坚实基础，重点体现在对湖盆岩相描述的有效性和油气勘探中烃源岩、储层发育特征的可预测性，是湖泊系统中沉积过程、沉积响应与地质记录的更深结合。同时，该分类方案强调了沉积物＋水对湖盆可容空间的主动填充过程，而不是以湖盆为主体的沉积物＋水对湖盆的被动补偿或充填，因而其含义与湖盆的沉积物补偿与欠补偿作用有一定差异。

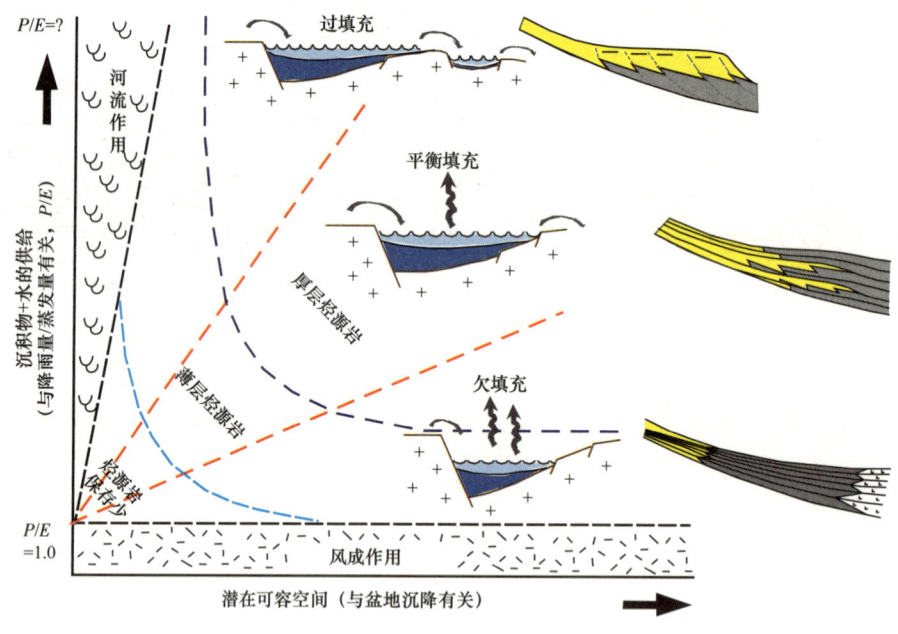

图 1-4　Carroll 和 Bohacs 的湖盆分类（据 Bohacs，2000）

1. 过填充湖盆

当降雨量和蒸发量之比（P/E）相对较高或构造沉降速率相对较低时，沉积物＋水供应量持续超过湖盆潜在可容空间而发育的湖盆类型（图 1-5）。该类湖盆常为开放水文环境系统或在一定沉积层序发育期内以开放为主。由于水体流入与流出平衡，气候驱动的湖平面波动微弱，该类湖盆与常年河流系统密切相关，其中的沉积物以河流沉积与煤的互层为主，属于典型的河湖岩相组合。湖盆内准层序的发育主要由湖岸线进积和三角洲河道决口（Avulsion）等驱动。

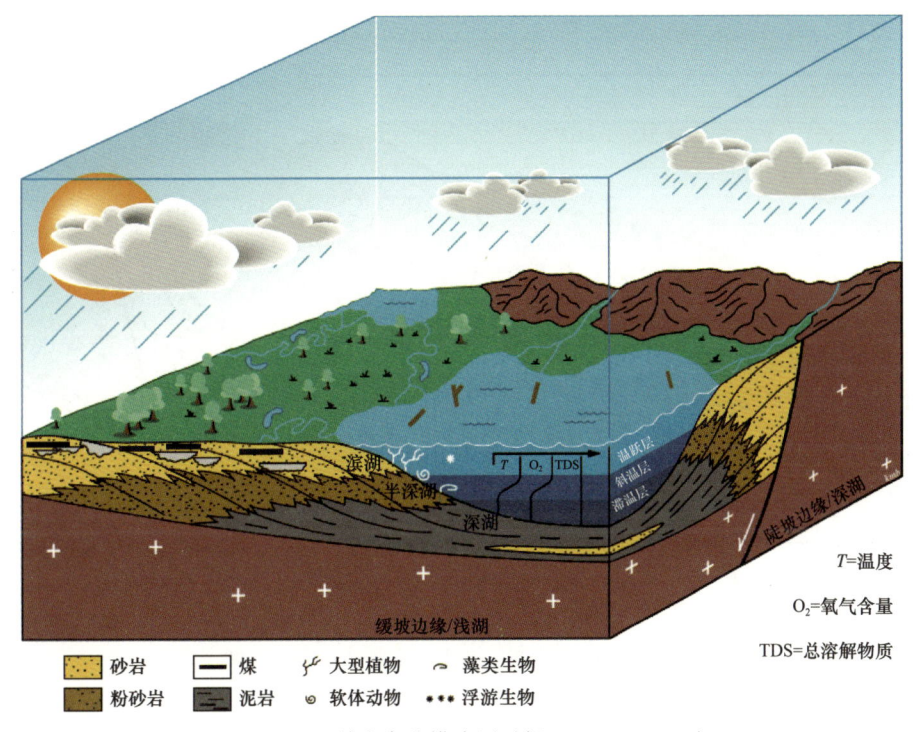

图 1-5　过填充湖盆模式图（据 Bohacs，2000）
左侧为湖盆缓坡边缘/浅湖过填充模式；右侧为陡坡边缘/深湖过填充模式

2. 平衡填充湖盆

当沉积物＋水供应量与湖盆潜在可容空间之比在沉积序列发育期内大致平衡时发育的湖盆类型如图 1-6 所示。水的流入足以定期填充可容空间，但并不总是与流出量相匹配。因此，受气候驱动的湖平面波动频繁，在局限的低位体系域发育期，湖盆水文系统封闭，在斜进积的高位体系域发育期湖盆开放。沉积序列为碎屑沉积物前积和因干燥而大部分化学沉积物加积的组合，属于波动深水岩相组合。由于有机质初级生产力、湖盆平均水深、水体化学分层和沉积物快速埋藏的最佳配合，这类湖盆沉积物中的非煤质烃源岩有机质富集程度通常很高。

3. 欠填充湖盆

当潜在可容空间持续超过沉积物＋水的输入量时发育的湖盆类型如图 1-7 所示。该类湖盆主要为持续封闭的水文系统，其中的季节性湖泊沉积、盐水沉积与相对"常年"的湖泊沉积相互穿插。单一的湖泊在地质历史上是短暂的，因此发育的准层序和层序组通常很薄，仅为厘米级。干旱旋回的产物加积并叠加组成准层序，构成典型的蒸发岩相组合。其中的沉积物岩性复杂多变，但大多与蒸发作用相关。

不同填充模式的湖盆在地层发育与岩相组合、烃源岩有机质类型与富集规律、油气与烃类化合物赋存方面具有各自的特征（表 1-1、表 1-2）。特别是作为沉积盆地油气勘探基

— 5 —

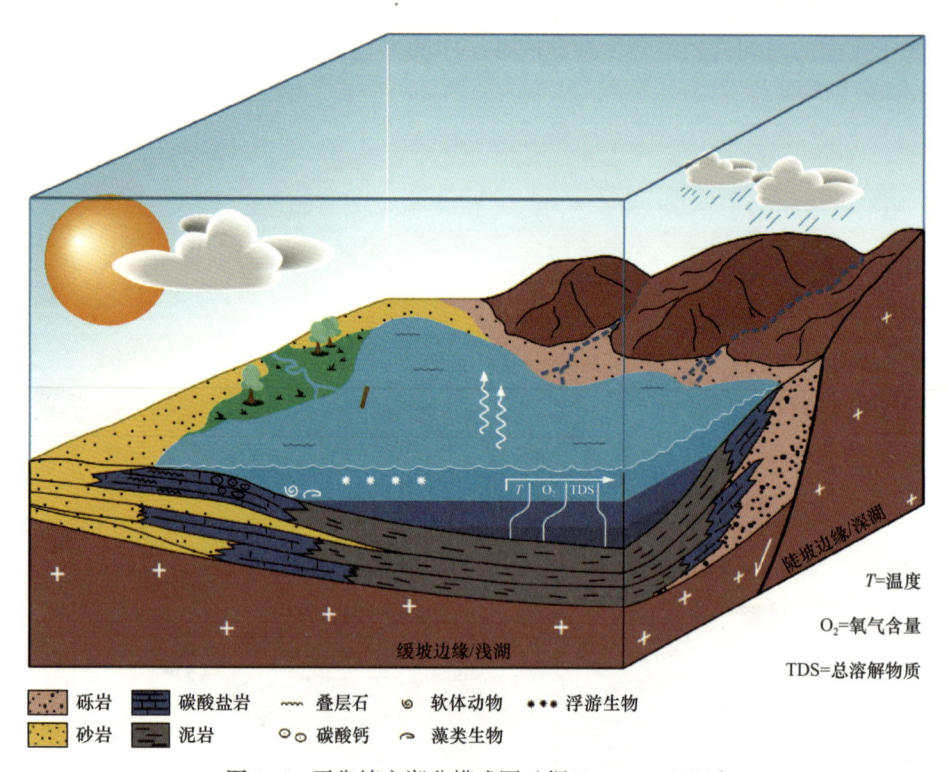

图 1-6　平衡填充湖盆模式图（据 Bohacs，2000）

左侧为湖盆缓坡边缘/浅湖平衡填充模式；右侧为陡坡边缘/深湖平衡填充模式

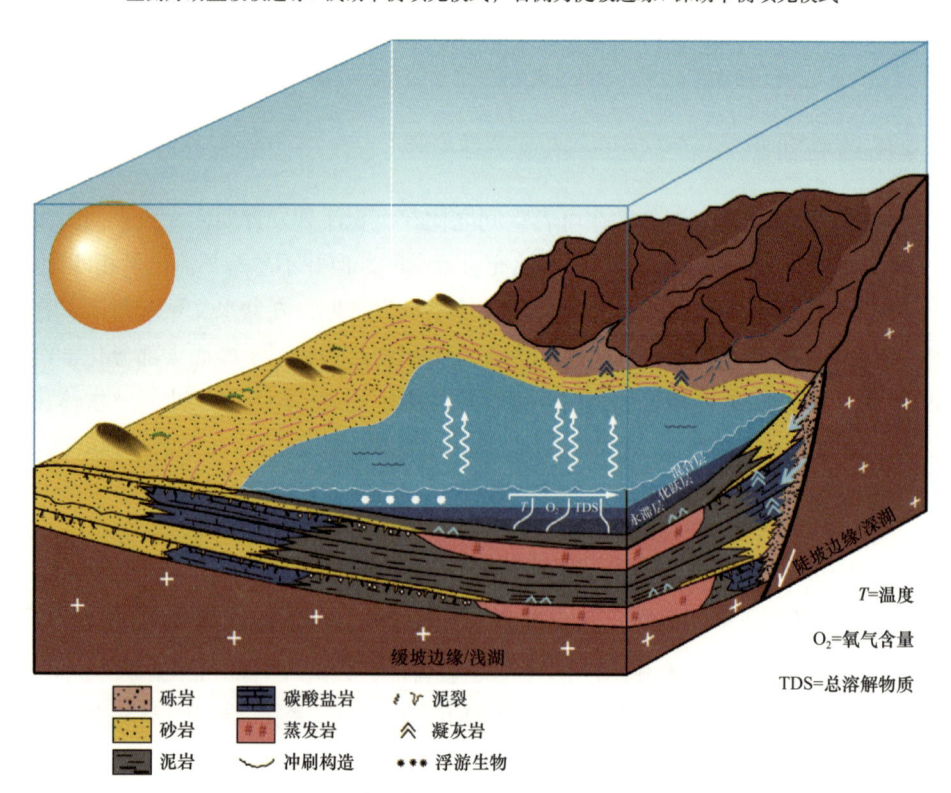

图 1-7　欠填充湖盆模式图（据 Bohacs，2000）

左侧为湖盆缓坡边缘/浅湖欠填充模式；右侧为陡坡边缘/深湖欠填充模式

础的烃源岩，不同填充模式的湖盆在控制有机质生成、有机质富集与保存、碎屑物质输入对湖盆有机质改造及烃源岩发育方面存在差异（表1-3）。这些特征和差异一方面说明陆相湖盆沉积充填与演化过程的多样性、复杂性及其与海盆的差异，同时也说明在陆相湖盆开展油气勘探的复杂性及其对勘探方法和评价技术的针对性需求。

表1-1 三种主要岩相组合特征对比

岩相组合	地层叠加样式	沉积组构	岩性	有机质
河—湖岩相组合 Fluvial-Lacustrine	进积为主，准层序不明显	物理搬运组构：波痕、沙丘、席状层理根模、虫孔和潜穴（内栖和外栖动物）	泥岩、泥灰岩、砂岩、介壳灰岩、煤和煤质页岩	淡水生物群、陆生植物、轮藻和水生藻类有机质，总有机碳低到中等，陆源和藻类生物标记化合物
波动深水岩相组合 Fluctuating Profundal Lacustrine	进积和加积混合，准层序明显	物理或生物成因组构：席状层理、水成、浪成、风成波痕叠层石、粒石、核形石泥裂和潜穴（外栖动物）	泥灰岩、泥岩、粉砂岩、砂岩、粒状灰岩、粒泥灰岩、微晶灰岩和干酪根	耐盐生物群和水生藻类有机质、有少量陆生植物，总有机碳中等到高，藻类生物标记化合物
蒸发岩相组合 Evaporative Lacustrine	加积为主，准层序明显或不明显	物理、生物和化学成因组构：爬升砂纹层理、席状层理、叠层石交代组构或堆积组构	泥岩、干酪根、蒸发岩、粉砂岩、砂岩、粒状灰岩、粘结灰岩、平层砾岩	低分异的喜盐生物群和藻类—细菌有机质，总有机碳低到高，超盐度生物标记化合物

表1-2 不同类型湖盆岩相组合、地层发育及烃源岩与油气发育特征

湖盆类型与岩相组合	地层发育特征	烃源岩潜力	油气与烃类特征
过填充湖盆 河—湖岩相组合	大规模前积 1.准层序与隐蔽的侧向前积密切相关； 2.大规模河流输入	1. TOC低到中等； 2. I—III型干酪根的混合； 3. 有机相复杂； 4. 有机相横向变化显著	1. 生油和生气； 2. 高蜡低硫； 3. 陆源生物标记化合物为主
平衡填充盆地 波动深水岩相组合	前积与干旱沉积混合 1.常见明显的浅滩旋回； 2.河流输入量变化大	1. TOC中等到高； 2. I型干酪根为主，在洪泛面附近混有I—III型干酪根； 3. 有机相相对均一或横向渐变	1. 主要生油； 2. 石蜡基油，含蜡较低，低硫； 3. 藻类生物标记化合物为主
欠填充盆地 蒸发岩相组合	大规模的干旱沉积 1.干湿高频交替； 2.河流输入量小	1. 总TOC低，有高TOC夹层； 2. I型干酪根； 3. 有机相单一； 4. 有机相横向连续性好	1. 以油为主； 2. 石蜡基油，含硫中等到高； 3. 耐盐生物标记化合物为主

-7-

表 1-3 不同类型湖盆富有机质沉积物沉积控制因素

湖盆类型	生成作用	破坏作用	稀释作用	源岩特征
过填充湖盆	+养分输入增加； –淡水输入稀释养分； –总产量随湖盆体积增大而下降	–增加底部的氧气供应； –均匀的水体使风的混合更有效； –冷的底流； –浊流的发育	–丰富的碎屑岩； ±丰富的陆源碎屑对流	1. 中等到差的油/气； 2. 油气混合； 3. 横向变化大； TOC：小于1%至7%（泥岩）、<80%（煤） OMT：藻类/陆源（Ⅰ—Ⅱ型） HI：50~600mg HC/g 厚度大（小于数十米）
平衡填充湖盆	+明显的养分输入； +养分由于间歇性干旱而浓缩； +大部分湖盆水体位于透光带	+封闭湖盆和间歇性干旱使水体密度分层； +大量的生产消耗水体底部的氧气	+变化很大，碎屑相对少； +对流的陆源有机质含量低； –间歇性洪水或泄洪可能带来大量陆源碎屑	1. 中等到好的油； 2. 以油为主，个别情况下为气； 3. 横向变化小； TOC：1%至30% OMT：藻类为主（Ⅰ型），偶有陆源（Ⅱ型） HI：500~700mg HC/g 厚度较薄（1~10m）
欠填充湖盆	±养分输入变化大； +养分由于间歇性干旱而浓缩； –过度的浓缩破坏有机物质； –仅部分演化阶段水体适合有机质生成	–间歇性干旱氧化有机质； –间歇性的水体输入导致氧化，消耗有机质	–半干旱气候产生大量碎屑输入； +陆源有机质输入少； +矿物沉淀产生大量填充物	1. 差到好的油； 2. 以油为主； 3. 横向变化弱； TOC：小于0.5%至20% OMT：藻类（Ⅰ型） HI：650~1150mg HC/g 厚度薄（米级）

注：+ 即对有机质富集有促进作用；– 即对有机质富集有破坏作用；± 即对有机质富集作用有变化；TOC 为总有机碳；OMT 为有机质类型；HI 为氢指数。

三、湖盆沉积背景

大地构造背景与基底性质控制沉积盆地的形成，区域构造活动与气候变迁控制沉积盆地的发展与演化，在它们的共同作用下，全球发育有类型各异、数量众多的陆相沉积盆地。

1. 陆相湖盆规模较小

现今全球陆上分布有数量众多的沉积盆地。Halbouty（1980）统计全世界有约 600 个沉积盆地；John（1979）和李国玉（1997）统计有 641 个沉积盆地；1986 年张亮成以面积在 1000km² 以上、沉积岩厚度在 1000m 以上为标准进行统计，全球共有 960 个沉积盆地，但这些数字可能低估了世界沉积盆地的数量。截至目前世界上已大规模勘探开发的含油气盆地约 200 个，重要的含油气盆地有 80 多个。国外前十大沉积盆地中，西伯利亚盆地面积 700×10⁴km²、刚果盆地 337×10⁴km²、乍得盆地 250×10⁴km²、澳大利亚大自流盆地（Great Australian Basin）175×10⁴km²、南非高原卡拉哈迪盆地（Kgalagadi Basin）63×10⁴km²、哥伦比亚东部和委内瑞拉中部的南美大盆地60×10⁴km²、美国大盆地（Great Basin）52×10⁴km²、巴基斯坦东部—印度拉贾斯坦邦的南亚大盆地面积30×10⁴km²、包括北高加索盆地和前高加索克里木盆地的高加索盆地30×10⁴km²、尼罗河上游盆地（Upper Nile Basin）30×10⁴km²。

中国陆上沉积岩分布总面积354×10⁴km²，发育有400多个沉积盆地（李国玉，2005），其中塔里木盆地56×10⁴km²、鄂尔多斯盆地37×10⁴km²、渤海湾盆地30×10⁴km²、四川盆地26×10⁴km²、松辽盆地26×10⁴km²、柴达木盆地25.78×10⁴km²、西藏羌塘盆地22×10⁴km²、银根—额济纳旗盆地14×10⁴km²、准噶尔盆地13×10⁴km²，其余盆地面积小于10×10⁴km²。西部（挤压）和东部（拉张）绝大多数断陷盆地面积在数千到数万平方千米数量级范围。其中坳陷型湖盆面积相对较大，断陷型湖盆面积较小。关士聪（1989）认为，现今的多数陆相盆地是地质演化历史时期多层次结构的叠合体，它代表不同成盆期形成盆地的平面叠合。如果按照单一历史时期沉积盆地发育陆相沉积的面积统计，则上述陆上盆地的面积应该更小，这与广袤的海相盆地不可比拟。

2. 湖泊水体规模小

与海洋相比，湖泊水体规模小，其水体面积与海洋不可比拟。世界湖泊总面积为270×10⁴km²。从现代湖泊水体面积来看，全球前46大现代湖泊❶总面积约为108.6×10⁴km²。水体平均面积仅2.36×10⁴km²。中国湖泊总面积8×10⁴km²，前十大现代湖泊❷总面积约为2.25×10⁴km²，水体平均面积仅2250.6km²。中国东部地区中、新生代古湖泊面积多在数百到数千平方千米，水深仅数十米，有的只有10m左右。

从湖泊水体最大深度来看，世界前十大最深湖（贝加尔湖1636.5m、坦噶尼喀湖1470m、里海1025m、东方湖900m、圣马丁湖836m、马拉维湖706m、大奴湖614m、马塔诺湖600m、火山口湖594m、伊塞克湖305m）平均最大深度868.7m，中国前四大最深

---

❶ 里海37.1×10⁴km²、苏必利尔湖8.21×10⁴km²、维多利亚湖6.89×10⁴km²、休伦湖5.96×10⁴km²、密歇根湖5.80×10⁴km²、坦噶尼喀湖3.26×10⁴km²、贝加尔湖3.15×10⁴km²、大熊湖3.10×10⁴km²、马拉维湖2.96×10⁴km²、大奴湖2.70×10⁴km²、伊利湖2.57×10⁴km²、温尼伯湖2.45×10⁴km²、安大略湖1.90×10⁴km²、拉多加湖1.81×10⁴km²、洞里萨湖1.60×10⁴km²、巴尔喀什湖1.54×10⁴km²、沃斯托克湖（世界最大冰下湖）1.25×10⁴km²、奥涅加湖0.97×10⁴km²、艾尔湖0.95×10⁴km²、的的喀喀湖0.84×10⁴km²、尼加拉瓜湖0.83×10⁴km²、阿萨巴斯卡湖0.79×10⁴km²、泰梅尔湖0.70×10⁴km²、图尔卡纳湖0.64×10⁴km²、伦迪宁湖0.63×10⁴km²、伊塞克湖0.62×10⁴km²、乌鲁米耶湖0.60×10⁴km²、马奇基塔湖0.60×10⁴km²、托伦斯湖0.57×10⁴km²、维纳恩湖0.55×10⁴km²、温尼伯戈西斯湖0.54×10⁴km²、阿尔伯特湖0.53×10⁴km²、姆韦鲁湖0.51×10⁴km²、纳蒂灵湖（世界最大岛中湖）0.51×10⁴km²、尼皮贡湖0.48×10⁴km²、马尼托巴湖0.47×10⁴km²、大盐湖（季节性湖泊）0.47×10⁴km²、青海湖（中国最大咸水湖）0.45×10⁴km²、塞马湖0.44×10⁴km²、伍兹湖0.44×10⁴km²、兴凯湖0.42×10⁴km²、萨雷卡梅什湖0.40×10⁴km²、杜邦特湖0.38×10⁴km²、凡湖0.38×10⁴km²、楚德湖0.34×10⁴km²、乌布苏湖0.30×10⁴km²。

❷ 青海湖4435.69km²、鄱阳湖3960km²、洞庭湖2579.2km²、太湖2445km²、洪泽湖2069km²、呼伦湖2043km²、纳木错1920km²、博斯腾湖988km²、南四湖1266km²、巢湖800km²。

湖（长白山天池312.7m、喀纳斯湖188.5m、抚仙湖158.9m、马湖134m）平均最大深度198.5m，这与世界四大洋平均3950m的深度亦有很大距离。

从地球上水体容量占比来看，湖泊水体容量微乎其微，其中海洋占97.2%，冰山和冰川占1.8%，地下水占0.91%，湖泊占0.009%，河流等水系仅占0.0001%。

3. 湖泊水体能量小但能量活动强度变化大

作为湖盆沉积中心的湖泊与海洋不同，很少存在潮汐作用，以湖浪作用为主；湖泊水体规模虽小，但其波浪和湖流能量活动强度变化大。从空间的角度看，由于水体深度、地貌结构、季节性风力活动不同，湖盆不同位置的湖浪作用也有差异；从时间角度看，湖泊不同演化阶段由于水体规模变化大，其能量活动强度变化也比较大。另一方面，由于湖泊水体较浅，湖浪作用波及湖底沉积物的区域占整个湖泊面积的比例高，甚至涉及整个湖泊。整体来看，湖泊水体能量小，对陆源碎屑改造作用较小，改造程度差异大。

海洋水体规模大，整体能量大，主要有潮汐作用和海浪作用，此外还包括沿岸流、层流、大洋环流等作用，但海洋水体能量活动强度变化小。同一海洋的不同位置和演化的不同时期其海水能量活动强度变化不大。由于海洋水体深度大，潮汐和海浪等作用波及海底沉积物的区域仅占整个海洋面积很小的一部分，主要在海岸线附近表现明显。整体来看，海洋水体能量大，对陆源碎屑的改造作用强。

4. 湖进、湖退频繁

由于湖泊水体较小且浅，小规模地质事件及规模不大的自然环境变化均可引起一定规模的湖进或湖退。大到构造运动造成的湖盆升降，小至季节性的气候变化，均可造成湖进或湖退。多级次频繁的湖进、湖退加上陆相沉积物沉积速率是海盆的数倍至近十倍，湖盆短时期内易形成巨厚地层沉积，在纵向上具有砂岩、泥岩互层的发育特征。

5. 源—汇区高差大、沉积物搬运距离短

湖盆四周山脉或高地作为碎屑物源供应区，由于山脉或高地的高度差异、地貌形态及其与湖盆不同部位的配置关系，以湖泊为沉积中心，多水系、多物源、多沉积体系向湖泊汇聚。

碎屑岩物源区与湖盆沉积中心具有距离短、坡降大的古地理面貌。如面积$37\times10^4km^2$的鄂尔多斯盆地，在三叠纪延长组沉积时期，以湖盆中心华池地区为基准，东北沉积体系物源区距湖盆中心约380km，西南沉积体系物源区到湖盆中心约200km；面积$26\times10^4km^2$的松辽盆地，沿盆地长轴方向最大沉积体系物源至沉积中心距离也只有200～400km；中国东部（拉张）和西部（挤压）绝大多数断陷盆地一般仅数十千米甚至数千米，这与流向海洋河流的源远流长形成明显对比。

四、湖盆沉积体系发育特征

陆相湖盆独特的水动力环境、古地貌格局与沉积背景造就了湖盆典型的沉积发育特征。

1. 多水系、多物源、近物源、多类型沉积体系

陆相湖盆四周环山或高地均可成为湖盆物源供给区，使陆相湖盆接受多物源的沉积并发育众多不同类型的沉积体系。在远物源和缓坡降背景下，一般沿长轴发育冲积扇—辫状河—曲流河—三角洲沉积体系；横向短轴深断裂一侧，在短物源和陡坡降背景下，发育横向冲积扇—扇三角洲—湖底扇沉积体系等。如松辽中—新生代坳陷盆地，沿盆地长轴发育冲积扇—河流—三角洲沉积体系，沿其短轴发育冲积扇—三角洲沉积体系；吐鲁番—哈密侏罗纪挤压断陷盆地，在盆地北部山前主要发育短物源的冲积扇—扇三角洲沉积体系，在南部缓坡和西部沿盆地长轴方向主要发育较长物源的辫状河—三角洲沉积体系。此外，在上述两种体系之间还发育一系列的过渡类型。还有一些特殊的沉积体系，如在湖盆萎缩期，几乎满盆为河流砂体覆盖（河流扇沉积：Fluvial Fan）；在盐湖蒸发期，滨岸地区以砂坪沉积为主等。

物源区与沉积物卸载区距离短，陆相湖盆沉积绝大多数属于近源沉积。发育相对大比例的湖盆边缘沉积是陆相湖盆沉积体系的显著特点（图1-8）。物源区母岩类型的差异对沉积体系的发育类型和规模亦有影响。

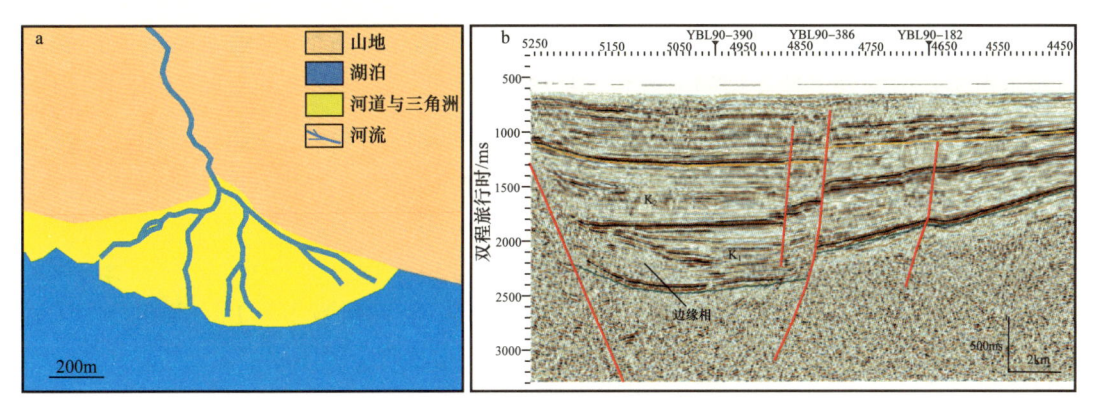

图 1-8 湖盆边缘沉积

a. 现代沉积遥感影像解译；b. 在地震剖面上的显示

2. 沉积体系规模小，横向相变快，储层平面、纵向非均质性强

湖盆范围较小决定了陆相湖盆相对于海相盆地发育的沉积体系规模较小。主要表现在发育的平面面积较小和物源区与沉积物卸载区距离较短两个方面。同时，同一沉积体系沿搬运地质营力方向和侧向相变快。

湖盆规模小、湖泊水体能量较小，能量活动强度变化大，导致碎屑岩储层在时空上比海相砂体有更严重的平面/层间、宏观/微观非均质性。从时间和空间上，海洋对陆源碎屑进行了充分改造，因此海相砂岩在宏观和微观上发育都相对比较均一。

3. 沉积体系受局部构造或古地貌控制

陆相湖盆沉积体系发育受局部构造或微古地貌控制明显，而海相沉积体系主要受控

于区域构造格局或古地貌趋势。沉积期古地貌背景精细分析是陆相湖盆沉积体系研究的基础。

4. 同一构造期沉积相具有继承性，但沉积微相横向迁移明显

在同一断陷或坳陷构造期，陆相湖盆沉积体系发育的总体位置受构造格局或古地貌控制而位置相对固定，因而在整个构造期，沉积体系的沉积相继承性好，但由于受到局部构造活动、古地貌微小幅度变化和湖盆水体进退影响，沉积体系的亚相特别是微相横向迁移明显。

5. 河流相是陆相湖盆重要的指相类型

河流主要通过侵蚀作用、搬运作用、沉积作用对物源区进行侵蚀，通过河道搬运并沉积在一定的可容空间中。当河床的坡度减小或搬运物质增加而引起流速变慢时，河流搬运物质能力降低，河水挟带的碎屑物便逐渐沉降堆积，形成沉积物。河流沉积作用主要发生在河流入海、入湖和支流入干流处，或在河流的中下游，以及河曲的凸岸。但绝大部分都沉积在海洋和湖泊中。河谷沉积只占搬运物质的少部分，而且多是暂时性沉积，很容易被再次侵蚀和搬运。因此河流是陆相湖盆沉积作用中最活跃的地质营力。在陆相湖盆沉积体系中发育多种类型的河流相，每种类型河流都具有自身的沉积特征并赋存于相对应的沉积体系中（表 1-4）。Rust（1978）根据河道分岔参数和弯曲度提出顺直、曲流、辫状、网状 4 种类型，其中以曲流河和辫状河分布最广最常见，而顺直和网状河比较少见。

辫状河多发育在山区或河流上游河段及冲积扇上。多河道、多次分岔和汇聚构成辫状，河道往往宽而浅，弯曲度小，宽/深比值大于 40，弯曲指数小于 1.5，河道沙坝（心滩）发育。河流坡降大，河道不固定，迁移迅速，河道沙坝位置不固定，天然堤和河漫滩不发育。由于坡降大，沉积物搬运量大，底负载搬运为主。

曲流河为单河道，弯度指数大于 1.5，宽深比低，一般小于 40，侧向侵蚀和加积作用使河床不断向凹岸迁移，凸岸形成点沙坝。由于河道极度弯曲，常发生截弯取直作用。河道坡度较缓，流量相对稳定，以悬浮和混合负载搬运为主，故沉积物粒度较细，一般为砂泥沉积。河道较为固定，侧向迁移速度较慢，泛滥平原和点沙坝较为发育，主要分布在河流的中下游地区。

网状河为弯曲的多河道，河道窄而深，顺流向下呈网格状。河道沉积物以悬浮负载搬运为主，沉积厚度和河道宽度成比例变化。河道间常被半永久性冲积岛和泛滥平原或湿地分开，属于典型的限制性河道。沉积物主要由细粒物质和泥炭组成，位置和大小相对稳定，与狭窄的河道相比，占据了 60%~90% 的面积。该类河流多发育在中、下游地区。

各类河道本身的线性或带状发育特征及不同类型河道内部特征的地震反射结构决定了在地震数据体中（特别是三维地震切片中）河道易于被识别（图 1-9、图 1-10、图 1-11），因此，从技术应用角度来说，河流相也是利用地震资料开展陆相湖盆沉积体系研究中具有重要指相意义的沉积相类型。

表 1-4 辫状河、曲流河、网状河主要沉积特征对比

沉积特征		河流类型		
		辫状河	曲流河	网状河
主要岩性		砾岩、含砾砂岩、砂岩为主，少见粉砂岩与泥岩	砂岩、粉砂岩、泥岩为主，砾岩少见	粉砂与黏土为主
沉积环境		河道、沙坝（心滩）为主	点坝、天然堤、决口扇及泛滥平原为主，废弃河道常形成牛轭湖	泛滥平原或冲积岛（湿地）发育
剖面岩性组合与垂向层序特征		"砂包泥"的正旋回，由下向上粒度由粗变细，河流二元结构的底部沉积发育良好，厚度较大，顶部沉积不发育或厚度较小，底部发育砂砾岩	"泥包砂"的正旋回，二元结构明显，顶部沉积和底部沉积厚度近于相等或前者稍大于后者	"泥包砂"的正旋回，垂直分带总体不明显
沉积构造		河道迁移形成多种层理类型，以（巨型）槽状交错层理、大型板状交错层理为主，偶见块状、水平层理	由下向上大型槽状交错层理变为小型交错层理、爬升层理和水平层理，底部有冲刷面，见有泥砾	以水平层理和槽状交错层理为主
粒度分布	概率图	粒度较粗、三段式为主、跳跃组分总体不发育，斜率低	粒度较细、两段式为主	粒度较细、两段式为主
	C—M 图	以 PQR 为主	以 QRS 为主	以 QRS 为主
平面形态		直或稍弯曲的宽带状	高弯曲的条带状	网状
河流模式				
现代河流				

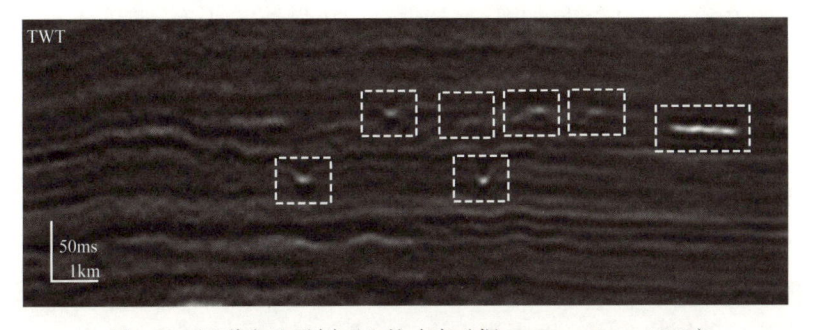

图 1-9 河道在地震剖面上的响应（据 Posamentier，1988）

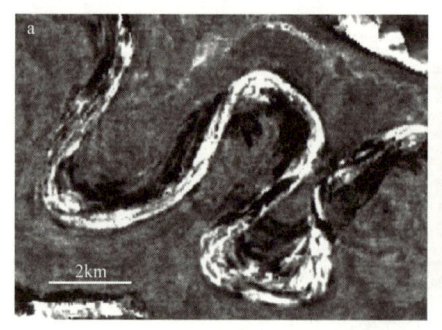

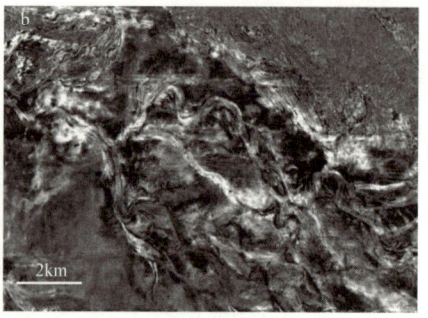

图 1-10　不同类型河道在地震振幅切片上的显示（据 Posamentier，1996）
a. 曲流河；b. 辫状河

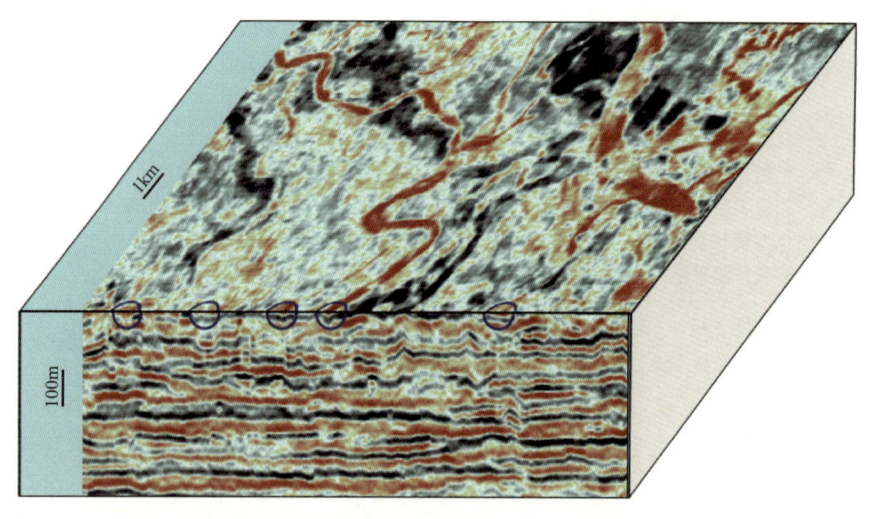

图 1-11　河道在地震剖面和切片上的显示（据 Zeng，2018）

总之，湖盆与海洋的区别在于孕育了表征自身特征的岩性、岩相组合及沉积体系，湖盆沉积填充过程与沉积体系演化决定了自身岩性圈闭发育与油气藏赋存特点。

第二节　陆相湖盆岩性圈闭赋存特征

陆相湖盆沉积体系的多样性、沉积相的侧向快速迁移性和沉积体系内部的非均质性共同决定了湖盆内岩性圈闭发育的复杂性。沉积体系是控制岩性圈闭本身发育、空间分布与油气运聚成藏的关键。与构造圈闭相比，岩性圈闭边界条件复杂，形态不规则，赋存状态隐蔽，成藏条件复杂，油气运聚机理多样，给岩性油气藏勘探技术提出了更高要求。由于陆相湖盆沉积体系形成地质背景的特殊性，决定了湖盆内岩性圈闭往往以圈闭群的形式出现。单个岩性油气藏的储量规模虽小，但成群出现的岩性油气藏群整体储量规模可观。

岩性圈闭是指由于储集体岩性、岩相、物性的纵横向变化或由于纵向沉积连续性中断而形成的圈闭，油气聚集其中形成岩性油气藏。岩性圈闭明显缺乏 4 个方位闭合度，用寻找构造圈闭的勘探战略无法直接发现。岩性圈闭如果和构造有关，往往并非发育在构造高部位，也是无法单独用构造闭合度来描述的一类圈闭。

一、陆相湖盆岩性圈闭发育特点

陆相湖盆岩性圈闭本身形成的地质背景决定了它在很多方面不同于构造类圈闭和海相盆地的岩性圈闭。陆相湖盆岩性圈闭的特点主要表现在圈闭边界条件的复杂性、圈闭形态的不规则性、圈闭赋存状态的隐蔽性、圈闭成藏条件的复杂性、油气运聚机理的多样性等方面（图 1-12）。这些特点相辅相成，共同决定了陆相湖盆岩性油气藏的勘探特点和勘探难度。

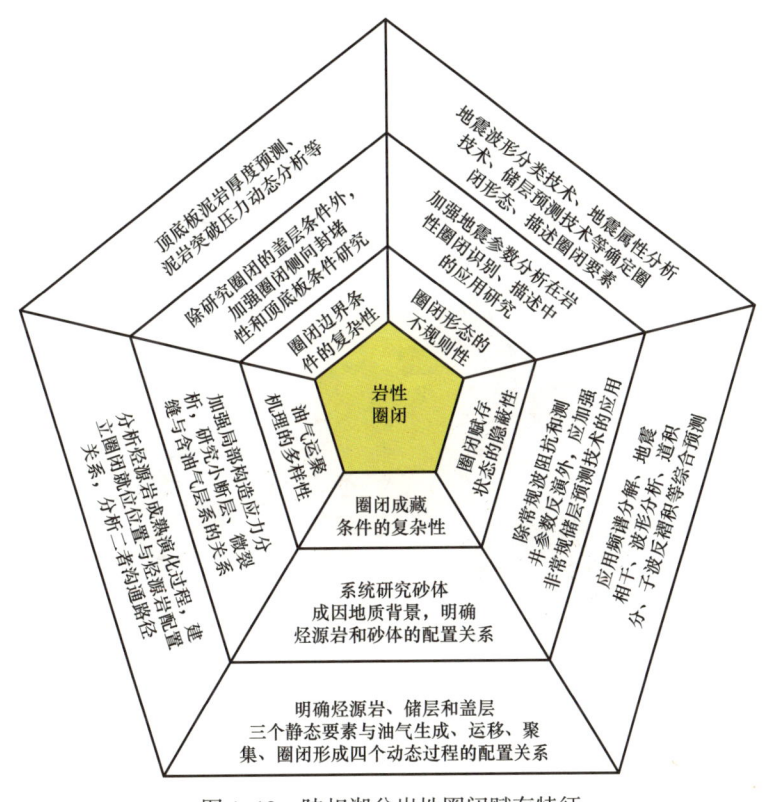

图 1-12 陆相湖盆岩性圈闭赋存特征

1. 圈闭边界条件复杂

构造类圈闭只要在闭合范围内紧邻储集体上部具有良好的盖层条件就可有效聚集油气，良好的盖层是构造油气藏形成的必要条件。而岩性圈闭除了具备良好的顶板条件和侧向封堵性外，还必须具备良好的底板条件，以确保没有闭合度要素的储集体内聚集油气并保存。岩性圈闭的边界条件受多种地质因素的制约，如物性横向变化形成的物性封堵圈闭、稠油侧向封堵形成的沥青封堵圈闭、受流体动力学控制的流体动力圈闭等。在实际工作中，随着勘探程度的提高会对这些因素产生进一步认识。

2. 圈闭形态不规则

构造类圈闭是用构造闭合度来明确定义的圈闭类型，因而圈闭溢出点所处的构造等值

-15-

线在很大程度上决定了构造圈闭的平面投影形态。但岩性圈闭不同于构造类圈闭，理论上只要在空间上任意形态且孤立（主要指上倾方向）存在的储集体在具备良好的顶、底板条件和侧向封堵性就可以形成岩性圈闭，这比单纯用构造等值线来刻画构造圈闭范围（或形态）更为复杂。

如果单个岩性圈闭油气充满度高，整个岩性圈闭内的储集空间都充满油气，这样岩性油气藏本身的形态就更为复杂；如果岩性圈闭油气充满度较低，这样至少在下倾方向油气藏的形态较为单一，可以用位于油水界面处的等高线来圈定油气藏的底部形态，但这仍不能降低整个岩性油气藏（特别是上倾方向）本身形态的不规则性。

陆相湖盆沉积体系的多样性和复杂性、沉积（微）相的横向快速变化、岩性的平面分异与储集体空间非均质性等决定了陆相湖盆不同类型岩性储集体形态复杂，储集体形态的复杂性决定了岩性圈闭形态的不规则性（图1-13）。

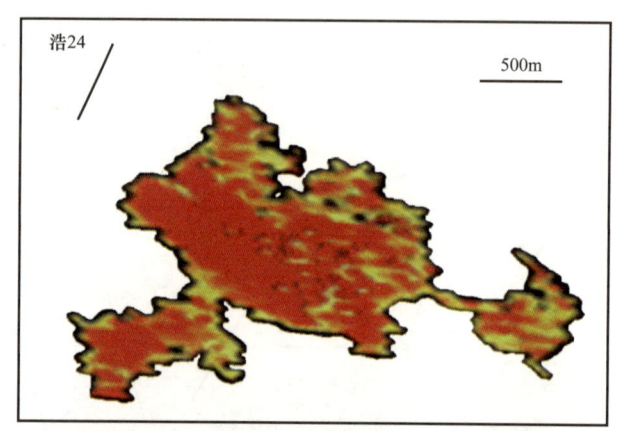

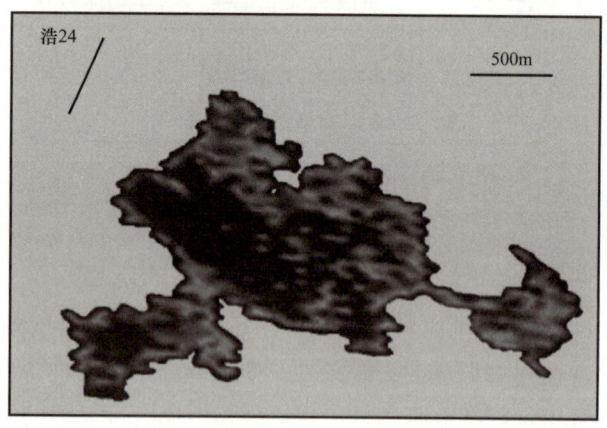

图1-13 波阻抗反演刻画的一个岩性圈闭形态（同时也显示了圈闭内储集体厚度的变化）

3. 圈闭赋存状态隐蔽

在岩性油气藏勘探早期，往往用比较模糊的隐蔽油气藏（Subtle Reservoir）来指代岩性或岩性—地层（Litho-Stratigraphic Reservoir）油气藏，这也从勘探难度方面说明了岩性圈闭本身或岩性油气藏的隐蔽性特点。

岩性圈闭赋存状态的隐蔽性主要表现在两个方面：一是圈闭本身的形态和组成就比较复杂，因而难以用单一或有限的手段来有效刻画圈闭形态、圈闭边界条件等；二是圈闭本身比较简单，但是由于与周围地质体相类似（形态、岩性组成等）而难以有效区分，从勘探的角度来看，该类圈闭由于难以有效识别，因而具有隐蔽性，给勘探带来了困难，对勘探技术提出了更高的要求。低幅度、小断裂、薄互层是陆相湖盆岩性圈闭的主要特点（邹才能等，2004）。在高分辨率三维地震资料的基础上，采用三维自动追踪解释、三维可视化、精细速度分析与变速成图等是解决低幅度的有效方法，采用相干体和地层倾角计算是识别小断层的有效技术，在波阻抗反演基础上的多测井参数反演、储层特征参数重构技术、地层切片等是识别薄互层的有效方法。此外，为了给储层评价提供依据，要加强非常规储层预测技术的应用研究，如对地震振幅与储层厚度关系的研究和用频谱分解技术、波形分类技术、地震相干技术、波形分析技术、道积分技术、子波反褶积技术及反射系数反演技术等综合预测砂体分布范围等。

4. 圈闭成藏条件复杂

圈闭成藏的前提条件是烃源岩、储层和盖层3个静态要素与油气生成、运移、聚集、圈闭形成这4个动态过程在一个合理时空格架内的有效配合。任一要素和过程的缺乏或者不充分都会消除圈闭成藏的可能性。大多数岩性圈闭是在储集体沉积过程中开始形成，一般情况下在烃源岩发生排烃后就可以开始聚集流体，而构成构造类圈闭的储集体只有在构造圈闭形成后才可能聚集流体，因此从圈闭形成的持续时间来看，岩性圈闭储集体接受流体的时效要大于构造类圈闭，因而聚集油气的可能性更大。岩性油气藏往往以自生自储型即源内油气勘探为主，而构造油气藏往往以源外或源上油气勘探为主（部分为源内油气藏）。源内圈闭接受油气充注的概率更大。

对于源内岩性圈闭，由于烃源岩与储集体先后沉积、同时埋藏并逐步成岩，成岩过程中在地层压力作用下，沉积期残留的地层水优先聚集到孔隙度比较好的储集体中，在烃源岩开始排烃后，烃类流体需要有效驱替储集体中的水并聚集在储集体中，但由于储集体周围泥岩等物性差而其中的水难以有效排出，这就需要小断层、微裂缝等的有效配合。因此，为系统了解源内岩性圈闭的成藏条件，还需加强局部构造应力分析，研究小断层、微裂缝发育与含油气层系的关系。对于源上、源外岩性圈闭，沟通烃源岩层的断裂、不整合面、输导层等接力输导是必备成藏条件。

5. 油气运聚机理多样

对于岩性圈闭来说，处于烃源岩内部或紧靠（上或下）烃源岩的砂砾岩体最常见也最易成藏。林景晔等（2004）通过实验模拟了砂岩透镜体岩性油气藏成藏机理和成藏模式，建立了砂岩透镜体位于烃源岩内部且有断层沟通的最为有利、砂岩透镜体位于烃源岩之上并有断层沟通的较为有利、砂岩透镜体位于烃源岩之下并有断层沟通的一般有利、砂岩透镜体位于烃源岩内部没有断层沟通的最不利等4种成藏模式。深洼区岩性油气藏成藏机理可概括为隐蔽输导和幕式置换，微裂隙（目前技术很难准确预测这些微观地质现象）和小

-17-

断层是岩性圈闭接受流体的主要途径，而断层和不整合面是构造圈闭和源上、源外岩性圈闭的主要输导体系。深洼区岩性油气藏与中浅层大中型构造油气藏在油气运聚成藏过程中不是孤立的，在大中型构造油气藏的下部可能存在许多中小型的岩性油气藏群。为深入了解岩性圈闭的成藏机理，应系统研究岩性圈闭储集体的成因地质背景，明确烃源岩和砂体的空间配置关系与沟通体系等。

二、岩性圈闭类型及其分布特征

陆相湖盆岩性圈闭形成地质背景决定了岩性圈闭成因类型的多样性、分布的成群性和圈闭群储量规模的可观性。

1. 圈闭成因类型的多样性

根据圈闭形成的主要机制可划分为以下几大类：侧向相变化圈闭、侧向沉积尖灭圈闭、超覆/隐伏露头圈闭、河道/沟谷充填圈闭、成岩圈闭、裂缝圈闭和水动力圈闭等。具体可以细分为18个类型，即侧向沉积尖灭、侧向相变化、河道充填、区域隐伏露头、沟谷充填、构造侧翼不整合上的超覆、胶结、区域不整合上的超覆、（泥岩）裂缝、深盆气、边缘削截、古构造隐伏露头、白云岩化/溶蚀、煤层吸附甲烷、碎屑岩构型、深切谷充填、水动力、沥青封堵型圈闭等（岩性地层油气藏勘探理论与实践培训教材，2005）。从识别的难易程度及勘探实际来看，透镜体砂岩、砂岩上倾尖灭、地层超覆、地层削截、侧向相变化等是目前勘探针对的主要目标圈闭类型。

2. 岩性圈闭与油气藏分布的成群性

油气藏是地壳上油气聚集的基本单元，是油气在单一圈闭中的聚集，具有统一的压力系统和油水界面。更具体地说，就是一定数量运移着的油气，由于遮挡物的作用，阻止了油气继续运移，在储集体中聚集起来，形成油气藏（林景晔等，2004）。油气藏的重要特点是单一圈闭，所谓"单一"的含义是指受单一要素控制，在单一储层中，具有统一的压力系统，即统一的油、气、水边界。勘探实践表明，现今找到的岩性油气藏一般都是由多个规模较小的油气藏组成，它可能是纵向不同油层组或同一油层组不同砂体的侧向错叠，或者是平面上不同小断块的组合，所以说，岩性油气藏与小型油气藏群在概念上相辅相成（林景晔等，2004），特别是中国东部裂谷盆地和西部多旋回挤压叠合沉积盆地中，岩性油气藏的小型油气藏群特点表现得更为明显。中部克拉通盆地由于构造活动相对较弱、沉积环境相对稳定、沉积活动持续时期较长、沉积体系波及的平面范围相对较广而岩性圈闭或油气藏规模相对较大。

岩性油气藏的小型油气藏群特点由岩性圈闭形成的特殊地质背景所决定。在不同类型的含油气盆地，发育岩性圈闭的构造部位、储集体类型、聚油背景、油气藏类型有所不同。从沉积环境来看，陆相多旋回叠合沉积盆地中湖泊沉积和河流沉积的岩性、物性变化大，储集砂体类型多且常规模较小，砂体一般非均质性较强，易于形成众多岩性圈闭。携砂的较强水动力系统冲刷早期水动力条件相对较弱环境下的沉积体，保证了储集体具备良好的底板条件。随着水动力条件逐渐变弱，储集体上部发育良好的顶板条件（均指成岩后的封闭条件）。由于携砂水体的变迁（平面及纵向），导致在邻近的地区形成不同储集体的侧向叠置，显示出岩性圈闭成群分布的特点。贾承造（2004）在考虑气候的条件下对陆相断陷盆地、陆相坳陷盆地、陆相前陆盆地岩性油气藏形成和分布特征进行了深入讨论，系统说明了潮湿、干旱、半潮湿—半干旱气候条件下上述3类盆地岩性圈闭形成的条件、发育的主要岩性油气藏类型并阐述了油气藏形成的主要控制因素，其中陆相断陷盆地和陆相前陆盆地由于构造背景相对复杂，岩性油气藏的赋存也表现出小而多且成群分布的特点，而陆相坳陷盆地中岩性油气藏的规模相对较大。从勘探技术的角度来看，地震波形分类、地震属性分析和储层预测等研究是识别岩性圈闭群发育位置和精细刻画各个岩性圈闭具体形态的有效手段。岩性圈闭的圈闭群特点也决定了滚动预测—滚动评价—滚动钻探是岩性油气藏勘探的有效程序（图1-14），也是降低勘探风险的重要途径。

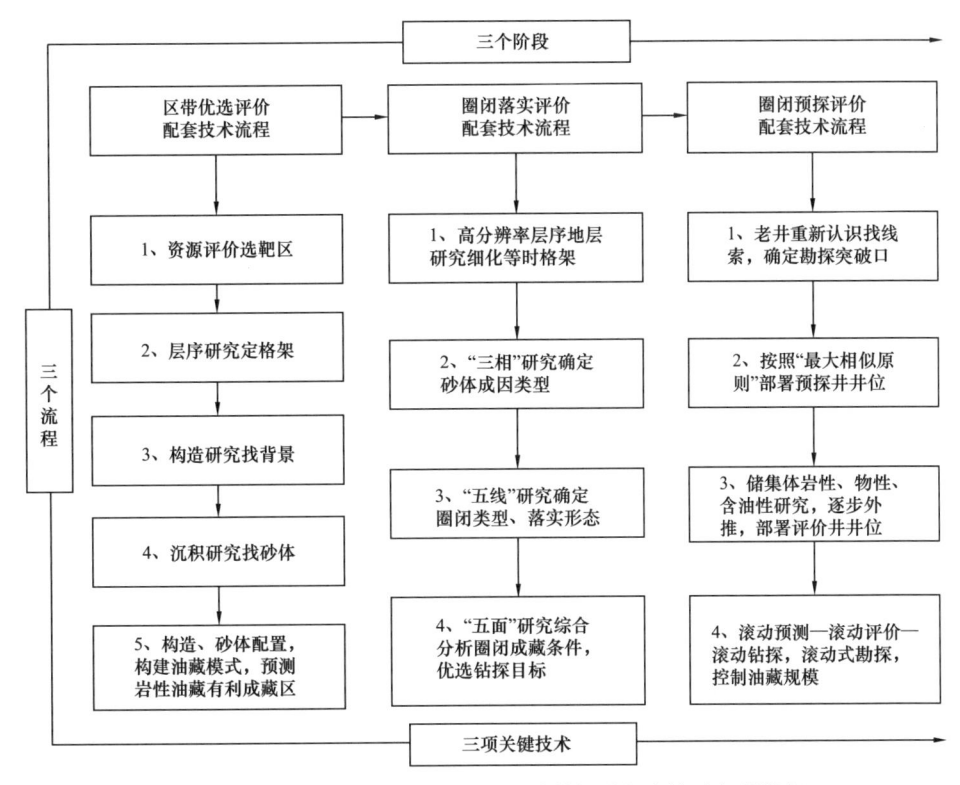

图1-14 滚动预测—滚动评价—滚动钻探进行岩性油气藏勘探

3. 岩性圈闭群储量规模的可观性

陆相湖盆岩性圈闭大多表现为砂体厚度小、圈闭面积小、储量规模较小，低幅度、小断层、薄互层等特征，但整个岩性圈闭群的储量规模可观。Halbouty（1982）曾指出：随着油气勘探程度的提高，岩性等隐蔽油气藏的数量将会超过构造油气藏数量，在勘探成熟地区，每找到一个构造油气藏，将有可能发现3~4个岩性等隐蔽油气藏，其资源量之比为1∶1，这些统计充分说明了小型岩性油气藏群资源赋存特点和整个领域勘探的资源潜力。如果一个岩性圈闭处于接受油气的有利位置，则在烃源岩开始排烃后，岩性圈闭一直处于接受油气的有利位置，岩性圈闭接受油气的运聚条件在相当长的一段时期内不会发生变化，因而对于面积相对较小的岩性圈闭来说，岩性圈闭中油气的充满程度往往比较高，聚集的油气储量相比同面积的构造圈闭而言较多。对构造圈闭而言，可能由于构造活动的影响使早期处于有利接受油气位置的构造圈闭在后期处于不利位置，因而影响构造圈闭长期持续聚集油气。

岩性圈闭往往由于单个圈闭面积较小、储集体厚度较薄，在其中聚集油气后受后期构造活动破坏的可能性相对较小，因而有利于聚集油气的保存。相比构造油气藏而言，构造圈闭本身就位于构造应力相对集中的部位，多期的构造活动是一个构造带的主要特点，因而构造油气藏受后期构造活动破坏的可能性往往大于岩性圈闭。

构造圈闭面积在整个富油气凹陷中所占比例不到10%，而岩性圈闭发育的范围广（构造侧翼、斜坡、凹陷腹部等）、类型多样、总体圈闭面积大、分布范围广，更易捕获运移的油气。上述因素共同决定了陆相湖盆小型岩性圈闭群的巨大油气勘探潜力。

第三节　陆相湖盆岩性油气藏勘探方法与技术

陆相湖盆岩性圈闭本身发育与赋存特点决定了岩性油气藏勘探需要配套一系列具有针对性的实用技术做支撑，使岩性油气藏勘探活动从以往盲目地偶尔发现转向有意识、有思路、有方法、有成效的系统勘探活动。近年来中国陆上进行的油气勘探实践在这一方面已经取得了良好成效。而岩性圈闭形成的地质背景、岩性圈闭本身的赋存和圈闭成藏机制特点，决定了从地质角度宏观评价并结合地球物理综合描述技术无疑是识别与描述岩性圈闭和进行岩性油气藏勘探的有效方法。

随着中国陆上岩性油气藏勘探实践活动的全面开展，逐步形成了以高分辨率三维地震技术，高分辨率层序地层学分析技术，地震相、测井相、沉积相"三相"联合解释技术，地震储层预测技术，油气水流体性质预测技术和岩性圈闭有效性综合评价技术等为主的系列勘探技术。这些技术在中国陆上含油气沉积盆地岩性油气藏勘探中发挥了重要作用并取得显著勘探成果，使岩性油气藏成为中国陆上含油气盆地勘探发现和增储上产的主要领域。

前期，华北油田在二连等盆地的勘探实践中逐步形成以下岩性油气藏勘探技术体系（图1-14）：区带优选评价配套技术（资源评价选靶区；层序研究定格架；构造研究找背景；沉积研究找砂体；构造砂体相配置，构建油气成藏模式，预测岩性油气藏有利成藏区）；圈闭落实评价配套技术（高分辨率层序地层研究细化定等时格架；"三相"研究确定砂体成因类型；"五线"研究圈闭类型，落实圈闭形态；"五面"研究综合分析圈闭成藏条件，优选钻探目标）；圈闭预探评价配套技术（老井重新认识找线索，确定勘探突破口；按照最大相似原则部署预探井位；储集体岩性、物性、含油气性研究，逐步外推，部署评价井井位；滚动预测—滚动评价—滚动钻探，滚动式勘探控制油气藏规模）（姚超等，2005）。

滚动预测—滚动评价—滚动钻探是开展具有小型油气藏群特点岩性油气藏勘探的有

-20-

效勘探思路，一方面可以提高勘探成功率，另一方面可以进一步增强针对一个区块开展岩性油气藏勘探的决心，逐步探索适合盆地或区块地质特点的勘探技术系列，有序扩大勘探成果。

冀东油田在南堡凹陷高成熟勘探地区逐步形成从钻井资料出发开展经典层序地层的研究，从地震资料出发开展高精度层序地层格架的追踪与解释，最终将两条研究路线合并为综合评价具体岩性油气藏勘探目标的富油气凹陷岩性油气藏勘探研究思路和工作流程（周海民等，2005）。具体步骤为：用单井层序划分解决垂向上层序构成问题；用格架地震剖面的层序地层学解释构筑平面层序地层格架；确定层序地层学模式，指导沉积体系研究；对体系域和砂体类型进行工业化制图，研究沉积体系的平面分布；总结层序地层学成果与油气聚集的关系，分析沉积储层对油藏的控制作用；预测有利岩性油气藏分布区，指导岩性圈闭的识别；识别单个岩性圈闭，研究有利砂体平面分布；综合评价岩性圈闭，进行钻探目标优选（岩性地层油气藏勘探理论与实践培训教材，2005）。

在前期基础上，"十五"至"十三五"期间重点围绕地质基础理论体系、成藏机理与分布规律、评价方法与技术系列三大方向，取得了一系列创新性认识（表1-5），特别是近年来，系统突出了地层油气藏整体研究，不断拓展岩性新领域，增强油气勘探战略研究等，取得了重要进展（袁选俊，2021）。

表1-5 岩性油气藏勘探主要研究进展（据袁选俊，2021）

主要内容		研究阶段			
		"十五"	"十一五"	"十二五"	"十三五"
地质基础理论体系	沉积	三角洲—重力流沉积 海相台缘带沉积	大型浅水三角洲 砂质碎屑流	三角洲生长模式 湖盆细粒沉积模式	碱湖、滩坝沉积 湖相碳酸盐岩
	储层	两相控储	4类风化壳储层	非常规致密储层 砂砾岩体	储层非均质性 不整合结构体
	构造	构造—层序成藏组合	构造—沉积坡折	构造—岩相古地理	克拉通时空演化 不整合断代
成藏机理与分布规律	成藏	源下成藏 岩性地层大面积成藏	连续型聚集机理	源上大面积成藏 源内致密油聚集	远源次生油气藏 大型地层油气藏
	分布	四类盆地分布规律 富油气凹陷满凹含油	致密油气分布	坳陷湖盆岩性大油区 常规—非常规有序聚集	岩性地层大油气区 四类盆地分布规律
评价方法与技术系列	评价方法	四图叠合区带评价 层序地层工业化应用	区带评价规范	大比例尺工业编图 大油气区评价	区带定量评价 圈闭有效性评价
	特色技术	两项核心技术	地震叠前储层预测与流体检测	薄储层地震预测 致密油"甜点"预测	特色技术研发 3套软件平台集成

针对陆相湖盆岩性圈闭发育及岩性油气藏赋存特点，作者通过在相对高勘探程度地区的勘探实践，紧密围绕圈闭以发现有利勘探目标为目的，总结出了以下岩性油气藏勘探

方法和技术系列：围绕富油气凹陷，以剩余资源分析为前提（确保资源基础），以地震资料品质分析（明确地震资料的分辨率，它是评价岩性圈闭落实程度的基础）为先导，以层序地层和沉积微相研究为基础（以体系域为单元的目的层沉积微相研究确定岩性油气藏勘探有利平面位置，高精度层序地层研究确定岩性油气藏纵向有利勘探层系），利用地震信息多参数综合分析方法（通过测井标定并与已知目标类比使小时窗的地震相分类快速逼近有利勘探目标；通过波阻抗反演和测井参数反演并结合非常规储层预测技术综合确定目标体的储集体类型和物性；通过地震属性分析一方面验证储层预测的可靠性，另一方面初步预测目标的含油气性；流体势分析宏观评价目标所处的流体势位置；通过地震信息分解基础上的含油气检测来判别目标的流体性质；通过三维可视化明确目标体在空间的分布位置和范围，提高对地质体的空间直观认识，协助确定钻井位置和钻井轨迹）来系统识别、描述、优选与评价岩性圈闭。该方法为在层序地层和沉积微相等综合地质研究基础上的地震信息多参数综合识别、描述、优选与评价岩性圈闭的方法与技术系列（图1-15），方法强化了有利区带评价、目标研究和井位部署的紧密衔接，技术体系突出了相关针对性技术在岩性圈闭勘探中的地质含义分析。重点围绕洼陷、区带、圈闭三个层次的研究（图1-16），先后通过在江汉盆地潜江凹陷和吐哈盆地台北凹陷等实际应用，证实了该方法与技术系列在地震资料品质较好地区岩性圈闭的识别、描述、优选与评价等岩性油气藏勘探中的针对性、实用性和有效性。

从勘探现状来看，中国陆上主要含油气盆地常规石油进入勘探中期到中后期、天然气总体处于勘探早中期（图1-17），各个盆地勘探程度有差异，总体中西部勘探程度低于东部、老层系低于新层系。随着盆地可探索的大中型构造圈闭越来越少，积极探索常规和非常规岩性圈闭的重要性也日趋明显。岩性油气藏是目前中国陆上油气勘探的四大重要领域之一（其他3个领域分别是前陆冲断带、叠合盆地中下部组合和老区精细勘探等，目前更是向"三深"领域进军，但仍是勘探针对的主要圈闭类型），也是目前中国陆上实现勘探发现和增储上产的重要领域。从中国陆上近年来岩性油气藏探明储量规模来看，已经从20世纪90年代初的20%逐步上升到目前的76%左右，显示出岩性油气藏在勘探发现和增储上产方面的重要意义。从具体盆地来看：在松辽、鄂尔多斯、渤海湾、四川等盆地年增储规模均在亿吨以上；在准噶尔、塔里木等盆地其增储地位日显重要；在二连、海拉尔、柴达木等盆地成为新的增储领域；在吐哈、酒泉等盆地源内勘探也有新的大发现。总体来看主要含油气盆地在岩性油气藏勘探领域都取得了突破性进展。勘探实践证明，中国陆上绝大部分含油气盆地都具有发育岩性油气藏的良好地质背景。

从中国陆上主要含油气盆地剩余油气资源量来看，七大盆地（松辽、渤海湾、鄂尔多斯、准噶尔、塔里木、柴达木、四川盆地）剩余石油地质资源总量179.2×10^8t，岩性地层91.3×10^8t，占总石油地质资源量的51%。具体到各个盆地来看：松辽盆地剩余资源41.3×10^8t，其中岩性—地层26.6×10^8t；渤海湾盆地剩余资源32.7×10^8t，其中岩性—地层12.7×10^8t；鄂尔多斯盆地剩余资源33.7×10^8t，其中岩性—地层27.6×10^8t；准噶尔盆地剩余资源20.3×10^8t，其中岩性—地层10.3×10^8t；塔里木盆地剩余资源38.3×10^8t，其中岩性—地层8.5×10^8t；柴达木盆地剩余资源10×10^8t，其中岩性—地层4×10^8t；四

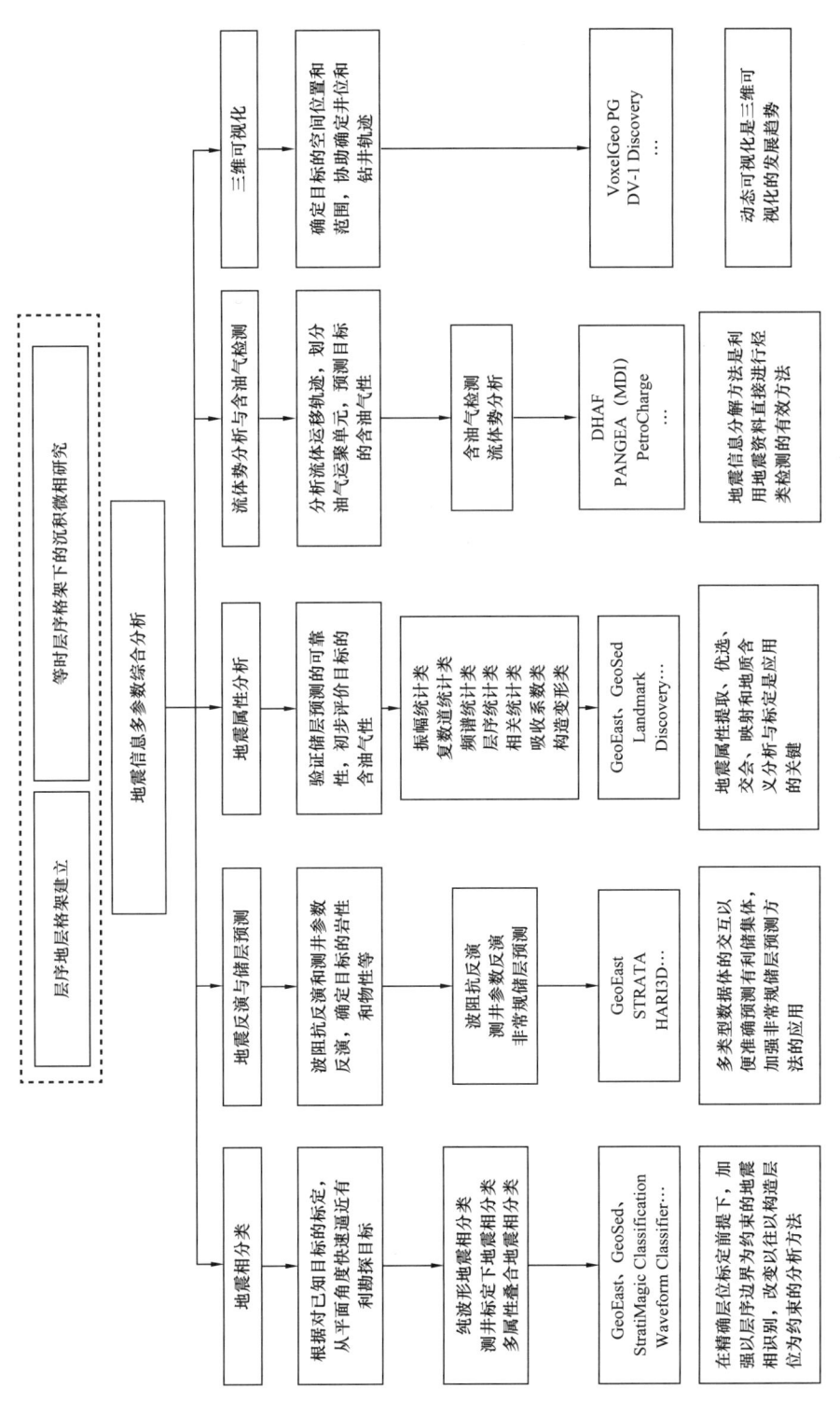

图 1-15 地震信息多参数综合评价岩性圈闭关键技术

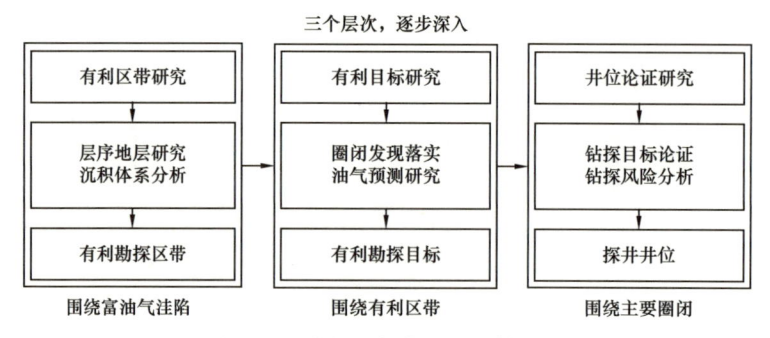

图 1-16 岩性油气藏勘探整体路线

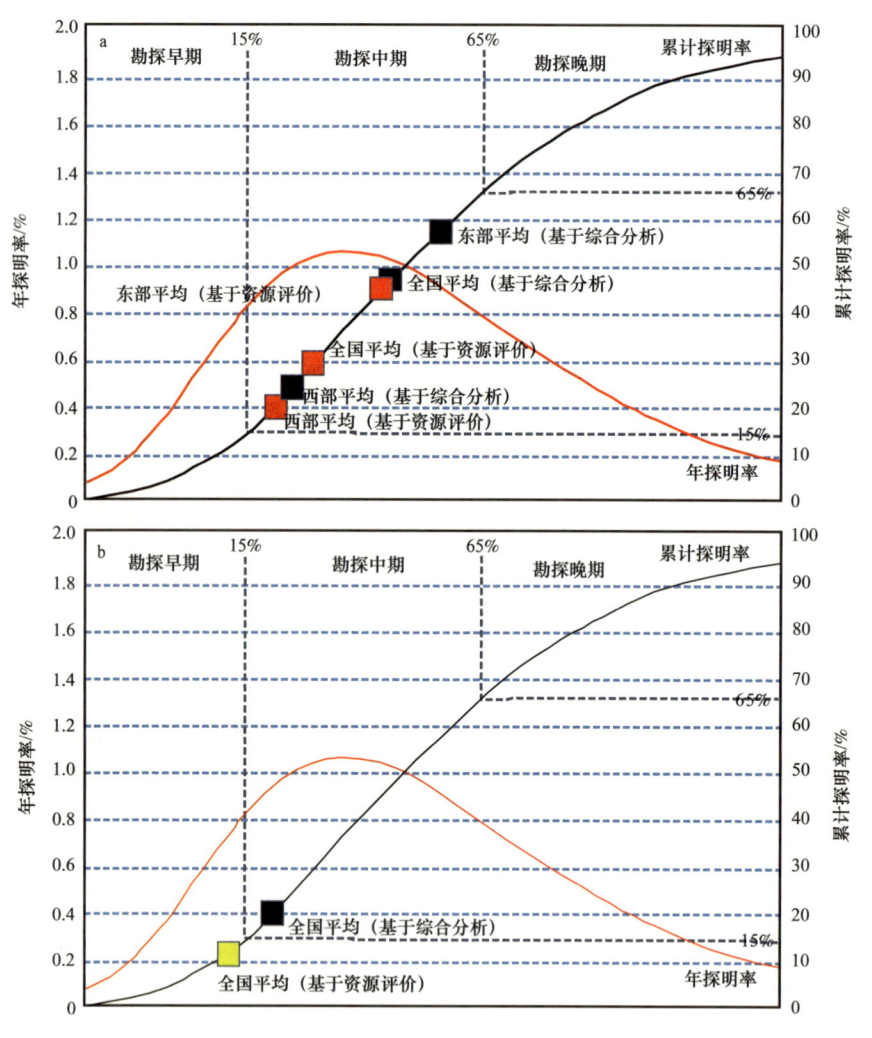

图 1-17 中国含油气盆地平均勘探程度评价图
a. 石油；b. 天然气

川盆地剩余资源 $2.9 \times 10^8 t$，其中岩性—地层 $1.96 \times 10^8 t$（岩性地层油气藏勘探理论与实践培训教材，2005）。由此可见，中国陆上主要盆地都具有开展岩性油气藏勘探的资源基础，剩余资源量丰富，岩性—地层油气藏勘探前景广阔。从目前的勘探成果来看，以岩性油气藏为主的非构造油气藏勘探取得了丰硕成果。在这些阶段的油气勘探过程中，各个盆地积累了大量的地质、地震、钻井、测井、录井、测试和分析化验资料。一定程度的资料积累是开展岩性油气藏勘探的基础，中国陆上主要含油气盆地均具有深入开展岩性油气藏勘探所需的资料基础。

中国陆上主要含油气盆地具备开展岩性油气藏勘探的地质背景，拥有丰富的剩余资源基础，前期已有良好的资料积累，同时也具有丰富的勘探技术支持。从勘探历程来看，中国陆上主要含油气盆地目前已全面进入岩性油气藏（包括常规和非常规）勘探阶段。

从陆相湖盆岩性油气藏勘探方法和技术来看，等时层序格架下的沉积微相研究是进行岩性油气藏勘探的基础。以层序为边界，在等时地层格架控制下的地震信息多参数综合评价方法是岩性圈闭识别、优选、描述与评价的有效手段。层序地层和等时格架下的沉积微相研究构成陆相湖盆岩性油气藏勘探的两项核心地质综合研究技术，地震方法的储层预测和目标含油气性评价构成岩性油气藏勘探的两项核心地球物理综合评价技术。

第二章　层序格架控制下的沉积体系

层序地层和沉积微相研究构成了岩性圈闭形成和油气藏基本地质背景分析的两项核心地质综合研究技术，主要用来明确岩性圈闭在盆地中发育的纵向层系和平面位置，是岩性油气藏有利勘探区带评价的主要研究内容。在前人已有研究基础上，提出了地震隐性层序界面的概念，以隐性层序界面识别为基础建立地震高频层序格架，准确厘定并细化研究单元；针对精细沉积微相研究开展测井相、地震相、沉积相"三相"联合解释；针对地震反射等时与地质沉积等时争论的焦点，从地质应用的角度提出了地震地质等时体的概念并约束沉积体系研究，系统完善岩性圈闭勘探形势下沉积体系的研究方法，夯实沉积体系研究基础。

第一节　地震隐性层序界面识别与高频层序格架建立

地震资料识别的层序界面精度低于测井资料建立的空间层序格架精度，难以满足具层圈闭特征岩性圈闭勘探的需求。提出了一种基于井—震时频匹配分析与地震全反射追踪相结合的地震隐性层序界面识别及高频层序格架建立方法，主要包括逐级细化的测井时频分析与井—震标定，得到与测井资料相匹配的地震反射旋回变化关系；在小时窗地震时频分析基础上，通过地震全反射追踪技术，建立高频空间层序格架。利用该方法建立的层序格架中的层序界面既具有反映沉积旋回变化关系的明确地质含义，又有足够的分辨率，能有效识别地震资料中采用常规方法难以识别的隐性层序界面，满足岩性圈闭识别、描述对于层序地层研究细化单元的要求，实际应用取得了良好效果。该方法的提出有助于深入挖掘现有地震资料的地质解释潜力，有效开展地震高频层序地层研究，揭示层序内部更丰富的地质信息，从而为岩性油气藏勘探提供充实的地质研究基础。

地震层序界面的有效识别是层序格架建立的关键步骤，地震资料中识别出的层序界面级次及其横向可追踪性决定了所建立层序格架的精度。层序格架为地震资料沉积体系解释和沉积相研究提供了约束框架（杜世通，2004），高频层序格架的约束必然提升沉积体系解释与沉积相研究的精度（Abu et al.，1996；Galloway，1998）。层序地层学是岩性油气藏勘探的核心技术之一（贾承造，2004），地震层序格架的精度对岩性油气藏勘探至关重要，因此，地震层序界面识别与层序格架建立是开展岩性油气藏勘探以来大家讨论的技术热点，而追求高分辨率是建立层序格架不断努力的方向。

传统的地震层序界面识别与格架建立主要以井—震匹配为纽带，首先通过露头、岩心观察、录井岩性、组构与沉积旋回变化分析、测井曲线形态描述等识别并确定不同级别的井层序界面，然后通过测井对地震的标定，结合地震反射终止关系及结构变化特征等对同相轴进行横向追踪来建立空间层序格架。岩心、录井、测井均具有较高的纵向分辨率，是小级别层序界面识别与中短期沉积旋回划分的基础；地震相对录井、测井等来说纵向分辨率低，主要用来识别大的层序界面并划分中长期旋回（邓宏文等，1996）。由于录井、测井等资料识别出的小级别层序界面在地震上往往难以准确标定或标定后不能有效进行横向追踪，录井、测井资料上所能识别的层序界面与地震资料上能有效横向追踪的层序界面在级别上往往存在差异。表现在露头、岩心、录井、测井纵向可识别出小级别层序界面（四—五级甚至更小），而地震横向追踪建立的主要为三级及以上层序界面，因此，地震层序格架精度往往低于用录井、测井等资料所建立的层序格架。

目前，为弥补地震层序格架精度的不足，在地震三级层序界面标定与追踪解释后，常常以层序顶、底界面为约束，采用线性、非线性内插等技术生成新的界面，以提高层序格架划分与约束的精度。表面上来看，内插后层序格架得到细化，精度提高，但该方法具有以下弊端：一是该方法是单纯的数学插值算法，难以有效反映三级层序单元内地质体在横向上由于构造、岩性、组构特征差异而导致的地震反射变化，内插得到的界面穿时现象普遍而等时性差；二是内插得到界面的级别及层序所属沉积旋回的归属不明确，因而对应的地质体之间隶属关系不清楚，不能有效分析沉积体系、层序、体系域等与岩性圈闭发育的内在关系；三是缺乏测井与地震数据之间的有效耦合与联动，不能使测井曲线等划分的层序界面与层序体等信息有效传递给地震数据，二者之间的匹配仅停留在单纯的测井资料对于地震波形的时深关系标定上。

对于陆相湖盆，三级层序往往对应于地层组，四级层序对应于砂泥岩互层组合中的砂组，因此三级、四级层序格架很难满足具层圈闭特征岩性圈闭（单砂体）识别、描述、优选与评价对于层序格架精度的要求，从而影响岩性圈闭的识别与描述。为了从空间角度开展与岩性圈闭关系密切的单砂体分布预测，则需要级别更小的层序界面（高频层序格架）的约束，陆相湖盆地震资料中五级层序界面的识别及与之相对应层序格架的建立势在必行。事实上，期待地震采集与处理技术的突破性进展并非解决小级别层序界面识别和高频层序格架建立问题的唯一有效途径，立足现有地震资料挖掘解释潜力，探索一种合理的、在现有地震资料基础上识别小级别层序界面并建立高频层序格架的方法很有必要。

随着宽方位、高分辨率、高密度等地震采集技术的运用，盆地二维到三维、常规三维到高精度三维地震勘探的开展，提高分辨率处理技术的发展，含油气盆地日益丰富的录井、测井资料的积累等，为利用地震资料开展小级别层序界面识别并建立高频层序格架奠定了丰富的资料基础。以井—震时频匹配分析为基础，通过逐级细化的测井时频分析，结合测井等首先识别出不同级别的井层序界面并建立从大级别到小级别的井层序格架，然后通过层位（层序）—储层的逐步标定，结合小时窗地震时频分析，在地震层序或地震沉积旋回数据体上（张军华等，2003；Yang et al.，2015），采用地震全反射追踪技术来建立以五级层序为主的地震高频层序格架，以期为空间精细沉积体系研究提供相对应精度的层序约束单元，并通过地震高频层序格架控制下的沉积体系平面变化与纵向演化分析，为宏观层序地层学研究确定的岩性油气藏有利勘探区带和层系内具体岩性圈闭的识别、描述等提供可靠的评价约束单元。

一、地震层序界面类型及其与岩性圈闭的关系

1. 显性与隐性层序界面

根据地震剖面上层序界面识别的难易程度及其横向连续可追踪性，层序界面可划分为显性和隐性两种类型。显性层序界面是指通过直接观察剖面上的反射终止关系和波组特征等而直接识别出的层序界面。在目前资料品质下，以三级及以上大级别的层序界面为主，在少数资料品质好的高分辨率地震勘探区，可以识别出四级层序界面。隐性层序界面是指在录井、测井资料上可识别，但在地震反射中特征不明显且采用常规手段难以有效横向连续追踪的四到五级等小级别层序界面。在地层沉积演化过程中，这些小级别层序界面是客观存在的，但由于它们在地震剖面上的直观可见性差、识别难度大，不能有效横向连续追踪而具有隐性发育特征。

2. 层序界面级别与岩性圈闭的关系

显性层序界面是传统层序界面识别和层序格架建立所针对的主要界面类型，关于其识别方法已相对成熟并在许多地区进行了广泛应用，有效指导了宏观沉积体系研究及岩性油气藏有利勘探区带和层系的优选与评价，但对于陆相湖盆以砂泥岩互层为主要特征的沉积地层来讲，由于岩性圈闭的层圈闭属性，显性层序界面难以准确约束目标研究单元并进行具体岩性圈闭的识别与描述，利用与层圈闭赋存关系密切的小级别隐性层序界面的约束来识别与描述岩性圈闭很有必要。

不同级别层序界面控制着不同规模沉积体系的空间分布，它们与岩性圈闭与油气藏的赋存密切相关（图2-1）。薛良清（2002）提出地层超覆线、岩性尖灭线、地层剥蚀线等"三线"和最大湖泛面、地层不整合面、断层面等"三面"控制了地层岩性油气藏的形成；杜金虎等（2003）提出地层超覆线、岩性尖灭线和地层不整合面等特定的"线、面"控制了地层岩性油气藏的发育；赵文智等（2005）与易士威（2005）提出地层超覆线、岩性尖灭线、地层剥蚀线、砂岩体顶面构造线及砂岩体等厚线等"五线"和最大湖泛面、地层不整合面、断层面、砂岩体顶面及底面等"五面"控制了地层岩性油藏的形成与分布；金凤鸣等（2017）提出地层超剥带、岩相过渡带、湖岸线变迁带、有利成岩相带、有利岩相带等"五带"控制地层岩性油气藏的发育与赋存。综合分析来看，上述的"线、面"大多是不同级别层序界面的直观反映。从地质成因分析来看，湖盆边缘不同类型"线、面"的变化反映了盆地内构造、沉积环境的变化，它们影响到盆内砂体成因、沉积方式、流体运移动力等，进而控制湖盆内砂体的空间分布，而砂体空间分布很大程度上控制了岩性圈闭的发育与分布。从层序界面级别来看，上述大多数"线、面"主要对应于超层序或三级层序界面，其在地震资料中相对较易识别，属于地震显性层序界面类型。同时，这些界面构成了高频层序格架建立的约束框架，因此，地震显性层序界面是岩性油气藏有利勘探区带与层系宏观评价的主要约束单元。

岩性圈闭的层圈闭属性决定了单一圈闭的发育与小级别层序界面关系更为密切

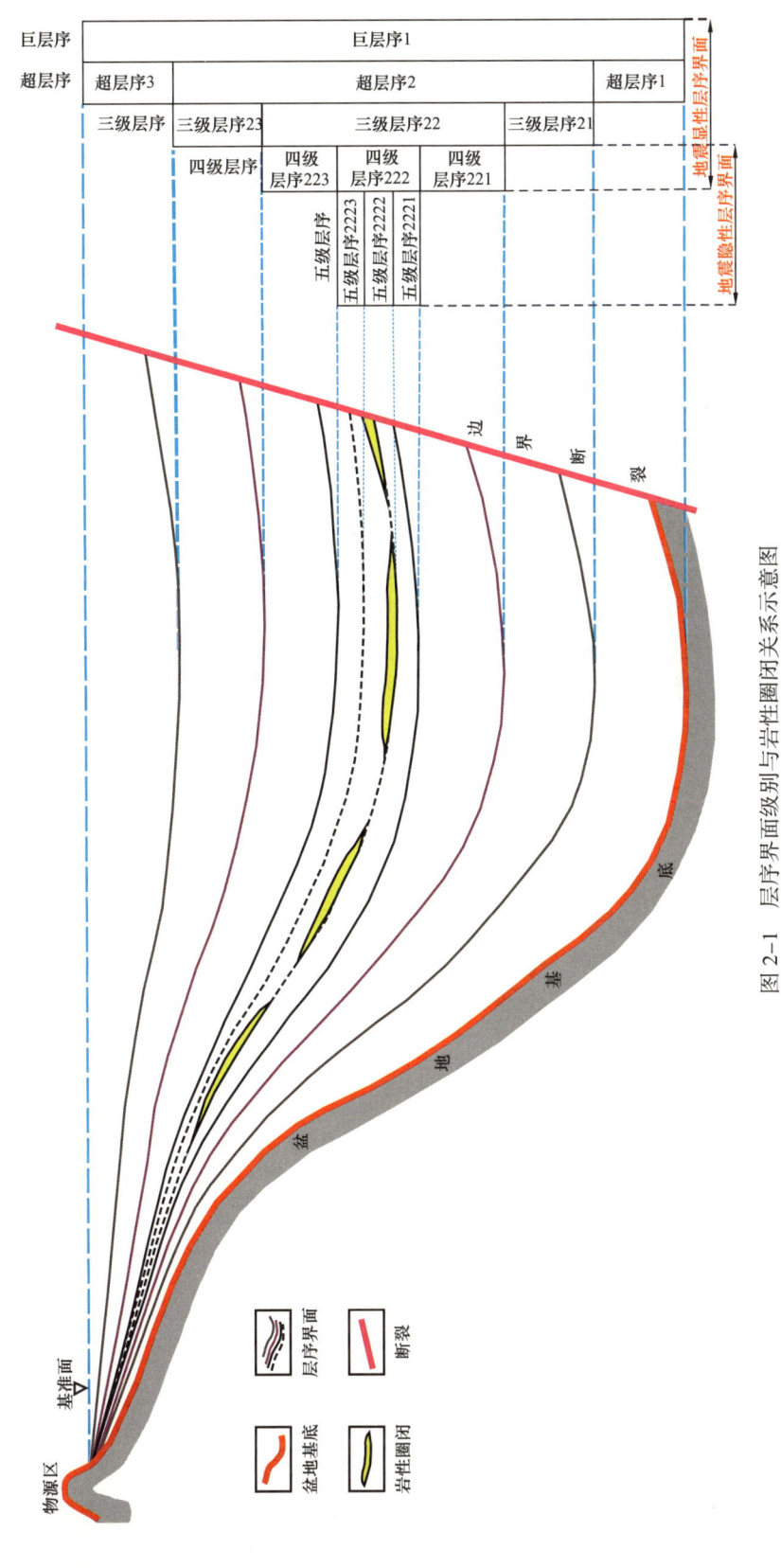

图 2-1 层序界面级别与岩性圈闭关系示意图

巨层序揭示了盆地沉积盖层发育规模与沉积演化过程，反映了盆地区域沉降规模与沉降演化历程；超层序揭示了沉积盖层沉积相演化过程，反映了盆地构造、沉积格局与气候变化；三级层序控制了沉积亚相发育规模、类型及其空间组合，盆地内部差异沉降与构造异常可反答空间变化，反映了盆地内部差异构造变动，发育规模及横向变迁，沉积层序及其界面与岩性圈闭密切相关；四级层序控制了沉积微相类型、发育规模及其空间组合；五级层序控制了沉积微相内部岩性的纵向、横向变化，决定了岩性圈闭发育的纵向层系与平面展布位置，五级层序及其界面与岩性圈闭密切相关古地貌差异变化；五级层序控制了沉积微相内部岩性的纵向、横向变化，决定了岩性圈闭发育的纵向层系与平面展布位置，五级层序及其界面与岩性圈闭密切相关

— 29 —

（图 2-1）。具体到陆相湖盆，有利区带、层系中具体岩性圈闭的发育与五级层序界面直接相关。五级层序界面在地震剖面中的隐性发育特征决定了它们的识别难度，隐性层序界面的约束更适合于具体岩性圈闭的准确识别与精细描述。五级层序格架是具体岩性圈闭识别、描述必须达到的层序研究精度。

具体从地震资料本身包含的沉积旋回信息来看，地震反射整体是由长旋回的背景和短旋回的事件组成（图 2-2）（Hentz et al.，2003），其中长旋回反映水深变化较大、彼此具有成因联系的大套地层，具有较强的时间意义，是大级别等时地层格架建立的基础；短旋回反映水深变化较小，由相似岩性、岩相叠加组成的地层，其时间意义较弱，但岩性意义较强，有利于勘探隐蔽砂体（图 2-3）（金成志等，2017），因此，陆相湖盆岩性圈闭发育与短旋回的高频层序关系更为直接。

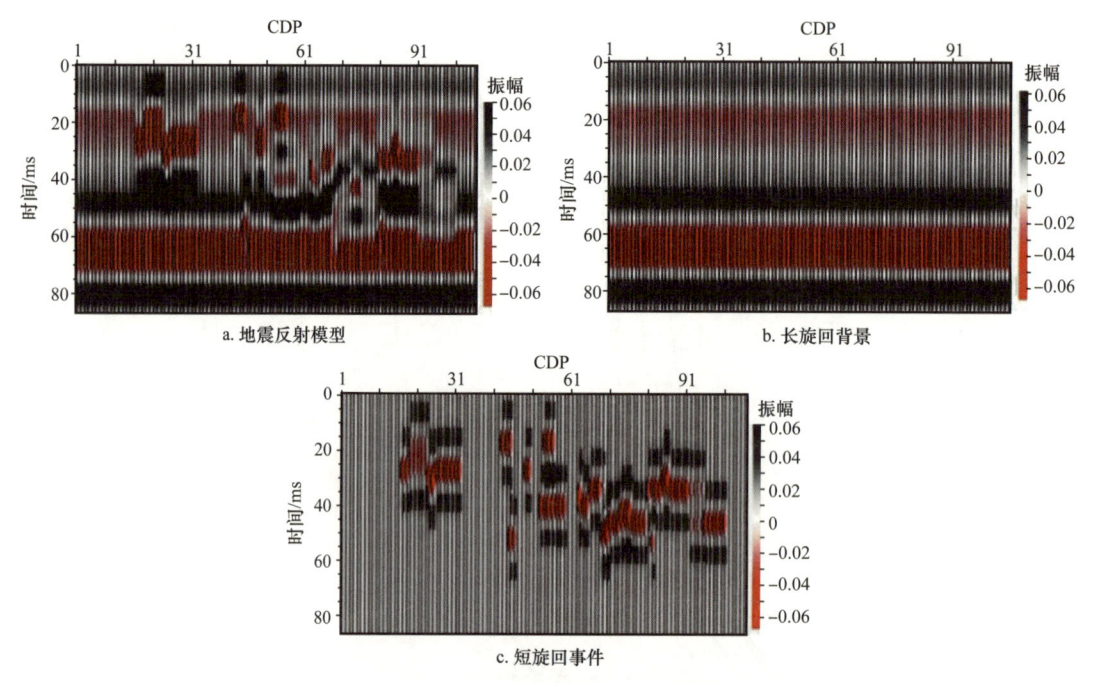

图 2-2 地震反射的长旋回背景和短旋回事件模型（a=b*c）

3. 层序界面识别标志

不同来源资料从不同角度提供了盆地沉积盖层多类型层序界面的识别标志。目前常用的层序界面识别标志主要有沉积学、古生物学、元素地球化学和地球物理学等 4 种类型。

1）沉积学标志

沉积学标志主要包括野外露头和钻井岩心观察两种资料来源（图 2-4），其层序界面识别标志基本相同，主要包括古暴露面（剥蚀面）、冲刷面及河床滞留沉积、岩性/岩相突变面、岩石组构变化面、特殊化学沉积等标志；野外露头观察是勘探目的层系整体层序发育特征的主要沉积环境对比分析标志，由于野外露头出露的不完整性、观察的局部性、向盆地内部的侧向相变等，它们主要作为盆地沉积盖层层序界面识别与层序划分的区域对

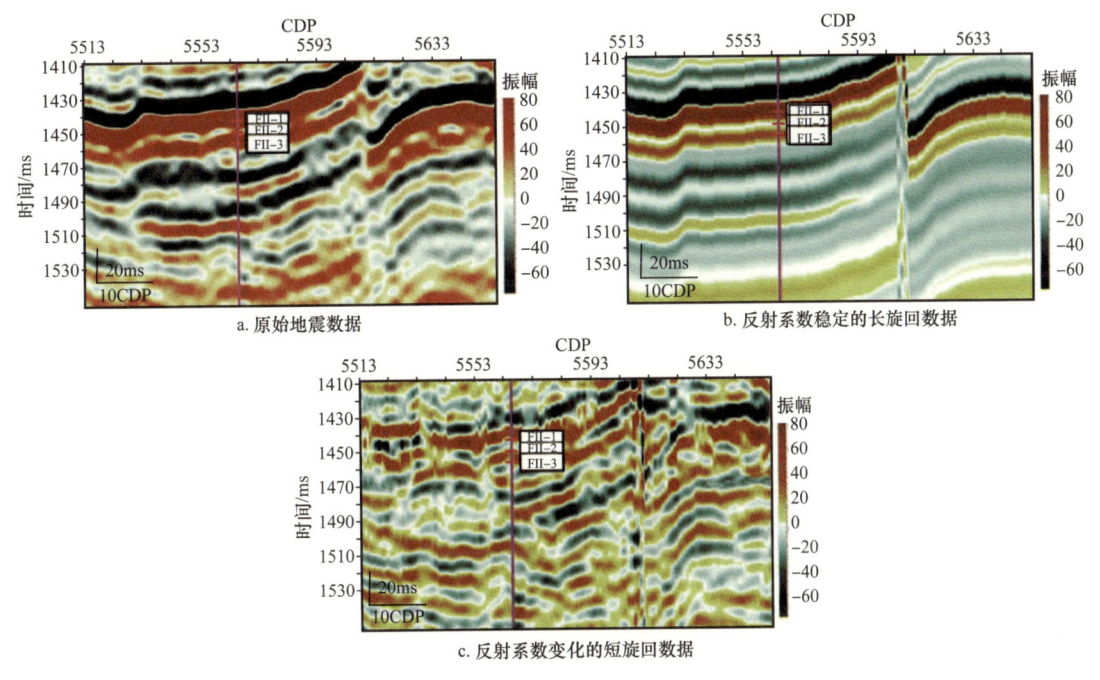

图 2-3 地震反射的长旋回背景和短旋回事件 PCA 数据分解（a=b*c）

图 2-4 野外露头（a）与岩心观察（b）识别的层序界面

比标志；钻井岩心观察是高频层序界面识别及短期沉积旋回划分的有效方法，是层序界面识别与层序划分的最直接证据。虽然野外露头和钻井岩心观察所能识别的层序界面级别跨度很大，可以在超层序到五级甚至更小级别层序之间变化，但由于野外露头的局部性与钻井岩心观察的间隔性（目前，实际取心井段平均仅为目的层段地层厚度的1%～5%，也有部分全取心井段，但总体很少），它们在识别局部层序界面和划分层序时的精度虽高，但空间上数据离散，在层序界面识别和层序划分中主要起局部标定作用。地震隐性层序界面主要对应于沉积学标志中不太明显的岩性变化面等。

2）古生物学标志

古生物学标志主要来源于野外露头和钻井岩心观察与鉴定。湖水的进退是构造、沉积、气候综合作用的结果，其变化必然导致湖泊生态环境的改变，从而造成生物种群、空间分布和生物丰度的响应，进而反映沉积地层所包含古生物组合的变化。古生物标志确定的层序界面和划分的层序级别一般较大,主要在超层序到三级层序之间变化,其中指代、指相、局限地质时期集中发育的古生物种属有利于层序的划分与对比。古生物标志所确定的层序界面大多属于盆地沉积盖层层序划分的显性界面标志。

3)元素地球化学标志

元素地球化学标志包括野外露头、钻井岩心和针对性的元素测井等资料来源。盆地沉积盖层元素地球化学特征的变化在一定程度上反映了沉积环境的变迁,因而可用于层序界面识别与层序划分(余烨等,2014),主要标志有元素含量的突变面或集中赋存段。其所能识别的层序界面级别跨度也较大,可以在超层序到五级层序之间变化,但由于空间数据少,在测井层序界面识别和层序划分中主要起标定和横向对比作用。从实际应用来看,元素地球化学大多用于标识显性层序界面。

4)地球物理学标志

地球物理学标志主要包括测井和地震反射两种。可用于识别显性和隐性层序界面,其中隐性层序界面识别与追踪是挖掘现有地震资料潜力,开展高分辨率层序地层学研究的关键。

(1)测井标志。

测井资料由于纵向数据的连续分布而具有高的纵向分辨率,是层序地层学研究中不可缺少的资料,主要标志包括测井曲线形态、幅度及其反映的短期旋回叠加样式等。主要用来进行不同级别层序界面和湖泛面的识别,同时,曲线形态、幅度及短期旋回叠加样式的变化可反映基准面升降和可容空间的变化,是识别基准面旋回的重要手段。测井资料识别的层序界面级别跨度大,可以在超层序到五级层序,甚至在更小级别之间变化。数据分布的纵向连续性和可识别层序界面的多级别性决定了它是层序界面识别与层序划分的主要资料来源,是纵向层序格架建立的必备资料。理论上来讲,测井资料的纵向高分辨率决定了各级别的层序界面在测井资料上都应是显性的。

(2)地震反射标志。

地震反射界面基本是等时的或平行于地层的时间面,因而可以运用地震反射终止关系和地震波组反射形态等进行层序界面的识别与基准面旋回分析。相比于测井资料,地震资料由于纵向分辨率相对较低及资料品质的影响,通过地震反射剖面的直接观察通常只能识别较大级别的层序界面和中长期旋回(在超层序到三级层序之间变化,资料品质较好的高分辨率地震勘探区,可以达到四级层序),主要标志有区域性分布的不整合面或者反映地层不协调关系的地震反射结构,如上超、下超、顶超、削截现象等(图2-5、表2-1),它

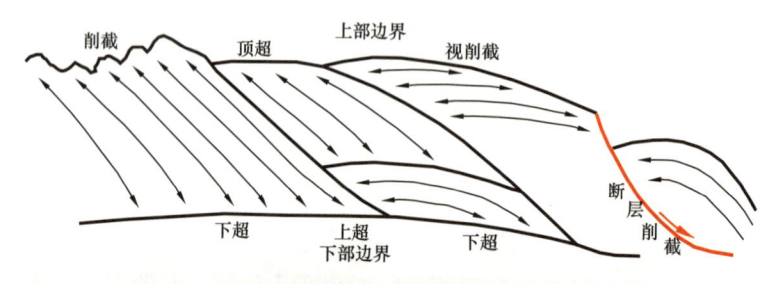

图2-5 反映地层不协调关系的地震反射结构类型

表 2-1 常见地震反射终止样式特征对比

类型	主要特征	区别
超覆（Lapout）	沉积范围内一个反射波（通常为地层界面）的终止现象	与削蚀（Truncation）不同。在削蚀现象中，反射层原来延伸较广，后期受到风化剥蚀或与断层面、滑塌面、塑性盐岩或泥岩接触，或被岩浆侵位所削截等（Mitchum et al., 1977）
底超（Baselap）	反射面对下伏地震反射界面（组合的底）的超覆，底超可以包括下超（反射界面的倾角小于上覆地层）和上超（反射面的倾角大于上覆地层）	后期构造变形强烈时，很难判断地层向上超覆还是向下超覆。上超是向盆地边缘的超覆，下超与前积构造伴生。下超是进积明显的沉积体前部的特征〔包括陆上沉积间断型下超（冲积扇、崩积锥等）和水下连续沉积型下超〕。二者都属于底超，其中下超可以演变为远端上超。平行型上超基本由海或湖平面上升引起，发散型上超一般与构造沉降对应
下超（Downlap）	一般出现在前积、斜积层的底部，代表盆地边缘斜坡沉积体系进入深水区（海或湖）的前积。下超代表从海或湖斜坡沉积向凝缩沉积或无沉积区的沉积变化，代表凝缩单元。真正的沉积下超与受后期构造运动反转的原生上超容易混淆，大多数情况下，解释为下超的反射终止为视终止，在该处地层已变薄甚至低于地震分辨率的厚度	
上超（Onlap）	低角度反射在更陡反射界面上的反射终止关系。包括海相上超（Marine Onlap）和滨岸上超（Coastal Onlap）。海相上超代表沉积向非海相沉积或凝缩沉积的变化，可容空间被海相沉积物部分充填。海相上超方式不能用来确定相对海平面变化，因为它和相对海平面变化没有直接关系。海相上超反映了从高沉积速率向低能深海披盖的沉积变化	
滨岸上超（Coastal Onlap）	是非海相、近海相或边缘相海相地层的上超，代表从沉积带到盆地边缘侵蚀作用和无沉积作用的变化，地震剖面上，滨岸上超通常指顶积层反射向陆方向的上超，顶积层为浅海、近海或非海相沉积。滨岸上超相对于被上超面的样式表明相对海平面的变化，滨岸上超向陆方向的前积由相对海平面上升引起，滨岸上超向下或向盆地方向迁移由海平面下降引起	
顶超（Toplap）	倾斜地震反射（斜积层）在上覆低度界面上的终止，代表近源沉积的范围。顶超代表从斜坡沉积到非海相或浅海相过路作用或侵蚀作用的变化。顶超面是一个不整合面，当斜积层向上进入因太薄而无法分辨的顶积层时，形成视顶超面，分布面积较小	顶超常出现在三角洲的顶部，顶超所反映的地层厚度在小范围内变化较大，且地层在顶超逐渐收敛与尖灭，局部分布。对削截来说，被削截的地层常在大范围内稳定分布，同相轴之间近于平行，削蚀的分布往往是区域性的。顶超常与进积沉积体相伴生，具有进积结构，其底部发育下超。顶超发育期间，在基准面之上有沉积物过路或小规模的侵蚀。削截界面在盆地内的分布反映了构造运动的性质（陆相断陷湖盆因基底翘倾，削截主要发生在盆地一侧；坳陷盆地因整体垂直差异升降，削截往往出现在盆地两侧）
侵蚀削截（Erosional Truncation）	地层在一上覆侵蚀面上的终止。顶超可以发展为侵蚀削截，但削截表明侵蚀地形的发育或者形成角度不整合（峡谷的底、河道冲刷），或为层序边界的非海侵蚀面	
视削截（Apparent Truncation）	相对低角度的地震反射终止于一个倾斜的地震反射之下，该界面代表海相凝缩沉积，其沉积代表一个远端沉积范围（或变薄至低于地震分辨率），主要存在于顶积层或扇端	
断层削截（Fault Truncation）	地震反射在一个同沉积断层面或沉积后断层面、滑塌面、滑动面或侵入面终止。残留断崖上的反射终止为上超而非断层削截	

- 33 -

们构成地震层序界面识别的主要显性标志。地层上超代表基准面上升或 A/S 增大，地层下超、顶超及削蚀是可容空间降低或 A/S 减小的结果。中期或长期基准面旋回上升到下降转换位置（最大可容空间）通常对应高振幅、连续反射的界面或一组强反射。相对于在平面上离散分布的露头、岩心、测井、古生物、元素地球化学等资料，地震数据由于在二维方向和/或三维空间连续分布而更有利于进行平面沉积相、沉积体系的界限确定与空间层序界面的识别、追踪及层序格架的建立，是空间层序格架建立的必备资料。

岩心、古生物、元素地球化学和测井标志以井点的纵向不同级别层序划分为主，识别出的层序界面级次跨度较大，可以在超层序到五级层序之间变化，而地震资料既可识别纵向层序界面，又可利用地震资料的横向连续数据分布特征，通过地震反射同相轴的横向追踪来建立空间层序格架，但地震识别出的层序界面级别普遍低于测井资料。截至目前，以地震资料为基础进行层序界面识别和层序格架建立，主要利用的是地震反射的显性标志，缺乏在现有地震资料品质下隐性发育的更小级别层序界面的识别手段，并对其进行横向追踪，以充分挖掘利用现有地震资料开展层序地层学研究的潜力，满足勘探对象由构造向岩性油气藏转变对于层序界面识别、层序格架建立、细分单元精细沉积体系研究等的更高要求。有关小级别层序界面识别与高频层序划分密切相关的隐性层序界面识别标志仍在不断探索中，地震隐性层序界面识别、高频层序划分与格架建立是岩性油气藏勘探急需攻关的关键技术，也是现阶段地震层序地层学研究发展的努力方向。

二、井—震时频分析与地震层序划分

1. 测井时频分析

测井时频分析的主要目的是利用测井信息的旋回变化来识别层序界面、确定层序界面级别、明确所划分层序在沉积旋回中的归属等。有关利用测井资料开展时频分析的技术已相对成熟并在不同盆地、区带、区块的油气勘探中得到了广泛应用。需要强调的是，在高频层序格架建立过程中，采用从大到小逐级细化的分阶段测井时频分析效果更好（图 2-6）。即首先针对盆地沉积盖层整体开展全井段时频分析，主要提取反映盆地盖层沉积背景且具有较强时间意义的长旋回信息，划分超层序与三级层序等，得到以三级层序界面与长期旋回为主的层序格架。接着针对有利目的层序（相当于地层划分系统中的地层组）开展时频分析，主要提取反映沉积环境变化的中期旋回信息，得到以四级层序界面与中期旋回为主的层序格架；最后针对有利于岩性圈闭发育的四级层序（相当于地层划分系统中的地层段，在陆相湖盆中对应于砂组）开展时频分析，主要提取反映较小水深变化的岩性变化信息，划分短期旋回，得到以五级层序界面与短期旋回为主的层序格架。约束岩性圈闭发育的地震高频层序格架，在陆相湖盆中接近于控制单砂体发育的层序单元。从大到小逐级细化的分阶段测井时频分析的优势在于可以在一定程度上减弱相邻层序对目的层序时频分析结果的干扰或压制，一方面充分利用测井资料的纵向高分辨率，另一方面所识别出的层序界面和划分的层序具有明确的级别和沉积旋回归属，其所包含的地质含义更加具体和明确。

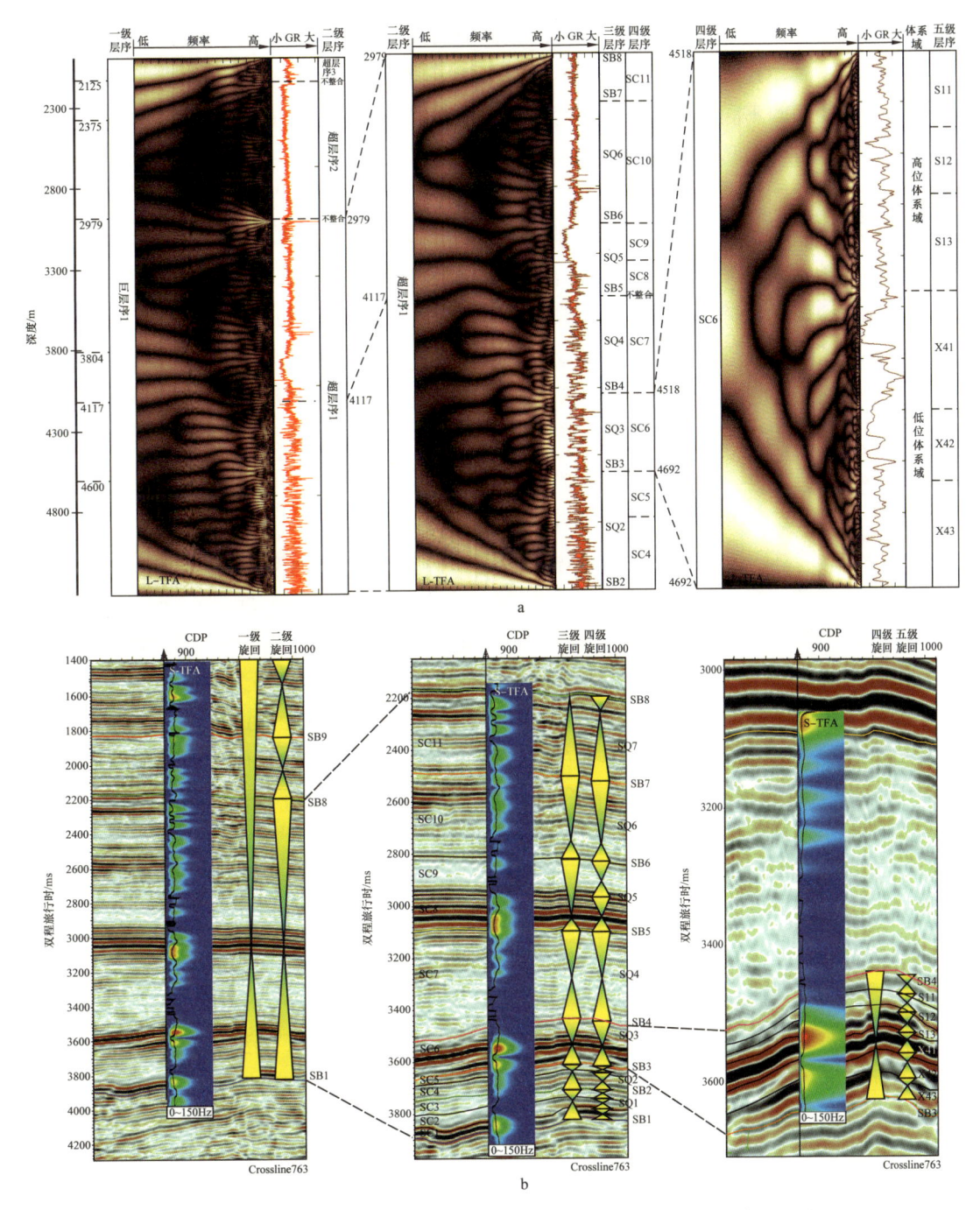

图 2-6 逐级细化的井—震时频分析（a）与地震高频层序格架建立（b）

2. 井—震标定

将深度域采样的测井资料与时间域采样的频率相对较低的地震剖面准确对应和匹配起来，使合成地震记录与井旁地震道在反射时间上取得一致，从而为地震剖面上的"反射同相轴"赋予与测井资料相匹配的地质含义（李国发，2008），对于小时窗尺度的高频层

-35-

序划分至关重要。实际工作中，在传统层位标定的基础上，应进一步加强目的层序内储层的精细标定，通过层位（层序）—储层2步标定（杨占龙等，2005），精确建立井—震匹配关系，以便明确不同级别沉积旋回之间及其与储层的隶属关系（第三章第二节有专门论述），为后续层序界面级别确定和层序沉积旋回归属奠定可靠的井—震标定与对比关系。

3. 地震层序划分

当前，地震层序划分主要有3种途径。一是通过测井层序划分，在井—震标定的基础上，结合地震反射特征，通过解释地震剖面上横向追踪性较好的反射同相轴，从而进行层序划分与层序格架建立。该方法有效但精度不够，主要表现在测井识别或划分的众多小级别层序界面虽可在地震剖面上进行标定但其横向追踪困难，因此，地震划分的层序级别明显低于测井，得到的层序格架精度不高。二是直接针对地震资料开展时间—频率分析，在频率域对每个频段所对应的振幅变化特征进行比较，进而开展层序划分（李小梅等，2008；冯磊，2011），该方法虽然可以排除时间域内不同频率成分的相互干扰，提高地震资料对薄储层的预测能力，从常规地震数据体中提取出更丰富的地质信息，提高地震资料对特殊地质体的解释与识别能力（朱秋影等，2017），但该方法划分的小级别层序与沉积旋回之间的归属关系有时不清楚，预测的薄储层隶属的沉积旋回不明确，因而给岩性圈闭评价带来不确定性。三是通过井—震时频分析的有效耦合与联动，把利用测井曲线等划分的层序界面与层序体等信息传递给地震数据体，并结合地震数据的时频特征，通过对该数据体的解释来开展不同级别层序界面的识别和层序解释与划分，进而建立高频层序格架，但该方法对地震资料的品质要求较高，在地震资料品质较好、构造相对简单的高分辨率地震勘探区实际应用效果较好。

常规时间域地震反射是对所有地下岩性界面信息的综合反映，不同的频率成分可表征不同厚度和规模的地层。时频分析法是将时间域的地震数据通过短时傅里叶变换到频率域，把地震记录分解成不同的频率成分，利用不同频段对不同尺度地质体的响应差异来区分地质体，从而进行基于频率域的储层解释。井—震时频匹配分析的优势在于：测井时频分析主要反映沉积层序的岩性、物性、含油气性等物质组成信息，而地震时频分析除了反映地下地质体的物质组成，同时也揭示了岩石组构、构造等结构信息，二者的结合更有利于全面反映地下地质体的沉积环境全貌。井—震结合的时频分析是提高地震层序地层学研究精度的主要技术发展方向之一。Su等（2017）在测井时频分析基础上，采用匹配追踪算法对地震资料开展分频处理，针对优势频段采用三色融合（RGB）技术来建立以五级层序为主的高频层序格架并取得了较好的应用效果。

从对层序所代表地质含义的准确把握与技术适用性角度来看，小时窗的地震时频分析技术更有利于识别隐性层序界面并划分高频层序。如果针对整个地震数据体或跨越多个中期旋回的层序开展时频分析，则往往由于纵向上多个高频层序的同时存在而相互干扰，反而降低了对目的层序界面的精确识别或给地质分析带来多解性。

三、地震全反射追踪解释与高频层序格架建立

1. 地震全反射追踪解释

Vail 等（1977）根据区域地震剖面上的反射终止关系提出了地震层序分析方法，它在识别不整合面并把地层组划分为具有成因含义的次级单元、重建古地理和古环境、开展等时地层对比和识别地层圈闭等方面效果显著，广泛应用于不同类型盆地的学术与工业应用研究（Ramsayer，1979）。该方法虽在层序和体系域识别方面效果显著，但在面积较小的三维地震区仍面临挑战（Hart et al.，2007）。传统的地震层序分析、层位追踪和解释的重点在于包括层序和体系域在内的关键层序界面的识别，但关键层序界面之间的大量地震反射由于解释耗时或连续性差而较少进行追踪并分析，因此传统方法耗时虽少，并有利于高效解释，但层序内包含的大量地层信息没有被充分利用，导致大量的地震信息特别是地震隐性层序界面被忽略。由此可见，传统方法更适用于面积相对较大的区域勘探，因为只有勘探面积足够大才有可能捕捉到更丰富的地层终止等反射现象，并全面识别层序与体系域边界等。

为了克服传统方法的不足，Zhong（2010）和 Wu 等（2012）提出了针对勘探面积较小区域的地震全反射追踪法（All Reflector Tracking）来识别隐性层序界面。全反射追踪法定义的地震层序是基于目的层所有地震反射（同相轴）的仔细追踪，因此，目的层反射包含的全部地层信息被充分挖掘，层序的解释精度也得到了明显提升。该方法与传统地震层序分析方法的主要区别在于：在传统方法中，关键界面是通过解释人员直接观察反射终止关系来得到，而在全反射追踪方法中，层序界面是由分析所有反射的几何叠加关系得到。该方法虽然耗时长，但有以下明显优势：一是充分利用了所有反射间的叠加和接触关系，提供了可靠的标准来确定层序边界并划分层序地层单元，更有利于识别小级别的层序界面。二是以此为基础的后续地震解释（地层切片、地震属性分析、储层表征等）和综合研究（沉积体系、岩性圈闭识别与描述等）精度得到明显提升，充分挖掘了利用地震资料开展小级别层序界面识别与建立高频层序格架的潜力，从而提升了地震解释、储层预测和岩性圈闭识别的精度。

如果单纯采用地震全反射追踪法进行层序界面识别和层序划分，特别是在较小面积的三维地震工区内，层序界面识别及层序划分的精度得到提高，但层序界面及划分的层序级次往往不明确，层序之间的归属关系不清楚。虽然在理论上可以通过地震反射终止和波组关系的观察来进行分析判断，但是对于小级别的层序而言，要在地震剖面上用肉眼直接观察并区分这些界面之间的差异会很困难。层序界面是由分析所有反射的整体几何叠加关系得到，但这种关系也往往因难以直接观察到而具有隐性发育特征。这就需要借助测井时频分析结果对全反射追踪识别的层序界面和划分的层序进行标定，明确所识别界面的级别和划分层序的旋回归属，从而使识别的隐性层序界面及划分的层序与测井资料相匹配，并具有与测井资料相对应的明确地质含义。

实际工作中，为了增强地震全反射追踪地质解释的目的性，对其所使用的数据类型和

范围进行了拓展（Yang et al., 2017），从传统地震数据扩展到经过时频分析的地震层序体（或旋回体）（图2-7）（Su, 2017）。其优势在于：一是该数据类型包含更多的层序或沉积旋回信息；二是发挥地震全反射追踪解释的技术优势，充分挖掘层序内部地震反射包含的地层沉积等信息，因而应用效果明显。

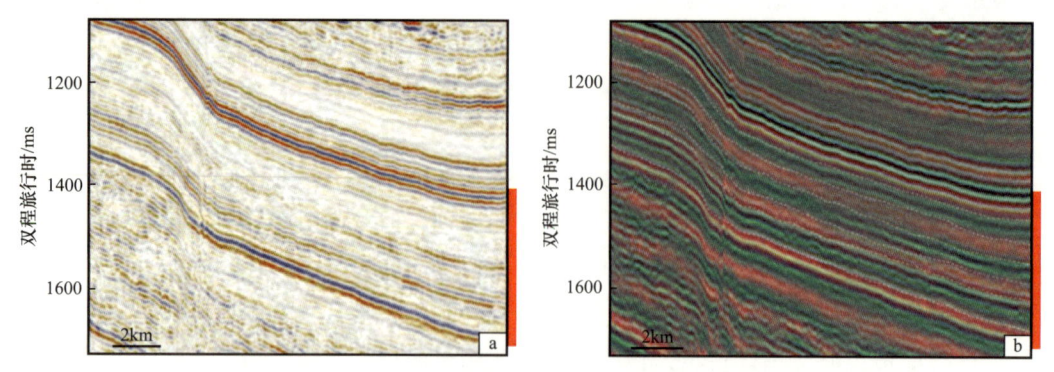

图2-7 有利勘探目的层序地震时频分析与全反射追踪
红色标注层段为目的层段

2. 地震高频层序格架建立

在以三级或四级层序界面识别和层序划分为主的显性层序格架建立后，针对岩性油气藏有利勘探区带中的关键层序在地震时频分析后开展地震全反射追踪解释，全面识别小级别的隐性层序界面并划分层序（四到五级层序界面与层序），通过层位（层序）—储层2步标定，结合井—震时频匹配分析结果明确隐性层序界面级次并确定划分层序的旋回归属，建立显性与隐性层序界面共存的地震高频层序格架，为后续地震解释和综合评价提供可靠的细分研究单元，为有利区带内具体岩性圈闭识别、描述、优选与评价奠定精度更高的层序地层格架研究基础。

四、应用效果

吐鲁番坳陷西部古弧形带勘探面积约1800km^2，是吐哈盆地四大富油气区带之一。研究区先后发现了葡北、葡萄沟、吐鲁番、胜南、神泉、雁木西、玉果、七泉湖等油气藏（图2-8），含油气层主要分布在侏罗系西山窑组、三间房组、七克台组，白垩系和古近系鄯善群等。研究区经过近30年的勘探与开发，目的层侏罗系—古近系勘探主要面临2个难题：一是剩余探明储量动用困难；二是空白区油气勘探进展不明显，因而西部古弧形带老区油气发现与增储稳产压力大。从勘探对象来看，前期以构造圈闭为主，现阶段以增储挖潜、扩展勘探的岩性圈闭为主。从地质要素分析来看，由于纵向含油气层系多、单个含油气层系厚度薄、储层横向变化快且非均质性强，因而准确识别、描述、评价岩性圈闭有难度，在一定程度上影响了深化勘探的方向选择。综合分析来看，制约勘探进展的主要原因是前期以构造圈闭勘探为主的沉积体系研究精度难以满足现阶段岩性圈闭识别、描述、优选与评价的更高要求，提高沉积体系研究精度是研究区深化勘探的当务之急。

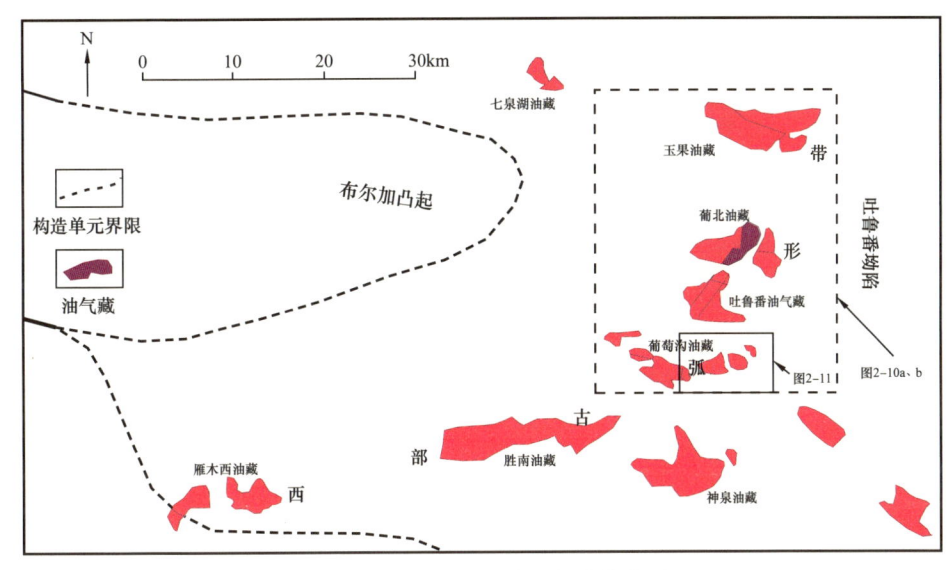

图 2-8 吐哈盆地西缘油气藏分布图

侏罗系的吐哈盆地经历了过填充、平衡填充到欠填充的河流—湖相—蒸发岩相复杂的沉积演化过程。在纵向上细化研究单元、平面上准确厘定沉积体系界线是提高沉积体系研究精度的 2 个重要方面。这就需要建立地震高频空间层序格架、井—震结合开展高频层序约束下的沉积体系研究。截至目前研究区已经开展了二维、常规三维到高分辨率三维地震勘探，各类探井近百口，各个油气藏区块也有数量不等的开发井，为精细沉积体系研究积累了丰富的地质和地球物理资料（肖冬生等，2013）。

为了保证高频层序格架建立的准确性、减少地震全反射追踪解释的工作量，采用了逐级细化、分阶段的方法来建立高频层序地层格架，确保小一级层序受大一级层序的准确约束。首先选取了研究区内钻穿盆地沉积盖层层系比较完整的钻井开展逐级细化的测井时频分析，建立研究区以三级层序为主的井层序地层格架（图 2-6a）。研究区沉积盖层可以确定为 1 个巨层序，并进一步划分为 3 个超层序，它们分别以不整合面分隔，自下而上对应侏罗系（超层序 1）、白垩系（超层序 2）和古近系（超层序 3），测井标定后地震层序划分为 3 个超旋回（图 2-6b）。

在地震上，三级层序格架主要受控于显性层序界面，由于其在地震反射剖面上的直观可见性，井—震标定后，可以通过少量的地震解释工作量建立研究区三级层序格架（图 2-6b），同时明确三级层序界面在地震剖面上地震反射的横向变化特征。研究区侏罗系到古近系发育有 9 个三级层序，其中除与超层序界面对应的 SB1、SB8、SB9 为不整合面外，SB5 与 SB10 局部也具有不整合面的发育特征，其余三级层序界面发育有与沉积间断相关的削截、上超、顶超、河道冲刷/下切等显性界面特征（图 2-9）。

通过对上述三级层序内关键储层发育段的进一步标定，结合井—震时频匹配分析，建立研究区的四级层序格架，同时分析四级层序界面在地震剖面上地震反射的横向变化特征与可追踪性。如横向可追踪性差，则在此阶段可开展针对单个三级层序的小时窗地震时频分析。研究区侏罗系—古近系共发育有 14 个四级层序，主要勘探目的层序侏罗系（超层

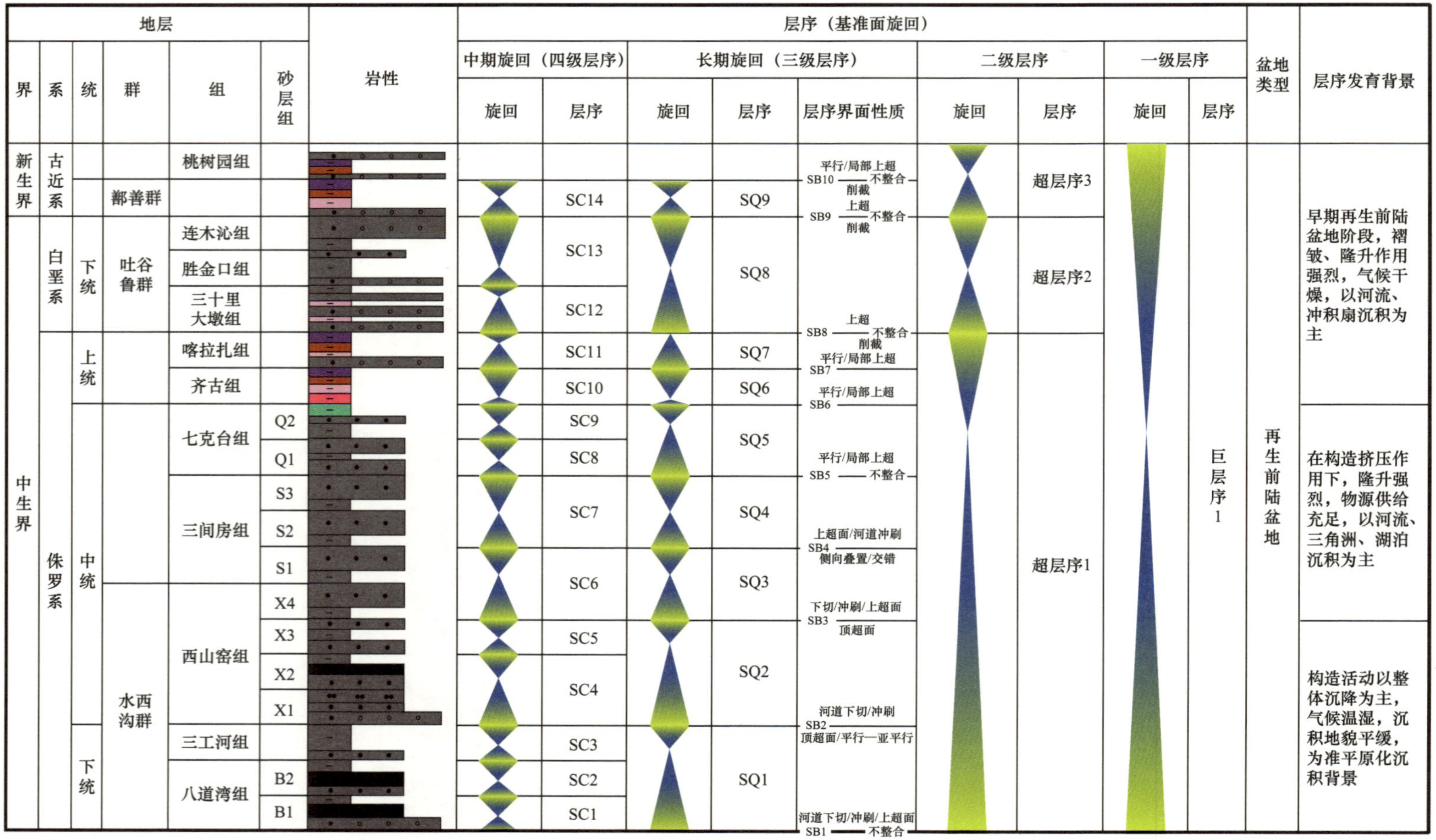

图 2-9 吐哈盆地西缘层序地层划分

序1）发育有11个四级层序，SQ1可进一步划分为3个四级层序，SQ2为2个四级层序，SQ3、SQ4、SQ6、SQ7分别为1个四级层序，SQ5为2个四级层序。其中SQ3为主要含油气层序，对应于1个四级层序SC6（图2-9）。地震上，侏罗系四级层序以隐性层序界面为主，因为除与SB5对应的界面具有不整合发育特征外，其余界面主要为岩性变化面（图2-9）。沉积环境与岩性的局部变化是三级层序内进一步发育有多个小级别沉积旋回的主要地质因素。

针对研究区主要含油气层系西山窑组和三间房组，在四级层序格架的约束下，进一步开展含油气储层的精细标定，明确储层在四级层序中发育的位置及其在空间上的反射变化。针对关键四级层序SC6开展小时窗的地震时频分析，在得到的层序体（或旋回体）中开展地震全反射追踪解释，进而针对研究区的三维地震区建立五级层序格架。经过地震时频分析后，常规的地震反射数据体转化为包含丰富层序和沉积旋回信息的数据体，可以选择与相应频段对应的数据体开展地震解释，因数据体频率变化范围相对较窄而横向可追踪性较常规数据体有所提高，能有效进行横向连续追踪，保证了五级层序格架建立对于地震横向追踪的基本要求，从而得到以五级层序为主的高频层序地层格架。研究区主要含油气层序SC6可进一步划分为6个五级层序。低位体系域（X4）和高位体系域（S1）分别发育有3个五级层序（图2-6），低位体系域从下向上包括X43、X42、X41层序（图2-6、图2-10）、高位体系域从下向上包括S13、S12和S11层序（图2-6、图2-11）。五级层序界面主要为其隐性发育特征的岩性变化面。

以此为基础开展地震高频层序格架约束下的精细沉积体系与岩性圈闭识别、描述、优选与评价等综合研究，为研究区侏罗系关键含油气层系扩展勘探部署提供评价依据。结果表明，研究区侏罗系（SC1—SC11）主要发育西北物源的七泉湖—葡北和东南物源的神泉—胜南2个辫状河三角洲沉积体系，水下分流河道砂体构成主要的含油气储集体类型（图2-12）（肖冬生等，2013）；到了白垩系和古近系（SC12—SC14），由于盆地南北两侧造山带构造活动的影响和古气候由早期的温暖潮湿变为炎热干旱，研究区主要发育南北双向物源的扇三角洲沉积体系（图2-10）。通过区域四级到局部（三维地震勘探区）五级层序格架控制下的砂体分布预测，有效刻画了四级到五级层序格架控制下砂体平面展布的细节（图2-10、图2-11）。结合已发现油气藏的成藏规律，系统分析了西部古弧形带岩性油气藏的扩展勘探方向。依附于古构造背景的河道侧向上倾尖灭薄砂体是岩性圈闭发育和开展岩性油气藏勘探的有利部位，如葡北与葡萄沟构造带的东斜坡、葡北构造带的北侧、葡北与葡萄沟构造带的过渡部位、胜南与神泉构造带的南部等（图2-10、图2-11）。它们共同构成吐鲁番坳陷西部古弧形带侏罗系岩性油气藏扩展勘探的有利地区。

应用该成果在神泉构造带南部、胜南构造带南部、葡萄沟构造带东部等部署的多口岩性圈闭探井取得了良好勘探效果（图2-13）。一方面证实了该方法进行精细沉积体系研究、预测砂体分布的可靠性，另一方面也说明了基于井—震时频匹配分析与地震全反射追踪方法进行地震隐性层序界面识别与高频层序格架建立方法的科学性和适用性，有效指导了研究区岩性圈闭的扩展勘探部署。

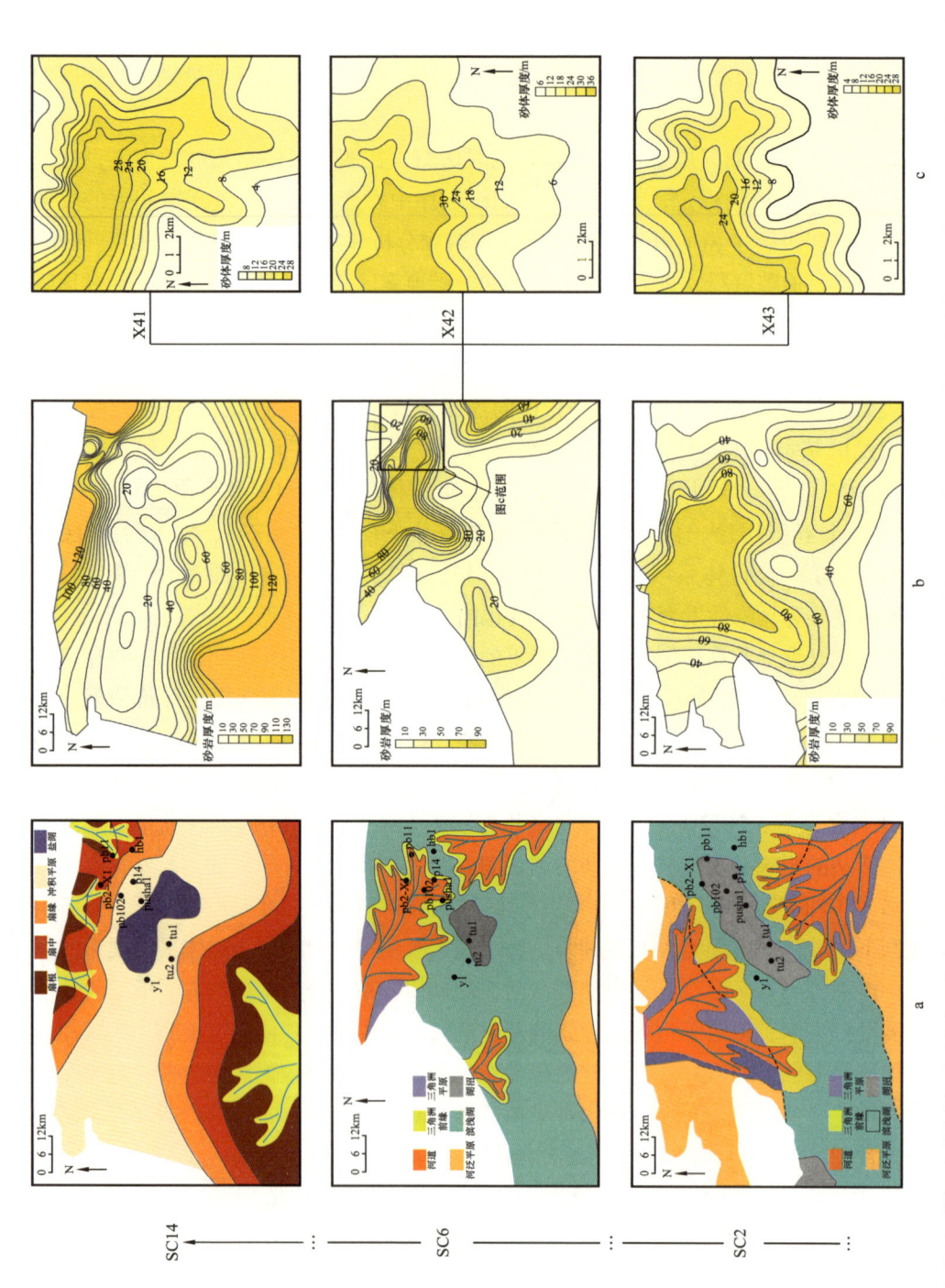

图2-10 吐哈盆地西缘不同层序沉积相平面分布图（a）、砂岩厚度（b）及玉果—葡萄沟地区SC6低位体系域不同砂体厚度图（c），a与b成图范围见图2-8虚线框；c成图范围见b中实线框

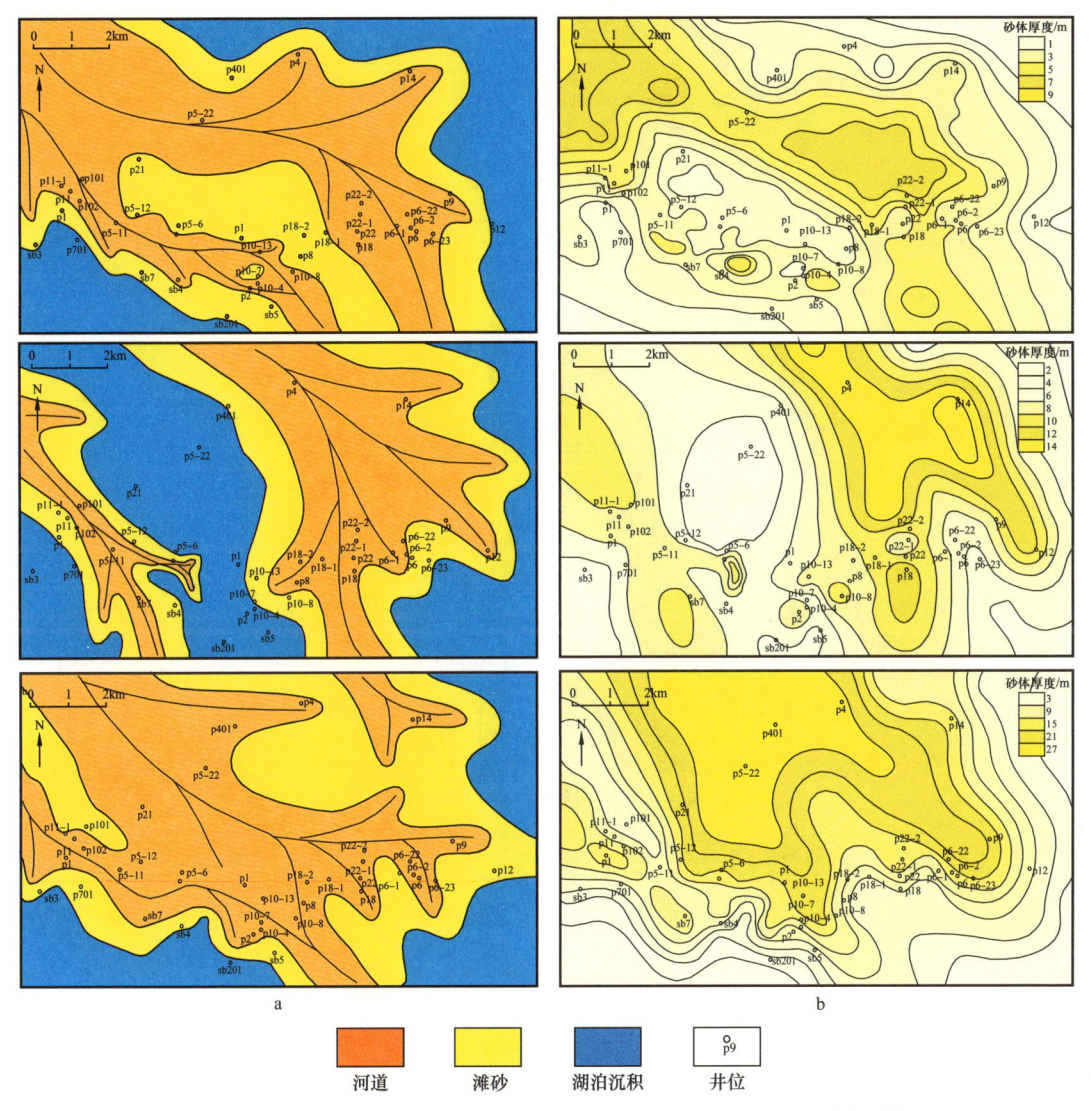

图 2-11 葡萄沟地区 SC6 层序高位体系域不同砂组沉积亚相（a）与砂体厚度图（b）

高位体系域砂体自下而上依次为 S13、S12 和 S11；成图范围见图 2-8 实线框

通过该方法在吐哈盆地西部古弧形带的应用，建立了侏罗系—古近系以四级层序为约束的层序地层格架，根据层序格架控制下的宏观沉积体系研究，从空间的角度圈定了有利于岩性油气藏勘探的平面区带和纵向层系；针对主要勘探目的层系以五级层序为约束的高频层序格架的建立，开展了勘探目的层序精细沉积体系研究，有效进行了岩性圈闭的识别、描述、优选与评价，实际钻探结果证实了利用该方法在进行精细沉积体系研究及指导岩性圈闭勘探方面的科学性和适用性。

综上所述，井—震时频匹配分析与地震全反射追踪相结合的隐性层序界面识别和层序划分是建立地震高频空间层序格架的有效方法；逐级细化的测井时频分析、层位（层序）—储层 2 步标定、井—震时频匹配分析和地震全反射追踪等是该技术有效应用的关键；地震显性层序地层格架适用于岩性油气藏有利勘探区带与层系的宏观评价，显性与隐性层序界面共存的高频层序格架有利于具层圈闭特征岩性圈闭的识别、描述、优选与评价；地

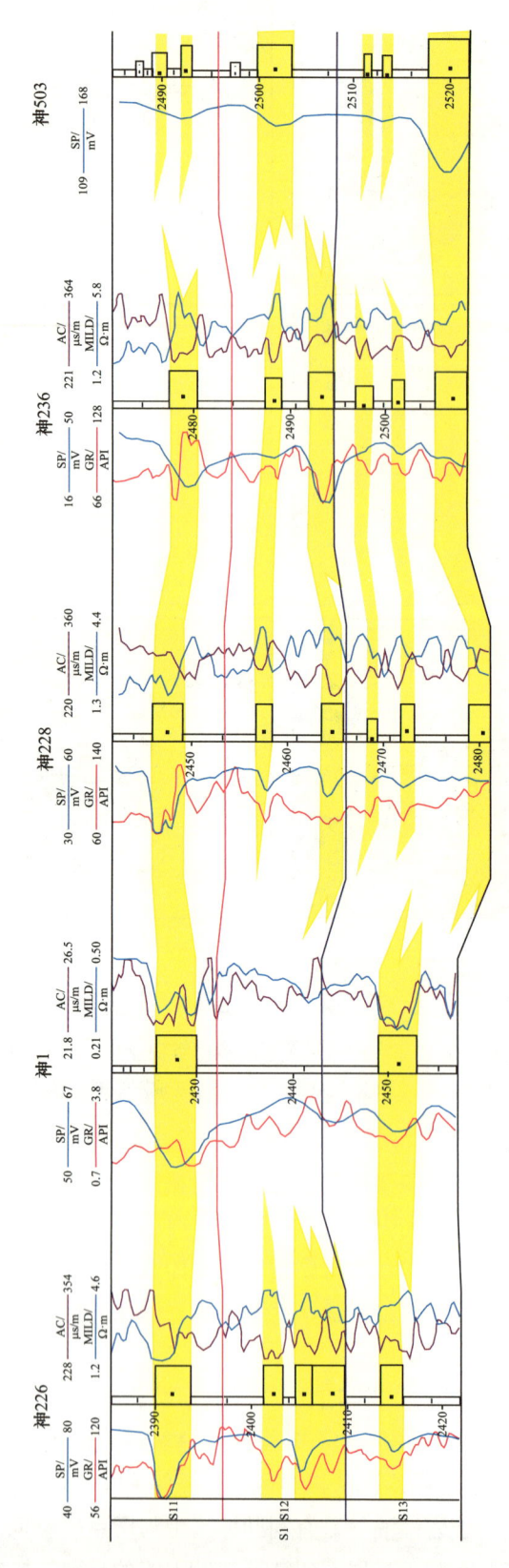

图 2-12 神 226—神 1—神 228—神 236—神 503 井三叠房组一段（SC6 中的 S1）砂体对比剖面

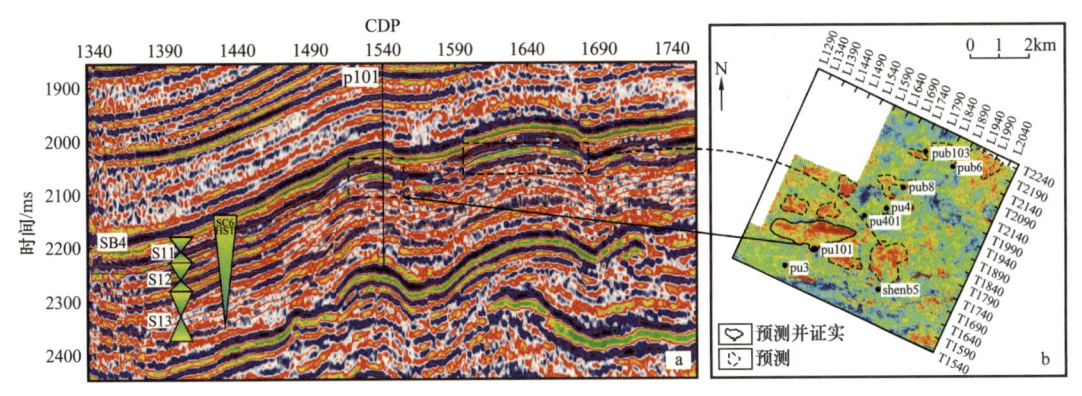

图 2-13　葡萄沟地区 SC6 岩性圈闭地震识别（a）与平面分布预测（b）

震隐性层序界面识别与高频层序划分是岩性油气藏勘探急需深入攻关的关键技术，也是现阶段地震层序地层学研究的主攻方向之一。

总之，地震隐性层序界面识别与高频层序格架建立方法对陆相湖盆构造相对简单地区的精细沉积体系研究效果更好，对指导类似地区岩性圈闭识别、描述等具有良好借鉴意义。

第二节　"三相"联合解释技术与沉积微相

细分单元的沉积微相研究是空间优选岩性圈闭发育有利位置的基础。主要采用测井相、地震相、沉积相"三相"联合解释技术进行岩性油气藏纵向有利勘探层系和平面有利勘探位置优选，其中用测井相与岩心观察结合确定主要勘探目的层井点处的沉积微相类型，用地震相分析确定目的层平面地震相变化特征，用单井等建立的纵向沉积微相组合模式和平面沉积微相变化规律来全面确定目的层沉积微相变化特征，直接指导岩性油气藏有利勘探层系和平面位置的选择。"三相"联合解释技术在地震资料品质较好、构造相对简单且具备一定勘探程度地区的沉积微相研究与岩性圈闭评价分析中具有良好实用性。

测井相、地震相、沉积相"三相"联合解释技术与高分辨率三维地震勘探、高分辨率层序地层分析、地震储层预测、油气水流体性质预测、岩性圈闭综合评价等技术构成岩性圈闭油气藏勘探的重要支撑与配套技术，在岩性油气藏勘探有利层系选择和区带优选中发挥着越来越重要的作用。

"三相"联合解释技术在优选油气勘探的纵向有利层系和平面有利位置后，通过地震储层预测、油气水流体性质预测和岩性圈闭综合评价等筛选靶区，进一步增强后续研究工作的针对性。使优选的岩性油气藏有利勘探区带中发育一定规模的圈闭，同时保证描述与评价的岩性圈闭处于有利勘探区带中，使岩性油气藏有利勘探区带宏观评价与具体岩性圈闭描述环节紧密衔接。

以岩心观察、单井测井资料分析为基础的测井相研究是"三相"联合解释技术的基础，它可有效确定在平面上离散分布的各个钻井点目的层所属的沉积相（或沉积微相）类型及纵向沉积微相组合模式。地震相特别是以三维地震资料为基础的平面地震相研究从等时的角度系统揭示了各个目的层地震相平面变化格局。沉积相是在结合轻重矿物等分析化验资料的基础上，根据"今"沉积微相平面组合模式和纵向演化规律，结合测井相和地震相研究得到沉积相（沉积微相）平面变化格局和纵向演化过程。通过"三相"联合解释，为岩性油气藏纵向有利勘探层系和平面有利勘探位置的优选与评价奠定基础，然后结合地震信息多参数综合分析方法等系统识别、描述、优选与评价岩性圈闭，筛选有利勘探目标，提供钻探井位。下面结合吐哈盆地胜北地区实例来讨论。

研究区胜北地区位于吐哈盆地台北富油气凹陷胜北洼陷中部，是一个具有典型洼中隆构造背景、呈东西向展布的低幅度背斜构造。截至目前，该区在上侏罗统喀拉扎组、白垩系连木沁组、中侏罗统取得良好勘探效果或见到油气显示，其中部分油气层具有典型的岩性油气藏特点，已有发现证实了胜北地区的油气勘探潜力，也坚定了在该区开展岩性油气藏勘探的决心。相对整个胜北洼陷来说，胜北地区勘探程度相对较低，深入开展岩性油气藏有利勘探层系和平面位置优选是勘探工作的首要任务。而该区相对丰富的地质、地震（三维）、钻井、录井、测井、测试和分析化验资料为开展上述工作奠定了良好基础。研究区已有油气藏发现、具备良好品质三维地震资料、构造相对简单，适中的勘探程度适合采用"三相"联合解释技术开展有利勘探区带和目标优选研究。在该区可利用地震反射等参数预测有利沉积相带，为进一步扩大该区岩性圈闭勘探成果奠定沉积微相地质研究基础。

一、以录井、测井分析为基础的测井相研究

2005年前，胜北地区共有参数井、预探井、探井共15口（台参2、胜北1、胜北3、胜深3、胜北301、胜北9、胜北4、胜北401、胜北2、胜北302、胜北10、胜北402、胜北8、胜北404和胜北11井）（图2-14），这些钻井主要围绕胜北洼中隆低幅度背斜构造中的局部构造圈闭进行钻探，在上侏罗统喀拉扎组发现了胜北3号凝析气藏、白垩系连木沁组发现了胜北3、4号油气藏、台参2等井在中侏罗统见油气显示。喀拉扎组和连木沁组取得突破的重要原因是由于埋藏深度较浅，储层物性较好且具有良好的油源断裂有效沟通中下侏罗统水西沟群煤系烃源岩、中侏罗统七克台组湖相泥岩与喀拉扎组和连木沁组储层。

针对主力目的层上侏罗统喀拉扎组首先开展了以录井、测井资料为基础的测井相研究。过胜北构造带主体呈近东西向展布的胜北301—胜深3—胜北3—胜北401—胜北4井喀拉扎组连井剖面揭示（图2-15），在喀拉扎组下部以褐色、深灰色砂岩、含砾砂岩夹棕色薄层泥岩为主；中部以棕红色泥岩夹薄层褐色砂岩为主；上部以褐色砂岩夹泥岩为主。结合岩心观察、测井资料综合分析认为，喀拉扎组下部主要为冲积扇扇中亚相，其中广泛发育辫流河道沉积，油气主要赋存在河道砂体中；中部主要为洪泛平原沉积亚相，构成良好的局部盖层；向上过渡为扇缘亚相。上述沉积相变化在GR、SP、AC、RD等测井曲线上表现特征明显。其中喀拉扎组下部砂岩段在层序划分上属于典型的低位体系域沉积体系，该砂岩段与下伏在全区广泛分布的齐古组洪泛平原红色泥岩和喀拉扎组中部洪泛平原泥岩构成良好的储盖组合。该低位体系域辫流河道砂体具有良好的顶底板封堵条件，从岩性圈闭成藏地质背景来看，处于喀拉扎组下部的砂岩段具有良好的岩性圈闭发育地质背

景，结合研究区良好的油源断裂和洼中隆构造背景，该区是胜北洼陷浅层开展岩性油气藏勘探的有利地区。

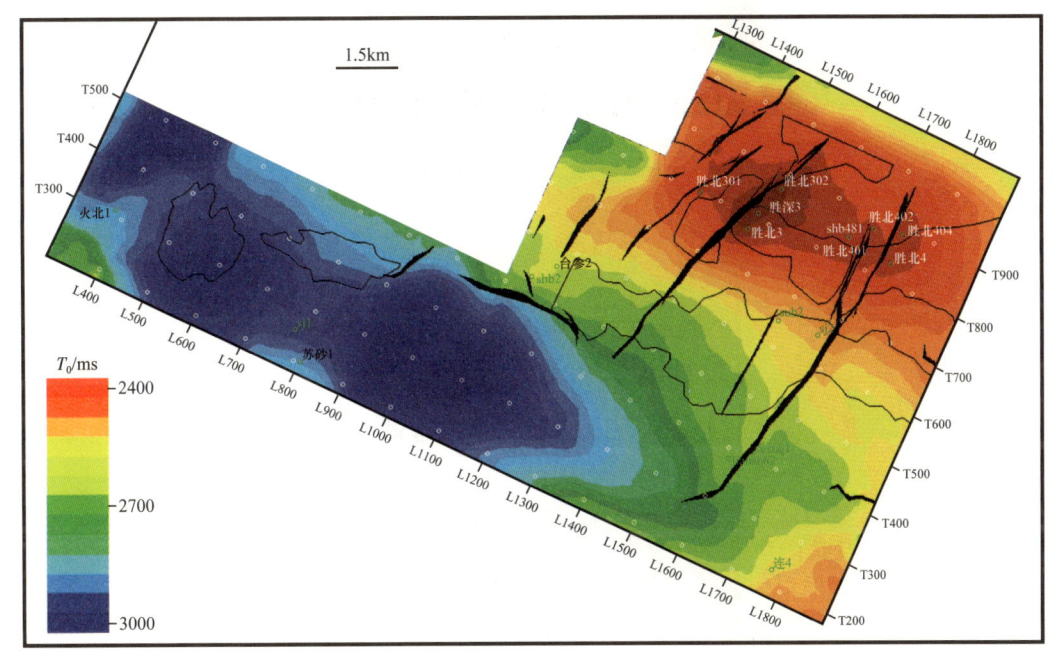

图2-14 胜北地区喀拉扎组构造与主要钻井分布图

二、以三维地震为基础的平面地震相研究

地震相是指在一定空间区域内圈定的由特定地震反射层组成的三维地震反射单元，其地震反射结构、振幅、频率、连续性和层速度等与近邻单元不同，为特定沉积相或地质体的地震响应，是特有岩性组合、沉积特征的综合表现，主要通过地震波形变化表现出来（印兴耀等，2006；王智勇，2006）。地震相分析（第三章第一节有专门论述）就是在层序框架内，通过对地震反射参数平面变化分析并与区域背景类似盆地内标准沉积相—地震相模式和区域沉积规律进行对比，结合单井相分析结果，实现目的层段地震相带向沉积相带的转换。

在研究区层序地层划分与对比的基础上，针对喀拉扎组低位体系域（主要的油层段）开展了以波形分类为基础的小时窗地震相分类研究（图2-16），波形分类结果表明，在胜北低幅度背斜构造带的主体发育一条由多层砂体叠置的冲积扇扇中辫流河道沉积（胜北3-4号构造带），胜北构造带南翼预测存在另外一条规模更大的辫流河道沉积砂体发育区（图2-16虚线区域），推测在胜北1井西北也发育一条由北东向南西的辫流河道，在工区西端火北1井区东存在面积较小的河口坝砂体发育区。其中前两条辫流河道被宽度变化在1~4km的泥岩发育区所分隔，因此处于南倾斜坡位置向北上倾尖灭发育的南部辫流河道砂体发育区是岩性圈闭发育的有利地区，该砂体被南北向的胜北2、胜北3、胜北4号平移走滑断裂切穿并断入下部的水西沟群煤系等和七克台组湖相泥岩烃源岩系，断裂与辫流河道砂体顶底板泥岩等配置形成良好的生储盖组合与封堵。

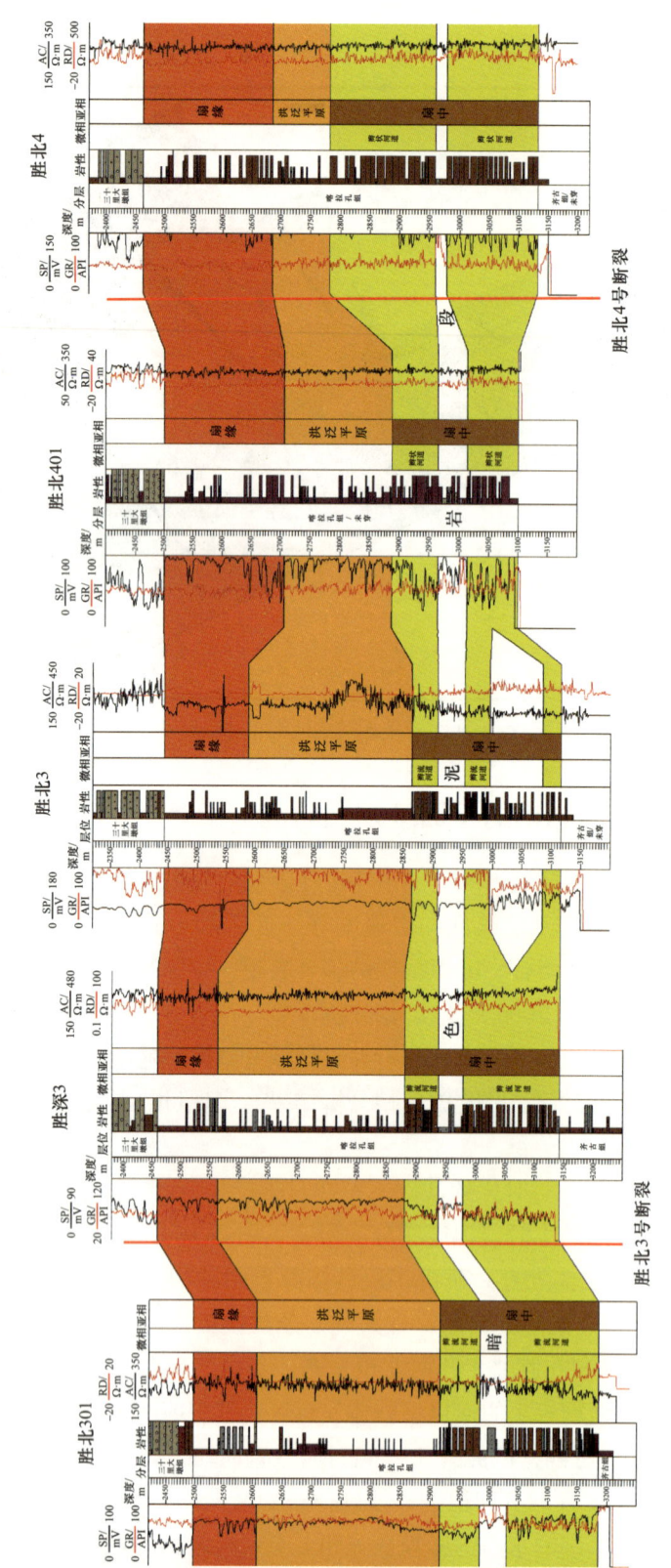

图 2-15 胜北地区胜北 301—胜深 3—胜北 3—胜北 401—胜北 4 井喀拉扎组测井相连井相剖面

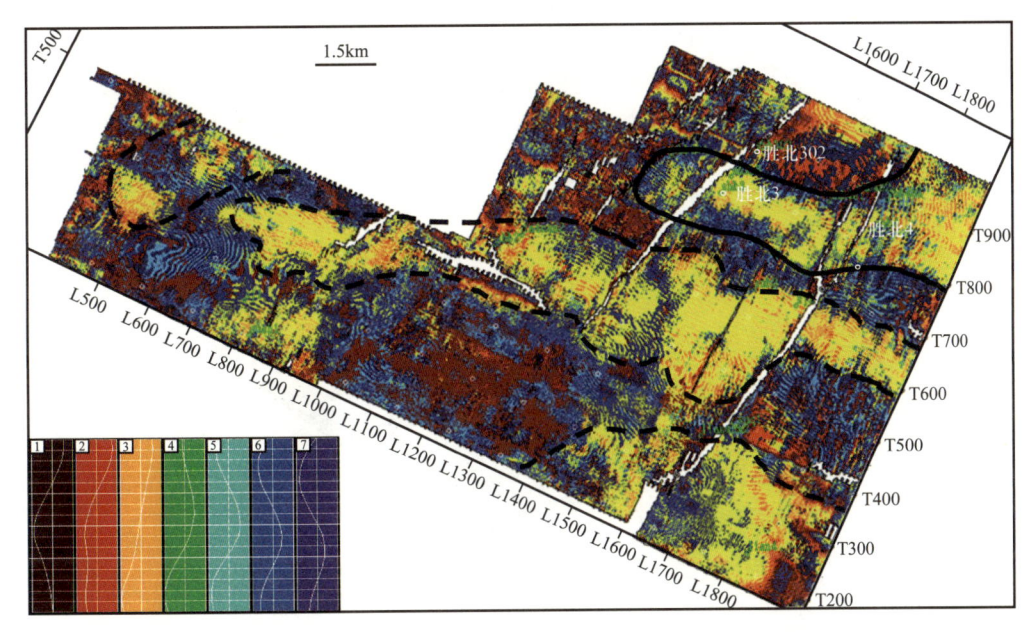

图 2-16　胜北地区喀拉扎组凝析气层顶地震相分类平面图
实线区域为钻井证实的辫流河道；虚线区域为预测的辫流河道和河口坝

地震相平面变化研究系统确定了已知沉积微相（胜北构造带主体辫流河道）的平面分布范围，同时也很好预测了外围地区（南部和西北部辫流河道）有利沉积微相发育的空间位置，为低勘探程度地区沉积微相的平面变化研究，特别是为沉积微相边界的具体确定奠定了可靠基础，有效确定沉积微相的具体边界（沉积微相边界的确定对于岩性圈闭的井位部署至关重要），是勘探阶段大比例尺沉积微相研究的有效手段。

三、结合测井相和地震相的沉积微相研究

井点处目的层的沉积微相类型通过测井相得以确定，目的层地震相平面变化格局通过波形分类得以确定，沉积相平面变化就可以利用对于离散井点的相标定和地震相平面变化规律进行确定。有井标定的部位依据井标定结果，没有井标定的部位采用沉积相 Walther 相律进行外推（Walther 相律：在没有大的沉积间断情况下，在平面上互相邻接的相在纵向上叠置在一起，相的纵向相序也是它的横向相带），使全区沉积微相变化格局得以合理确定（图 2-17）。具体的沉积微相边界可以很好地参考地震相分类结果。早期常规沉积相研究对确定沉积相宏观变化格局很有利，但在具体划分沉积相、亚相或者沉积微相的边界时，往往缺乏具体依据，主要采用沉积相平面组合模式进行主观外推和臆断，因而精度不高，不能适应岩性油气藏勘探对于沉积相研究高精度的要求。而利用地震相平面变化格局（地震相由于充分考虑了地震波形的横向变化细节，在某种程度上比利用单一地震属性确定的相边界更为具体）并结合测井相对具体井点处沉积相类型的标定，使勘探阶段沉积相的平面变化研究更为具体（陈启林等，2006），具体的相边界刻画也更为准确和可靠。

在胜北地区喀拉扎组，采用以体系域为最大成图单元的研究方法，针对低位体系域开展了较为精细的沉积微相平面变化研究。首先通过测井相分析建立研究区典型的沉积微相

－ 49 －

识别和组合模式，明确相序变化关系。平面成图时首先在各个钻井点标注目的层所属的沉积微相类型（以反映与油气勘探密切相关的优势相为目的，增强沉积微相研究的针对性），同时结合测井相分析，使全区沉积微相研究在平面上建立井点控制格架；然后参考测井相对于地震相分类结果的标定，依据地震相平面展布格局和沉积微相平面演化规律系统进行研究区沉积微相研究。

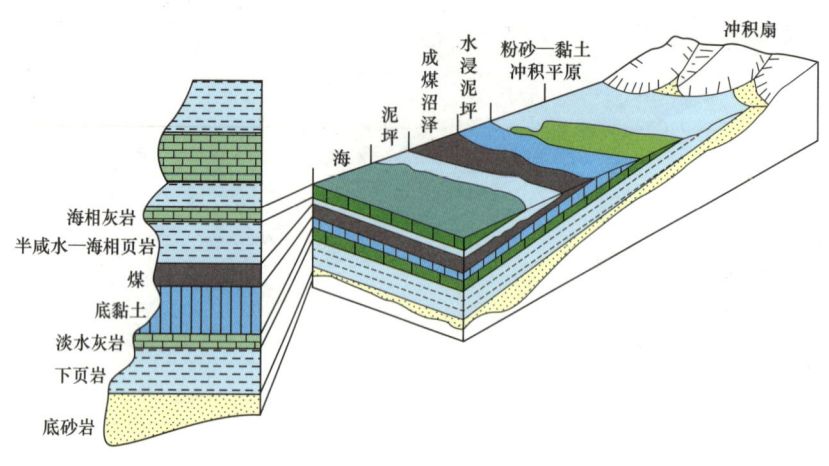

图 2-17　Walther 相律

通过在胜北地区的应用，在喀拉扎组建立了以冲积扇为主的沉积体系展布格局（图 2-18），结合重矿物分析结果，研究区物源主要来自两个方向，其中北东方向为主物源发育区，在残留的喀拉扎组分布范围内主要发育扇根、扇中、扇缘等沉积亚相，整体冲积扇沉积体系发育比较齐全。在扇中到扇缘部位，由北东向南西发育 3 条规模不等的辫流

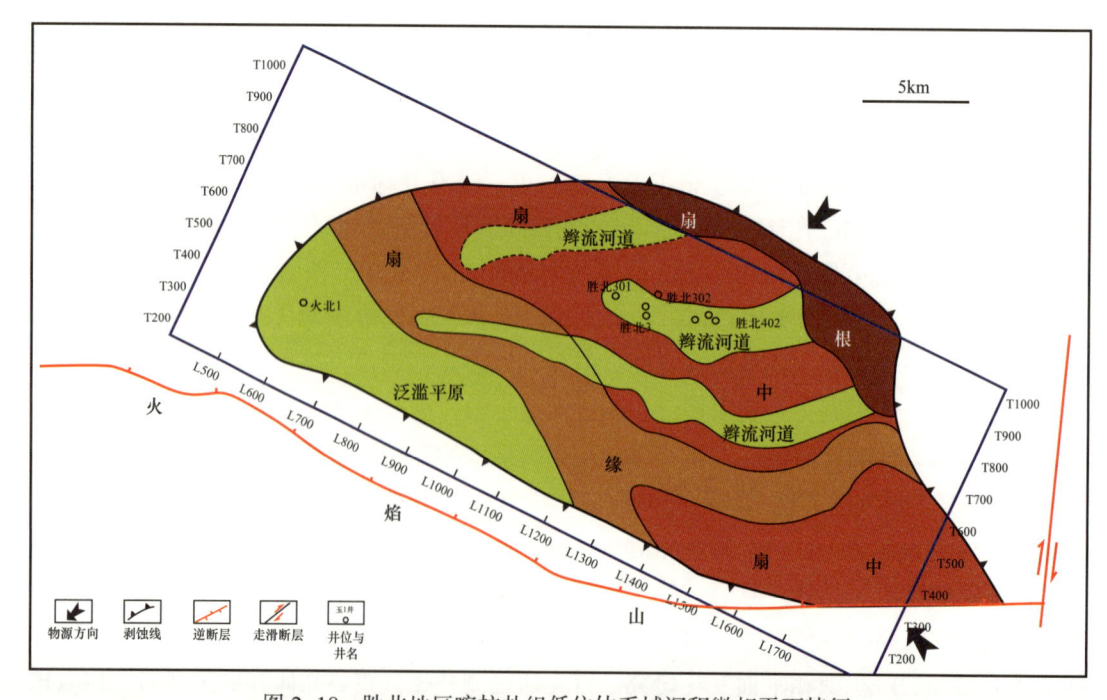

图 2-18　胜北地区喀拉扎组低位体系域沉积微相平面特征

河道沉积体系，3条河道被宽度变化介于1～6km的泥岩发育区所分隔，彼此孤立性强。目前中部的辫流河道西段砂体中已经发现油气，预测南部辫流河道、北部辫流河道和中部辫流河道的东部地区应具有良好的勘探前景。

四、应用效果

利用地震信息多参数综合分析方法系统识别、描述、优选与评价岩性圈闭的结果如图2-19所示，2005年在优选的有利地区——中部辫流河道胜北3号断裂下盘部署钻探了胜北16井，新发现了喀拉扎组上气层、扩展了原有喀拉扎组中气层的含气范围，新增天然气控制储量 $22.6 \times 10^8 m^3$，取得了良好的勘探效果。同时地震属性、含油气检测结果显示，处于胜北构造带南翼，呈向北上倾尖灭的规模更大的辫流河道砂体和北部辫流河道是研究区下一步开展岩性油气藏勘探的有利地区。

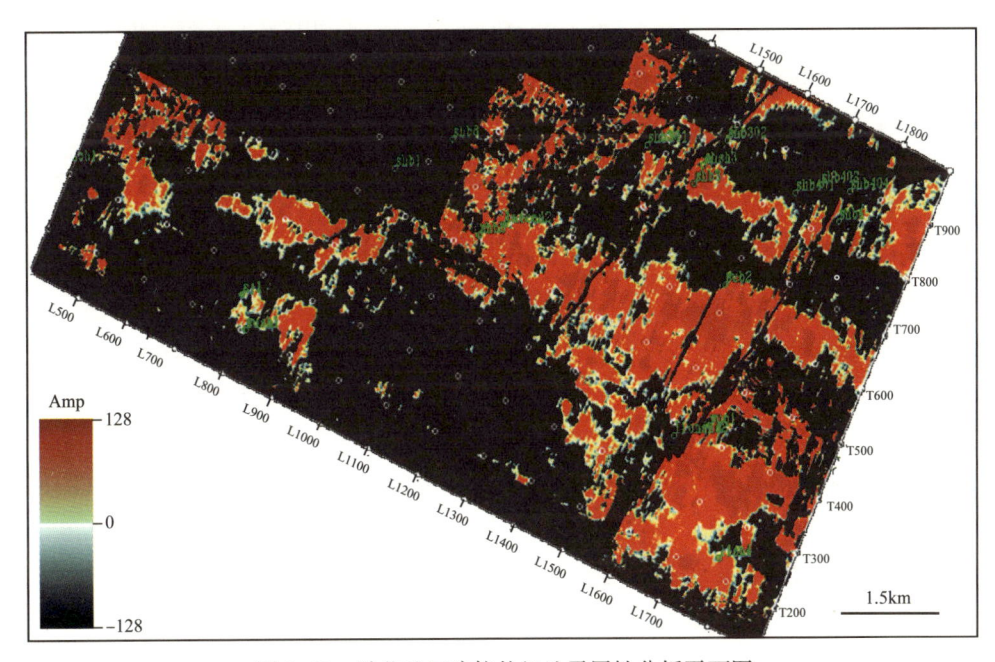

图2-19 胜北地区喀拉扎组地震属性分析平面图

由于喀拉扎组在研究区残留沉积的有限分布特征，结合胜北地区洼中隆构造背景综合分析，处于胜北构造带主体和迎物源方向的南翼地区是喀拉扎组开展岩性圈闭油气藏勘探的有利地区。周缘喀拉扎组尖灭区是发育地层圈闭、进行地层圈闭油气藏勘探的有利地区。

总之，岩心观察结合录井识别沉积结构特征，从测井相上识别对应沉积相的曲线特征，利用地震波形变化特征识别地震相类型，通过测井和地震层位标定建立岩心、录井、测井相与地震相的关系，结合波形分类落实地震相平面分布，三相综合解释确定沉积相类型及其平面展布。针对有利勘探目的层段，系统开展测井相、地震相和沉积相研究，深入分析沉积微相特征，确定沉积体系类型，发现、识别有利储集体发育层系和平面位置，达到对低勘探程度阶段有利勘探层系和平面位置的有效识别，为快速突破和选择有利扩展地区奠定基础。

测井相、地震相、沉积相"三相"联合解释技术是勘探阶段纵向有利勘探层系和平面有利勘探位置优选的有效方法，该方法为勘探阶段大比例尺高精度沉积微相研究提供了可行性。该方法在地震资料品质较好、构造相对简单且具备一定勘探程度的地区具有良好适用性。

第三节　地震地质等时体与沉积体系

针对地震反射等时与地质沉积等时的争论，从地质应用的角度提出了地震地质等时体的概念。地震地质等时体是指在一定地质时期内一定地质事件形成的单一类型成因地质体在地震反射数据体中的综合响应。单一成因类型地质体是指在一定勘探阶段地震数据体中可识别的大于或等于最小可识别尺度的岩石单元。它是一个相对的概念，随着勘探程度的提高可逐步细化，以满足阶段勘探需求为主要划分标准。地震地质等时体概念克服了地震反射等时与地质沉积等时各自强调等时性的局限性。以地质体尺度为约束条件明确了等时研究的客观性，为以沿层切片、地层切片等为主要手段并利用地震资料开展不同尺度沉积体系空间演化研究的工作思路提供了地质概念。通过该概念的系统应用，在层序格架建立和以地震资料为基础的沉积体系研究工作中取得良好效果，合理揭示了地下不同尺度地质体的平面展布形态和空间分布规律，也证实了概念的科学性和实用性。

等时性分析是层序地层学研究的基础（Mitchum，1977；Brown and Fisher，1977；Johnson，1985；Vail，1984，1987；Van Wagoner，1988；Jervey，1988；Galloway，1989；邓宏文，1995，1997，1998；李庆忠，2008；钱荣钧，2007；李国发，2014），是以地震资料为基础开展空间沉积体系演化研究的核心（Cross，1996；Zeng，1998，2003，2004，2011，2012；朱筱敏，2009），其实质内涵是等时性分析保证了研究对象即地下各个不同地质体处于一个客观合理的地理与地质环境，研究面对的地质体与相邻地质体之间具有合理的共生与成因关系，以等时格架为基础的空间沉积体系研究具有以时间序列为特征的演化分析过程。

对于经典层序地层学，Vail（1987）以地层不整合或可与该不整合对比的整合界面作为层序边界，强调全球海平面变化是层序发育的主要控制因素；Galloway（1989）采用最大洪泛面及与其对应的沉积间断面作为层序边界，强调层序是相对基准面或构造稳定时期沿湖盆边缘发育的一套沉积组合；Johnson（1985）采用地层不整合或海进冲刷不整合为界面，强调了同等规模地质事件之间的成因演化过程。对于高分辨率层序地层学，Cross（1994）等以三维地表露头、岩心、测井和高分辨率地震为基础，强调钻井精细层序划分和对比技术，将钻井一维层序信息作为三维地层关系预测的基础，通过建立区域、油田乃至油藏等更小级别的岩石成因地层对比格架，开展储层、盖层及生油层分布预测和评价。尽管上述层序划分标准和基础有所差异，但聚焦的核心点均强调了不同地质环境下不同级别界面等时性在层序划分中的基础性、约束性和重要性，等时性或等时格架是地层层序划分的出发点，缺乏等时性的层序地层研究没有意义。层序地层学起源于海相沉积盆地研究，但 Bohacs 等（2000）认为，层序地层研究也许更适用于陆相盆地，虽然湖盆沉积体系变化更快更广泛，但这并不影响层序地层学研究方法的应用。在陆相湖盆中沉积物仍然以时间为序列，以被不同的物理界面所约束的"层"的形式沉积，因而可以对不同尺度的沉积变化和跨越毫米级到千米级的不同沉积间断进行综合观察。而这些在海盆中往往难以做到。

对于如何利用地震资料来开展沉积体系平面分布、纵向演化与空间描述研究，国内外的学者进行了广泛讨论，归纳起来主要有时间切片、沿层切片、地层切片等3种方法及其对应的技术。但对于上述3种方法及其对应技术开展沉积体系演化研究的有效性仍存在较大争议，时间切片技术是以地震反射时间序列为基础来试图揭示地下地质体空间分布相对位置关系的一种尝试（Dahm and Graebner，1970），该技术由于缺乏沉积等时概念的约束，因而对于沉积体系的空间研究缺乏实际的演化过程分析，只是在一定程度上建立了地下不同地质体的相对空间位置关系；沿层切片是地质学家认识到沉积等时的重要性后，以地震同相轴等认为具备等时性质的界面为出发点，来探索沉积体系的空间演化过程，目前来看，该方法和技术适合用于地层厚度变化不大且连续稳定沉积体的演化过程分析；地层切片技术的核心是以90°相位化为基础（Zeng，1994），在研究所针对的单一地质体内及与之同期发育的不同地质体之间来探讨沉积体系的空间演化，强调岩石组合或岩性界面对于沉积体系空间组合研究的约束性，它是以两个等时沉积面为顶、底界，在顶界和底界之间内插出（早期以线性内插为主，近期发展出非线性内插技术）一系列层位形成地层切片，地层切片更接近于等时沉积界面，因此基于地层切片的地震参数分析可以更好反映一定地质时期的沉积信息。由于综合考虑了地震资料的空间分辨率（特别是进一步认识到地震资料水平分辨率的重要性），该方法在薄互层砂体预测研究中取得了良好的应用效果（曾洪流，2012）。

不同学者对于地层切片反映沉积演化过程的作用有不同看法。李庆忠（2005）认为，利用地层切片研究沉积演化应慎重，因为利用地层切片研究沉积发育史时，如果存在一到两个样点（2~4ms）的误差则可能导致错误的结果；钱荣钧（2007）认为利用地层切片研究沉积演化是不合理的，他认为切片应严格沿波峰或者波谷来切割，或者应保证所切切片在同一反射周期内的相位统一或一致性（零点除外），利用小时窗甚至一个采样点的切片数据来研究对应的地层岩性，进而研究岩性变化、沉积发育，违背了地震信息和地质信息的基本关系，因为地震道每一个样点值都是某一段岩性组合的综合反映，不能简单地和这一点的岩性相对应，该技术更适用于构造、断层和特殊岩性体形态的变化研究；李国发（2013）认为地层切片不能反映砂体的演化过程，因为连续的振幅切片具有反射周期性，连续切片难以反映砂体相对单一的演化过程和空间配置关系。上述有关地层切片的方法技术应用所达到的目的是一致的，均以沉积体系演化过程和揭示沉积体系空间配置关系为最终目的，其试图满足的技术出发点也是一致的，即尽可能地满足各自认为的等时性，但各自强调的等时性标准在认识与确定上存在一定差异。

针对上述不同的观点，从地质角度分析认为：李庆忠（2005）和李国发（2013）着重强调了地震切片的反射周期性，突出了地震资料的地球物理特性，从而弱化了地震资料的地质属性归属。地震资料是以了解地下地质体的地质属性为最终目的，反射的周期性只是说明了利用地震反射方法来表述地下地质体地质特征这种表现形式的复杂性，地震反射对于地下地质体地质特征的揭示具有间接性。在实际研究中，结合地震反射的周期性和沉积体系本身演化的规律性，地层切片对沉积体系演化研究仍可提供丰富的地球物理信息。而钱荣钧（2007）则着重强调了地震反射同相轴的等时性，一方面，实际地震反射同相轴是不同频率反射信息的综合反映，在相对低频情况下连续的地震反射同相轴在高频下不一定连续（图2-20）；另一方面，实际地震资料中包括大量的代表非沉积界面的不等时地震同相轴，他相对弱化了盆地沉积盖层内地震反射同相轴沉积界面的主要属性归属。

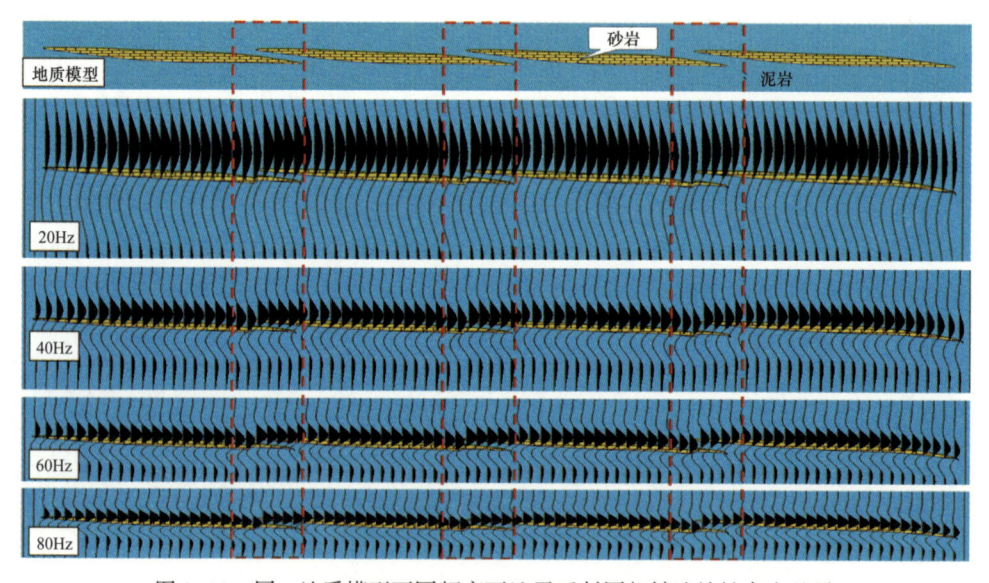

图2-20 同一地质模型不同频率下地震反射同相轴连续性存在差异

综合分析认为，引起这种差异的主要原因在于大家对于地震反射等时性与地质沉积等时性之间关系理解的不一致，没有把地下地质体是通过地震波形周期性变化的地球物理手段来反映的这个过程属性与地质体本身空间演化的地质属性进行综合考虑（图2-21）。结合沉积体系空间演化的规律性和地震反射周期的复杂性，利用地层切片仍可有效分析一定阶段内沉积体系的空间演化过程。

一、地震反射等时性与地质沉积等时性关系讨论

1. 地震反射等时性分析

因地震同相轴的直观可视性，所以地震反射的连续性在一定程度上代表等时性更容易为大家接受，但地震剖面上的反射同相轴只有在代表原始沉积界面的情况下才具有等时的地质意义，才能成为地震解释、层序地层学和沉积体系研究的基础。

在赋予地震反射同相轴地质含义的时候，通常存在两个前提：一是认为地震反射同相轴代表了不同岩性的地层界面，即沉积界面；二是认为同相轴基本反映了等时格架，即认

为连续的同相轴代表了地史上的等时界面。但是，这种前提在有些情况下是不成立的，因为在实际的地震剖面中存在大量非沉积界面的同相轴反射。

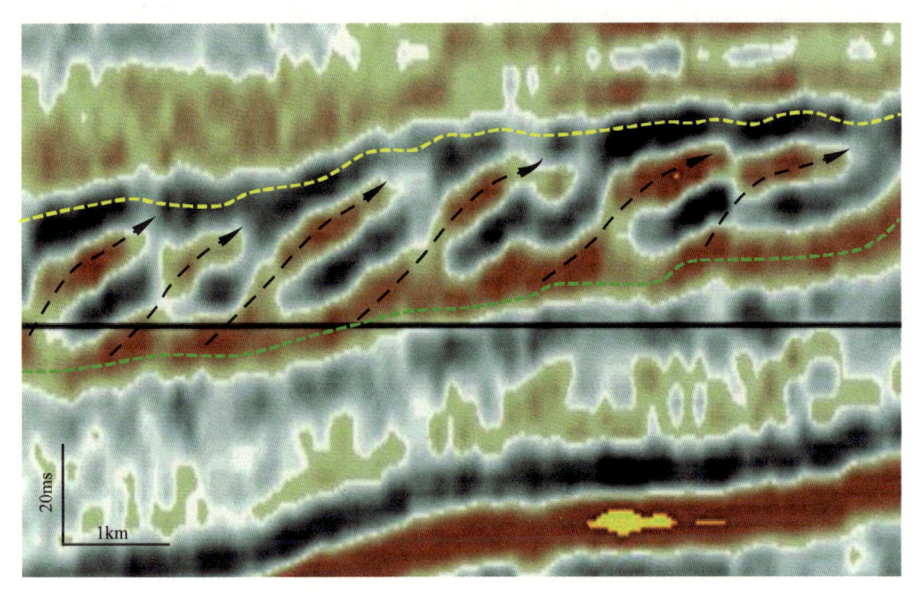

图 2-21 地震反射同相轴与其内部地质体反射变化特征

非沉积界面的地震同相轴反射按照其产生原因可以划分为 3 类：第一类是由纯物理因素（如震源激发子波所伴随相位、多次反射、绕射等）引起的假反射同相轴；第二类是原始沉积发育期后由其他地质因素引起的非原始沉积成因地震反射，如构造挠曲作用（王海荣等，2008）、断裂活动、成岩作用、碎屑流沉积、重力流滑塌、天然气水合物、岩浆侵位、泥岩与膏岩底辟、流体活动、潜水面、油气水界面等均可在一定程度上改变原始沉积物质的结构或特性（图 2-22），从而形成新的、具有足够波阻抗差异的界面并产生明显地震反射；第三类是地质体本身在沉积过程中因横向堆积作用而具有明显的穿时特征，如三角洲前积体的等时地层界面和地震反射并不一致，二者出现明显的交叉，因而其地震反射同相轴往往是穿时的。同时推测应存在由第一类和第二类及第一类和第三类因素共同导致的更为复杂的由地震反射构成的非沉积成因地震反射同相轴。

上述类型地质体内部部分地震反射同相轴不能同时满足作为沉积界面和具有等时性的两个特征，第一类为假反射同相轴，显然不能作为沉积界面也不具有等时性；第二类反射同相轴虽然可能具有与导致其形成的地质作用相对应的地质含义，但不代表原始沉积界面，尽管它的连续性仍具有一定的等时性；第三类反射同相轴虽然代表原始沉积界面，但它显然是穿时的，必然不具有等时性。如果把上述类型的地震反射同相轴看作具有等时性的沉积界面，则会导致对年代地层框架的错误认识。在实际工作中应对此类界面反射进行有效识别，正确认识反映原始沉积界面和具等时性质的地震反射，避免落入对于所有地震反射同相轴连续性开展等时地质解释的陷阱。同时应该认识到由已知的地震反射同相轴求解其对应的波阻抗界面的地质含义仍具有较大的难度，是今后一段时期内地质学家与地球物理学家需要共同面对的难题（李国发等，2014）。

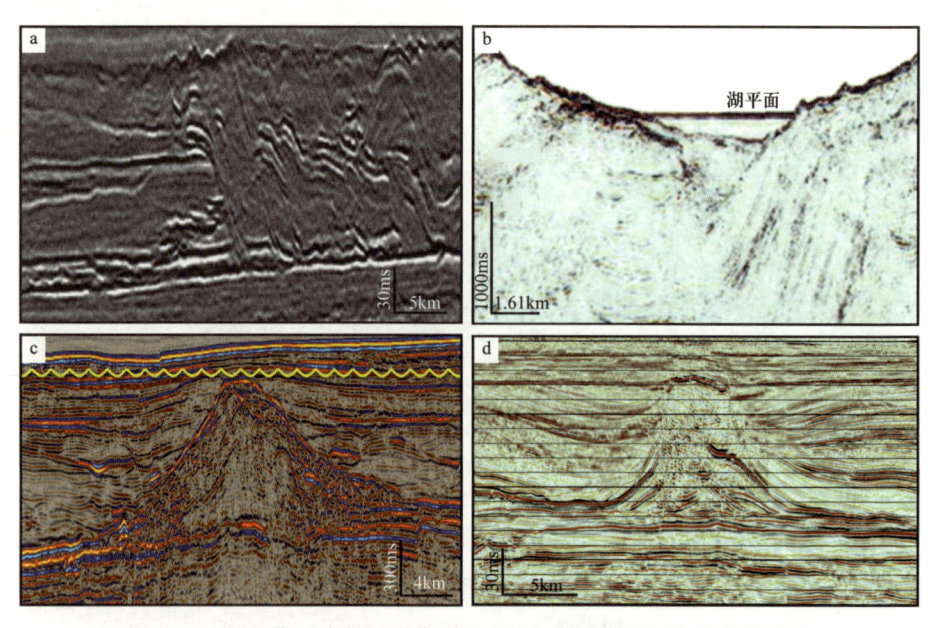

图 2-22　沉积期后事件地质作用形成的与沉积界面相交的地震反射
a. 碎屑流形成的地震反射（据 Posamentier，1999）；b. 海水柱形成的强地震反射（据马水平等，2010）
c. 岩浆侵位形成的反射；d. 盐岩底辟形成的反射（滨里海东岸）

2. 地质沉积界面的等时性分析

沉积物沉积过程中形成的岩石单元之间的波阻抗差异界面都可以归属于地震范畴的沉积界面，其中包括自身沉积过程中形成的波阻抗界面和构造改造已经沉积的地质体所形成的界面（如不整合面），该类型沉积界面的等时性是可以直接理解并广为大家接受。但沉积物沉积期后由于其他地质因素导致形成的波阻抗差异界面不具备沉积界面属性，仅是与该特定地质作用相对应的一个地质界面，该类型地质界面因非沉积作用形成而绝大部分不具有等时性。

沉积界面存在的特殊情况是在直接影响沉积作用的水体持续进退的情况下，横向堆积作用普遍发育（如曲流河侧向加积、障壁岛沙坝向海加积、海进海退形成的超覆和退覆等）（刘本培，1986），此时时间界面与岩性界面（波阻抗界面）出现交叉（图 2-23），因而地层普遍具有穿时性（或者时侵）。地层穿时性为地质学家正确认识岩石地层单位和时间地层单位的区别奠定了理论基础，也为建立穿时地层单位在不同部位沉积作用开始和结束的时间、探讨沉积过程在空间上的速率变化提供了依据。地层的穿时性说明用岩石对比代替时间对比是不完全正确的。一个岩石特征一致或岩石组合特征接近一致的岩石地层单位，在其分布范围内的不同地点，其地质年龄不同时的现象，或者说一个岩石地层单位，一经侧向追索，其界线往往不与时间面吻合，也不与时间面平行，而与时间面相交从而构成穿时。它是同一沉积环境随时间的推进在空间上连续迁移造成的，穿时应该相当普遍。术语穿时是英国地质学家在研究 Lancashire 郡磨石粗砂岩时，发现地质年龄在空间上因地而异时提出来的。穿时也表明，在持续水进或水退情况下，地质年龄沿水运动方向变年轻的岩石地层单位界面必然斜交时间面。

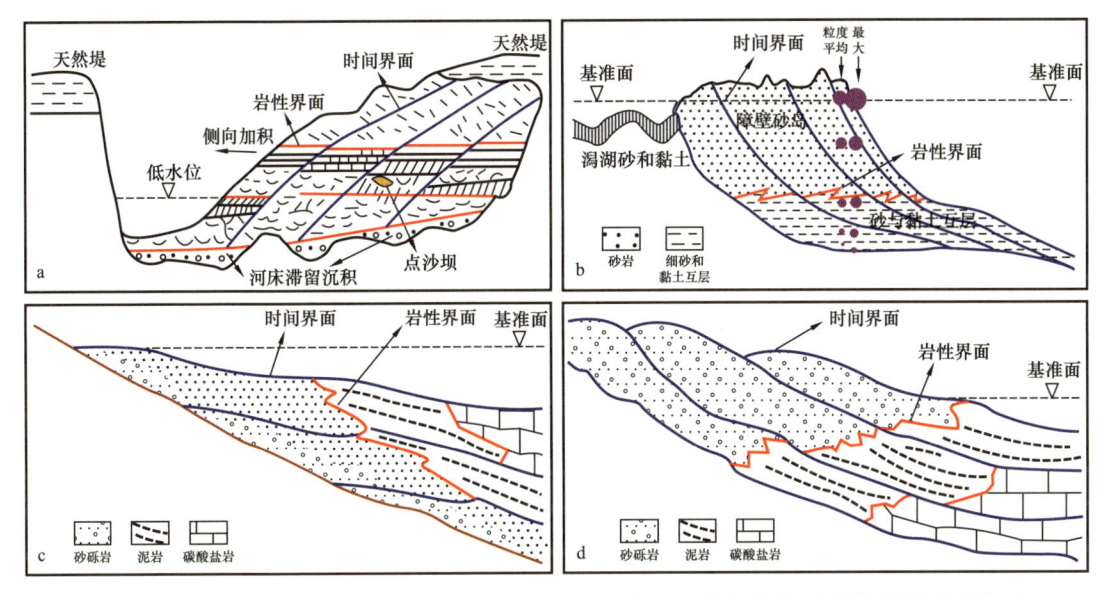

图 2-23　不同沉积环境下横向堆积作用导致时间界面与沉积的岩性界面（波阻抗）出现交叉
a. 曲流河侧向加积；b. 障壁岛向海进积（据王良沈等，1996）；
c. 海进退积；d. 海退进积（据刘本培等，1986，修改）

地层穿时现象的存在意味着沉积界面不完全具有等时性，沉积地层形成的沉积环境及其演化过程是分析沉积界面是否具备等时性的基础。横向堆积（侧向加积）是形成地层穿时的最主要沉积作用过程。至于在相对低频情况下连续的地震反射同相轴在高频下不一定连续则很容易被地质学家和地球物理学家所理解。

如果纳入地质尺度约束条件，则可以对上述等时和穿时现象进行归类。即在一定的勘探阶段，由于受勘探程度和资料条件的限制，勘探所面对的最小地质体单元必然是确定的，这样就可以认为最小地质单元是均一的（地震上，小于最小地质单元的地质体不能有效识别），具有等时性，从而为具有穿时现象的地质体开展等时性研究提供认识基础。局部的不等时并不影响更大尺度范围内的等时性研究。

3. 地震反射与地质沉积界面等时性关系讨论

地震反射同相轴只有在代表原始沉积界面的情况下才具有等时地质意义，因此严格来说，地震反射同相轴不一定具有等时性。沉积物沉积过程中形成的或改造前期沉积形成的沉积界面具有等时性，沉积期后的地质界面缺乏沉积等时对比性（仅代表等时面）。地震反射等时与地质沉积界面等时虽然都是强调时间的等时性，但地震反射等时强调的是等时表现的地球物理特征，而地质沉积等时强调等时表现的地质属性，因而对于二者的等时性不能简单地统一对待，即地质沉积界面等时不一定在地震上表现为连续的同相轴，地震剖面上连续的地震反射同相轴也不一定表示其所代表地质界面的等时性。简而言之，地震反射连续不能等同于地质沉积等时，地质沉积等时也不意味着地震反射等时，在实际应用中二者容易混淆使用。纳入地质尺度约束条件后，根据研究需要则可以有效解决二者之间的不协调。

二、地震地质等时体的概念及其意义

把地震反射与地质沉积纳入一个统一的等时分析范畴，为利用地震资料系统开展空间沉积体系演化研究奠定认识基础，进一步扩展利用地震资料开展沉积体系研究的尺度，提出了地震地质等时体（Seismo-Geology Isochronous Unit）的概念。地震地质等时体是指在一定地质时期内一定地质事件形成的单一类型成因地质体在地震反射数据体中的综合响应。单一成因类型地质体是指在一定勘探阶段地震数据体中可识别的大于或等于最小可识别尺度的岩石单元。

地震地质等时体具有等时、尺度、体、地震与地质结合的概念特征，克服了传统的以切片技术为主对于研究对象约束界面等时条件的前提限制，因为它本身就被定义为一个等时体。

地震地质等时体围限于两个等时的沉积属性界面之内，它起始于同一个时间点并终止于另一个时间点，为具有相同来源的沉积单元。地震地质等时体内部具有相近似的地质属性（如同为一个沉积亚相类型、微相类型、砂组或单砂体。不同尺度等时体其地质属性划分标准不同，同一尺度则地质属性为并列类型），最小等时体内部本身属性的微小差异与相邻地质体属性之间的显著差异相比可以忽略不计。

地震地质等时体的尺度属性可随勘探程度的提高而逐步细化，以满足阶段勘探需求为主要划分标准，同时为了宏观地质特征研究需要，它可以从小级别向大级别的地震地质等时体粗化，一个大级别的地震地质等时体可以包括数量不等的小级别地震地质等时体（图2-24）。以尺度为约束条件来增强地质体等时研究的针对性，因此小级别的不等时并不影响大级别的等时性研究，以适用于不同勘探阶段的沉积体系研究。

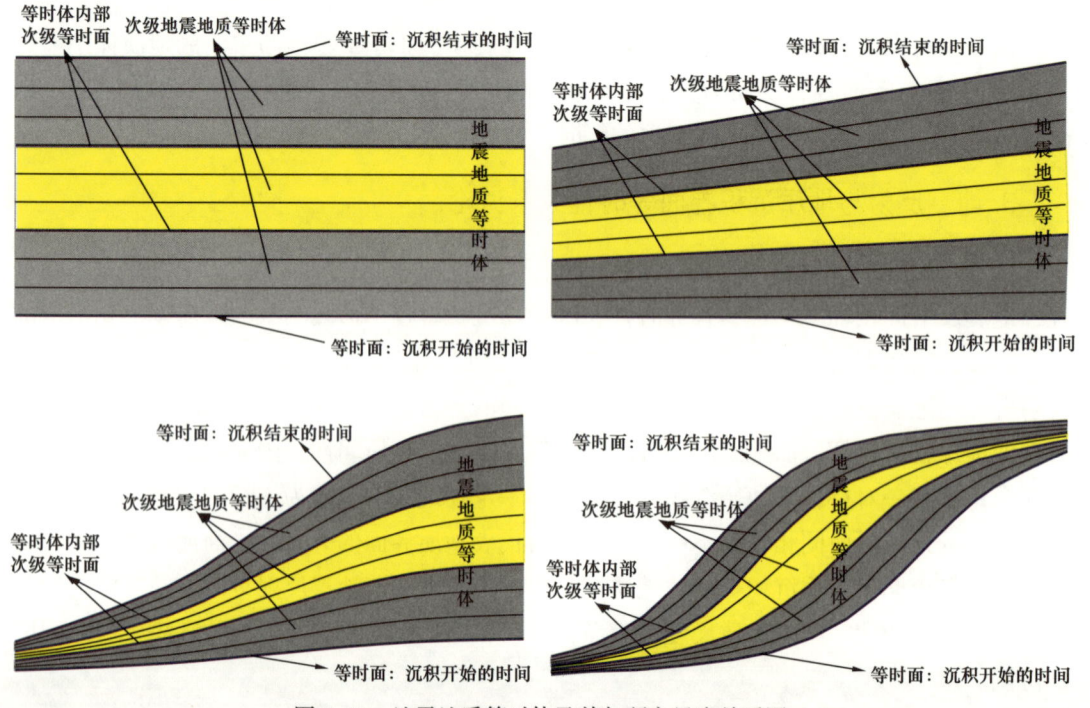

图2-24 地震地质等时体及其与研究尺度关系图

地震地质等时体概念的提出，首先突破了前期针对地震反射等时与地质沉积等时关于二维面（或一维线）等时属性争论的焦点。面（或线）的等时属性存在不确定性和多解性，但对于体的等时性则可以直接理解。该概念建立了研究目标与相邻地质体之间的共生与成因关系，减少了平面属性对于地震反射周期性的依赖性，增加了利用体属性描述地质体的直观性，为建立空间沉积体系展布格局提供了合理的地质研究共生单元。因而使以利用地震等地球物理资料研究为主得到的沉积体系空间分布规律具有更加明确的空间组合配置关系，其代表的地质意义更加直观明确。

采用地震与地质结合的视角去确定研究目标，既不是单纯的地震反射异常体，也不是人为定义的地质体，避免了从地球物理或者地质单一角度去分析研究对象的片面性。当针对地下一定的岩石单元去开展预测时，一方面研究目标具有相对统一的地球物理场特征（如波阻抗变化），另一方面研究目标具有相对明确的地质含义。

三、应用效果

以吐哈盆地台北凹陷西缘为例，以侏罗系—白垩系为主要勘探目的层系，以测井资料为出发点，在骨干地震剖面精细层位—储层两步法标定的基础上，系统分析了研究区地层空间展布特征，建立了侏罗系—白垩系四级层序格架（图2-25a）。以此为基础，分析了主要反射界面的地层反射特征，结合研究区的宏观沉积体系发育地质背景，划分了侏罗系—白垩系地震地质等时体（图2-25b），明确了主要地质体（沉积）的空间分布格局。然后以沿层切片、地层切片、体属性分析等，构建了研究区以层序为单元的沉积体系平面分布和以砂组为单元的砂体厚度平面分布（图2-26），为侏罗系—白垩系精细沉积体系研究、岩性油气藏深化勘探提供储层评价依据。

根据测井层位—储层标定结果，首先在骨干地震剖面上识别等时层序界面，在侏罗系—白垩系共确定出10个具有等时特征的层序界面（图2-25a），然后依据地震资料的地震反射分辨率，在剔除断层等非沉积反射同相轴的基础上，系统解释了侏罗系—白垩系明显的地震反射同相轴（波峰）（图2-25b），建立了地震沉积等时体架构，从空间的角度明确了主要沉积体及其内部的沉积发育特征，结合研究区宏观储层（即砂体）发育背景，利用沿层切片技术，在测井标定基础上，构建了研究区侏罗系—白垩系空间沉积体系分布。研究认为，台北凹陷西缘侏罗系主要发育西北物源和东南物源的辫状河三角洲沉积体，两个方向的沉积体系砂体呈此消彼长的发育规律，大的沉积体系纵向继承发育，但小级别沉积体系由于周缘造山带构造活动影响具有一定程度横向迁移特征。白垩系主要发育北物源和西南物源扇三角洲等短物源沉积体系。油气扩展勘探的主要领域包括侏罗系辫状河三角洲水下分流河道砂体向构造高部位的侧向尖灭部位，该部位发育有数量众多但规模相对较小的岩性圈闭群。

上述沉积体系空间展布研究结果在吐哈盆地西缘侏罗系扩展勘探中提供了有效的储层评价依据，实际勘探取得了良好效果，利用上述成果在葡萄沟地区、神泉地区、葡北地区、胜南地区等部署实施的一批扩展井取得良好勘探效果。

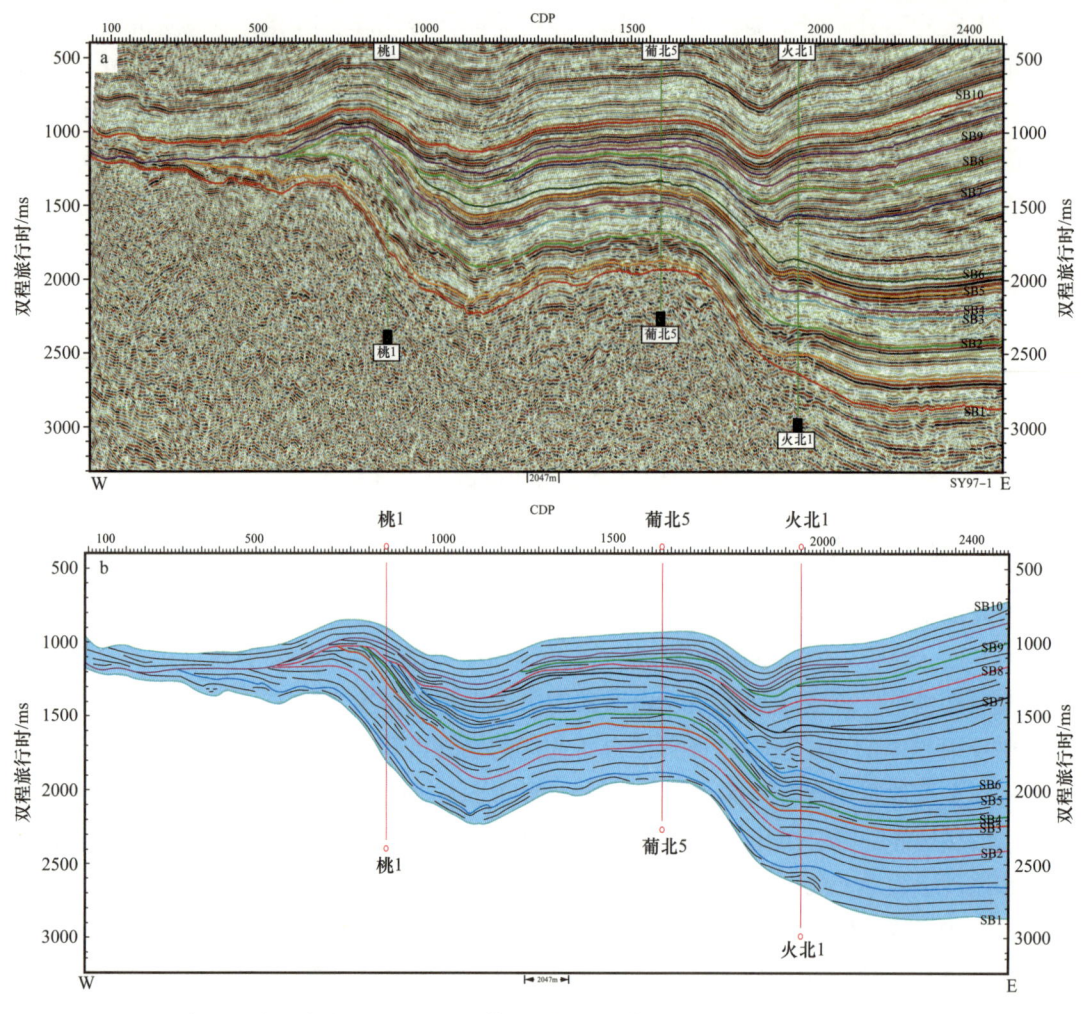

图 2-25　台北凹陷西缘侏罗系—白垩系等时地层格架建立（a）与地震地质等时体划分（b）

针对地震反射等时与地质沉积等时争论的焦点，提出了地震地质等时体的概念。地震反射同相轴与地质沉积界面的等时性分析是建立地震地质等时体的关键。地震反射连续不能等同于地质沉积等时，地质沉积等时也不意味着地震反射等时。引入了具有尺度、体、地震与地质等属性相结合的地震地质等时体概念系统开展沉积体系研究，扩展了利用地震资料开展沉积体系研究的新理念，增强了利用不同类型切片开展沉积体系研究的内涵和适用范围。等时地层格架建立基础上的地震地质等时体划分与沉积体系空间分析技术在吐哈盆地台北凹陷西缘侏罗系扩展勘探中发挥了良好的指导作用，证实了该概念的科学性和利用该方法以地震资料为基础开展沉积体系研究的针对性和实用性（图 2-26）。

需要说明的是，以地震地质等时体划分为基础的沉积体系研究与以地震隐性层序界面识别与划分为基础的高频层序格架约束下的沉积体系研究可以相互补充，其中地震地质等时体在地震资料品质较差地区具有一定的适应性，而地震高频层序格架建立基础上的沉积体系研究，对地震资料品质的要求相对较高。

总之，准确厘定并细化研究单元是提高沉积体系与沉积微相研究精度的基础，层序地

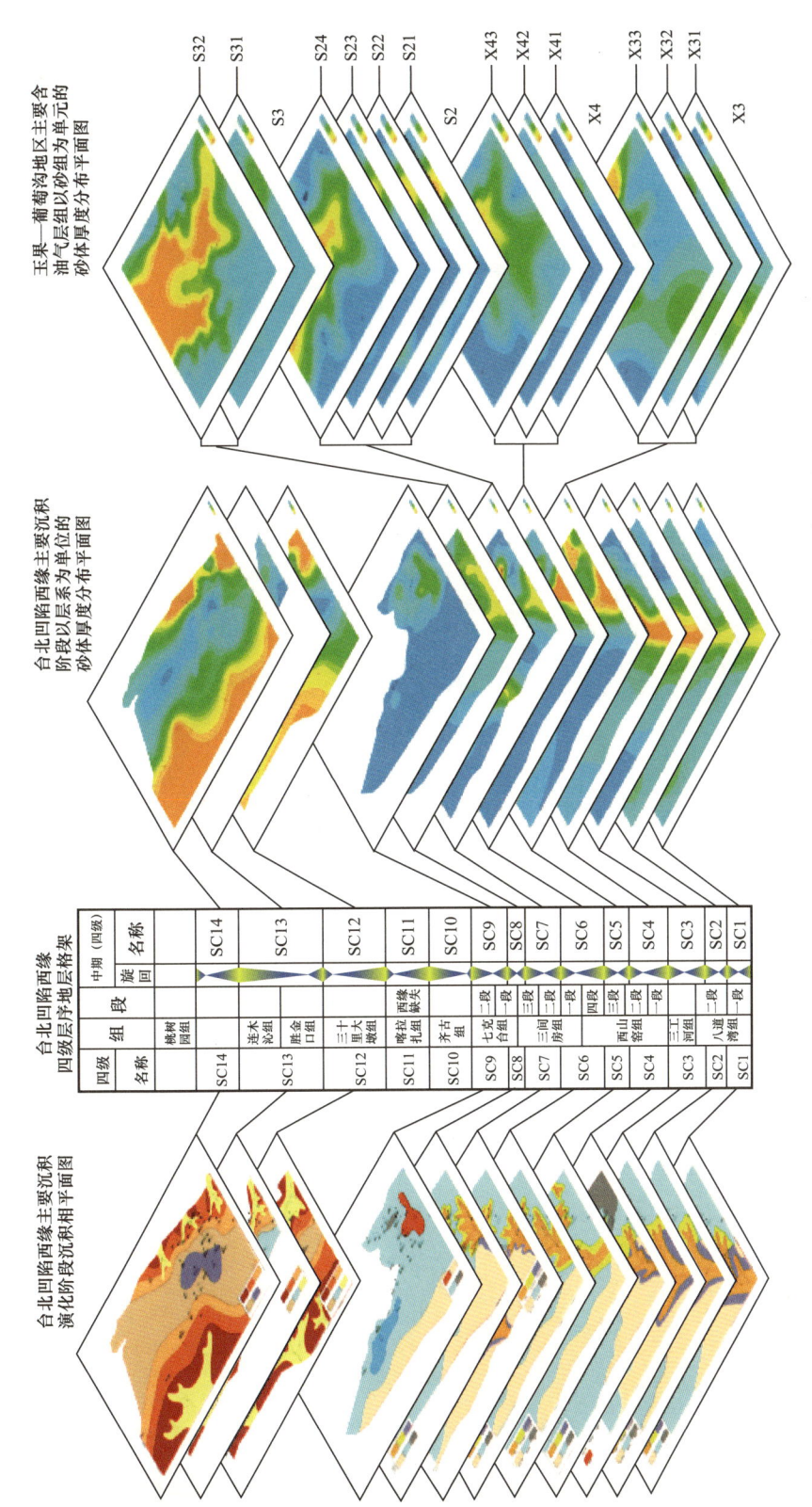

图 2-26 台北凹陷西缘侏罗系沉积相、沉积体系空间分布系列图

层格架约束下的沉积体系与沉积微相研究，从宏观上明确了洼陷、区块开展岩性圈闭油气藏勘探的纵向有利层系和平面有利位置，锁定了发育岩性圈闭油气藏的有利空间位置，为利用地震信息多参数综合评价方法在有利空间位置开展具体岩性圈闭识别、描述、优选与评价奠定了良好的地质研究基础。

第三章　地震信息多参数综合分析

利用地震信息多参数综合分析进行岩性圈闭识别、描述、优选与评价的主要内容包括：通过测井标定并与已知目标类比使小时窗的地震相分类快速逼近有利勘探目标；通过波阻抗反演和测井参数反演综合确定目标体的储集体类型与物性；通过地震属性分析一方面验证储层预测的可靠性，同时初步预测目标的含油气性；通过流体势分析宏观评价目标所处的流体势位置；通过地震信息分解基础上的含油气检测判别目标的流体性质；通过三维可视化明确目标体在空间的分布位置和范围，协助确定钻井位置和钻井轨迹。其中储层预测和目标含油气性检测构成岩性油气藏勘探的两项核心地球物理评价技术。针对陆相湖盆岩性圈闭发育背景与赋存特点，在前人工作基础上，重点在地震相分类的再分类提高目标研究的针对性、层位—储层的精细标定提高储层预测的精度、地震属性交会、映射与融合扩展属性应用方法与途径、地震信息分解基础上的目标含油气性检测提供成藏评价依据等方面进行了探索。

第一节　地震相分类与再分类

以波形分类为基础的地震相分类研究可以有效筛选并快速逼近有利勘探目标，为了深入分析有明确地质意义地震信号的横向变化规律，有必要在优选的有利地震相类型中开展再分类研究，以明确有利目标区的地质变化细节，为井位部署提供直接依据。定量地震相分析是地震相再分类研究的前提，而地震资料品质和分辨率是决定地震相分类精度的基础。地震波形分类在快速逼近有利勘探目标、再分类研究在精细刻画有利目标细节方面均可有效指导岩性油气藏勘探与开发。

一、地震相的概念及原理

地震相一词来源于沉积相，可以理解为沉积相在地震剖面上表现的总和。Sheriff等（1982）将地震相定义为由沉积环境（如海相或陆相）所形成的地震反射特征。从物理含义上来说，地震波形横向变化是地震波振幅、频率、相位等变化的综合反映；从地质含义上来说，地震波形横向变化是地下地质体岩性、物性、流体性质、结构、构造等特征的综合反映。因此，地震波形是地下地质体相关地质和地球物理特征的综合表现。任何与地震波传播有关的地质和地球物理参数都可不同程度地通过地震波形变化表现出来。地震相是在一定范围内圈定的由地震反射层组成的三维单元，其地震反射结构、连续性、振幅、频率和层速度等与近邻单元不同。因此地震相是特定地震反射参数限定的三维空间中的地震反射单元，是特定沉积相或地质体的综合地震响应。地震相是地震波形整体的地质概念总结，而地震波形及其组合是其直观表现形式（印兴耀等，2006）。Vail 等（1977）认为，地震相分析是利用地震资料来解释岩相和沉积环境，在识别出地震相单元后通过确定边界，绘制地震相图，并通过解释来表述地震相内部沉积层理、岩性和其他沉积特征。一个地震层序内包含不同的沉积相带，由于沉积环境的不同，在岩性参数（如岩石组成、颗粒大小和形状、胶结结构、孔隙度、孔隙中流体成分和饱和度、温度、压力、沉积厚度等）上会表现出差异。岩性变化引起弹性参量（如弹性模量、密度、速度、泊松比、吸收特征等）的变化。弹性参量的变化又将引起地震反射特征（如振幅、波形、频率、波的干涉、相干性等）的变化。因此，不同岩相和沉积环境在地震剖面上表现为不同的地震相特征，即不同的地震相模式（印兴耀等，2006）。提取和分析地震层序内这些特征参量，将具有大致相同的地震相特征、属于同一类地震相模式的三维单元识别出来，达到地震相识别的目的。

二、传统地震相分析与定量地震相分析

1. 传统地震相分析

传统地震相分析是相对于采用计算机技术发展起来的定量地震相分析而言，它用肉眼观察并进行描述，俗称"相面法"。"相面法"地震相分析类似于观察和描述岩心或露头的沉积相分析，它是通过地震剖面地震反射特征的整体观察和描述来进行。地震相分析方法就是识别每个层序内独特的地震反射波组特征及其形态组合，并赋予其一定的地质含义，进而进行沉积相的解释，这一过程称为地震相分析。因此，对有利层序内地震相的研究，可以确定储集体的沉积相及其横向分布范围，从而为储层综合预测、分析岩性圈闭发育区奠定基础。

1）地震相分析的特点与思路

地震相划分是在地震地层单元内部，根据地震相标志划分出不同的地震相单元，然后根据地震相特征进行沉积相的解释推断。

不同的地震相标志在平面分布范围及所对应的沉积相单元级别上均有很大差别，因此在划分地震相时不应把它们等同看待，而应根据它们之间的层次关系采用三级划分方法。首先根据地震相单元外形划分一级地震相单元，进而根据地震反射构造划分二级地震相单元，最后根据地震反射结构划分三级地震相单元。对所划分出的地震相单元可根据地震相单元外形＋地震反射构造＋地震反射结构（视振幅、视频率、连续性）的顺序来命名。

地震相是沉积体外形、岩层叠置形式及岩性差异在空间上组合的综合反映，它们分别与地震相单元的外形、地震反射构造和地震反射结构相对应。

多解性是地质研究中的一个普遍问题，在地震相分析中表现得尤为明显。一方面，截然不同的沉积相单元可能产生相同的地震相特征，例如冲积扇与盆缘浊积扇的地震相特征十分相似，都是锥状外形，前积构造或波状构造，杂乱结构；再如浊积砂发育的深海盆地相与内陆淤积湖泊含煤沼泽相都表现为席状外形、平行构造、三高结构。这是由于地震相只是沉积体外形、岩层叠加形式和岩性差异组合的物理响应，不同沉积相单元在以上三个方面有可能恰好相似。这时只有根据岩相、生物相和测井相特征才能对它们进行区分，而

地震相本身却不能反映出这些特征。另一方面，完全相同的沉积相单元可能形成不同的地震相特征。其根本原因在于地震相特征不仅与沉积相背景有关，还要受到地震资料采集、处理效果的影响。为此必须尽量保持跨区块地震相研究中地震资料的一致性。

地震相分析应从沉积体（骨架相）识别着手，以建立盆地沉积模式为目的，以钻井作为控制点，与岩性圈闭地震预测技术相结合，由此搞清盆地沉积体系和沉积体系域的空间展布规律。

沉积体的识别是地震相分析的核心和精髓，首先从沉积学上看，沉积体是搬运介质和物源供给的最直接体现，它们构成了沉积体系中最重要的组成部分——骨架相。据骨架相的性质和展布规律可分析充填于其间的其他沉积相单元。盆地沉积模式是对沉积盆地的构造背景、气候背景、沉积体系展布及其时空发育演化规律的全面深入概括和总结。钻井作为控制点的作用在于确定该处这种地震相应当属于什么沉积相。至于其他地区相同地震相作何解释，应当根据该区与骨架相的相互关系，以及与控制井点的相互关系，结合盆地沉积模式加以推断。最后，与岩性圈闭地震预测技术相结合的意义在于可以由此对研究层段的岩性分布特点加以把握，进而发现和识别其他沉积体，并帮助确定地震相单元的沉积相意义。

2）识别标志

区别地震波组形态的主要依据是地震反射参数或要素，从沉积学的角度而言，将其称为地震相识别标志。地震相识别标志是地震相分析的基础，它必须在一定的地震地层单元内部进行。最重要的地震地层单元是层序或年代地层单元。依据层序地层学的观点，在三级层序内可进一步划分体系域，而不同准层序组之间存在着沉积体系域的显著差别。因此，通常应以准层序组作为地震相分析的最基本地震地层单元。

地震相标志是准层序组内部那些对地震剖面的面貌有重要影响，并且具有重要沉积相意义的地震反射特征。识别地震相的标志很多，主要有：（1）地震反射基本属性与结构；（2）内部反射构造；（3）外部几何形态；（4）边界关系（包括反射终止型和横向变化型）；（5）层速度，等。最常用的是前三种标志。

3）描述原则

需要说明的是地震内部反射构造是指地震地层单元内部多个同相轴的形态组合，而外部几何形态则是地震地层单元的外观形体特征，是反映上、下两个同相轴所构成的几何形态。前者属于地震相的内部属性，而后者则为地震相的外观形体，因此在描述的语言上有明显区别。实际工作中，地震相描述中形态的用法较为混乱，建议遵循中文的习惯以"外部为状，内部为形（型）"来描述。地震相单元外形，则应用"状"，而内部排列与组合形式，则应用"形（型）"。

4）地震相标志的基本类型

地震相均可从地震反射结构、地震反射构造和地震相外形这三个地震相标志分层次进行定性描述。

（1）地震反射结构。

是指地震剖面各组成部分（即同相轴）的地球物理特征，包括振幅、视频率、连续性三个基本要素。地震反射结构讨论的是同相轴的物理属性,属于地球物理学内容。

(2)地震反射构造。

是指地震剖面中各个组成部分(即同相轴)在空间上的排列与组合方式,是岩层叠加形式的直接体现,反映沉积作用的性质和沉积补偿状况。地震反射构造讨论的是同相轴间的几何形态与相互关系,属于形态或几何地震学范畴。

(3)地震相单元外形。

是指在三度空间上具有相同反射结构或反射构造的地震相单元的外部轮廓或形体特征。大多数地震相单元外形都是沉积体外形最直接的反映,例如扇状外形是扇体的反映,丘状外形是礁体的反映。地震相单元外形对沉积相解释有重要意义。

5)相标志主要特征

地震反射结构、地震反射构造和地震相单元外形 3 种地震相标志具有各自的描述重点。

(1)地震反射结构。

在三种地震相标志中,地震反射结构的类型最多、最基本。常见的典型地震反射结构有以下 4 种:① 杂乱反射结构(高振幅低连续性结构):基本特征是振幅很强,但又不连续,波形显得杂乱无章,无规律可循;② 无反射结构(极低振幅结构):基本特征是振幅极弱,几乎看不出同相轴的存在;③ 三高反射结构(高幅、高频、高连续性结构):振幅高意味着界面上、下岩性差异大;频率高意味着层厚较小且频繁交替;连续性高则意味着岩性和岩层厚度横向上稳定性好,是浊积砂发育的深水相或薄煤层稳定发育的滨湖沼泽相的典型特征;④ 向上增强的反射结构:基本特征是振幅在下部较弱,而向上显著增强。

(2)地震反射构造。

常见的地震反射构造有 8 种类型,一般都具有明显的沉积相意义,因此在地震相分析中占有重要地位。

① 平行(亚平行):以同相轴彼此平行或微有起伏为特征,反映沉积速率在横向上大体相等,在陆棚、深海盆地、深湖或浅湖、沼泽等许多相带中都可发育。反射构造中的连续性一般较好,振幅和频率则可视情况不同而有所差异。

② 波状:各同相轴之间在总体趋势上相互平行,但在细微结构上有一定程度的波状起伏。它是不均匀垂向加积作用的产物,从准层序或成因层序这一地层单元级别上来看,总体上表现为垂向加积作用,从而同相轴之间在总体上相互平行;但从更细的级别上看,沉积速率在横向上并不相同,甚至还存在次级的侧向加积作用。通常在冲积平原、滨浅海(湖)及总的沉积速率相对比较缓慢的扇体等相带中容易形成该构造。

③ 发散状:同相轴间距朝一边逐渐减小,其中一些同相轴逐渐消失,从而使同相轴的个数也朝一边减少,与之对应的地层单元厚度相应减薄,形似楔状。这种地层厚度减薄并不是由于在地层单元顶、底界发生削蚀或上超所造成,而是由于各同相轴的间距向一边减小所致。它是在差异沉降背景下,由于沉积速率在横向上递减,导致岩层厚度向一方变薄。

④ 前积:若以准层序组的顶、底界为参照平面,则其间的同相轴相对倾斜并朝一方

侧向加积。标准的前积构造具有顶积层、前积层和底积层。根据内部反射结构差异，前积层的形态特点及顶积层、底积层的发育程度，可进一步将前积构造细分为"S"形、顶超型、底超型、斜交型和叠瓦型。虽然它们之间有着种种差别，但都具有前积层，是沉积物顺流加积的产物，反映了古水流方向。前积构造是三角洲、扇三角洲、各种扇体及大陆坡的典型标志。

⑤丘状：以"底平顶凸"外形为特征，底部同相轴连续平缓，顶部同相轴上凸，形成沙丘状。通常解释为高能沉积作用的产物，代表沉积物搬运过程中的快速卸载。大型的二维丘状反射构造内部常有双向下超反射，通常为三角洲横向剖面的特征；当其规模较小时，结合构造部位可解释为近岸水下扇、冲积扇等；湖盆内部的中小型三维丘状体，特别是在其顶面有披盖反射时，是浊积扇的反映。另外，丘状反射的角度较大通常由生物礁或各种刺穿构造作用造成，一般发育于水体较深的环境中。

⑥下凹状：以"顶平底凹"外形为特征，地层局部突然增厚，向下侵蚀充填于下伏地层之中，与丘状反射构造形成镜向对称关系。通常在盆地凹陷轴部横切面上容易形成这种反射构造，它是局部水下侵蚀河道的典型标志，通常指示海底峡谷或浊流水道冲刷，形成于海平面相对下降时期。

⑦透镜状：以"双向外凸"外形为基本特征，是前两种反射构造的叠加，上部为丘形、下部为谷形，总体上为中间厚、两边薄的透镜状。这种反射构造所代表的沉积体可以产生于多种沉积环境，一是沉降速率和沉积速率中间大，两边小所造成，为原生成因；二是中间砂岩发育、两边泥岩发育，在成岩过程中因差异压实作用而形成，为次生成因，两种通常共生。这种构造具有重要的指相意义，大型的透镜状反射往往是三角洲前积作用或继承性主河道的表现，而小型透镜状反射所代表的沉积体几乎可以在每一种沉积环境中出现。

⑧眼球状：规模较小，一般发育在准层序组内部。特征是同相轴上凸下凹，形如眼球，宽度一般在几百米至几公里范围之内。一些规模不大的河道砂体、沿岸沙坝和各类扇体朵叶的叠置等容易形成该类反射构造。

综上所述，各种反射构造特征明显，易于识别，与沉积相大多有密切的对应关系。因此在地震相分析中结合构造背景和区域沉积特征，可进行沉积体的识别和判断。

（3）地震相单元外形。

常见的地震相单元外形有8种类型，它属于地震几何学范畴。

①席状：分布最为广泛的一种外形。地震相单元厚度相对稳定，上、下界面与其间的同相轴平行或亚平行，横向范围比地层厚度大很多，剖面上一般与平行（亚平行）构造或波状构造相对应。它是以垂向加积为主形成的产物。平行席状外形一般代表深海（湖）、半深海（湖）等稳定沉积环境，亚平行席状外形一般代表滨浅海（湖）、冲积平原、三角洲平原等不稳定环境。

②披覆状：与席状外形相似，但弯曲地盖在下伏的不整合地形之上。形态与不整合地形的形态完全一致，且其间无上超关系存在。它是深水环境中由悬浮沉积物均匀地垂向加积所致，否则将出现上超关系。是深水，尤其是远洋沉积的显著标志。

③ 楔状：地震相单元沿倾向上厚度增大，具发散反射构造，反映沉积时基底的差异沉降作用或沉积速率的横向变化。走向上厚度变化不大，具平行（亚平行）构造或波状构造。地质意义与发散反射构造相同，代表沉积体常发育于盆地或凹陷边缘斜坡地带。

④ 锥状：地震相单元沿倾向厚度减小，具前积构造，或以杂乱结构、无反射结构为特征的波状构造。在走向上中间厚、两边薄，具双向前积构造或丘形反射构造，平面上呈扇状。它是扇体、三角洲等沉积体的典型标志。

⑤ 扇状：地震相单元在平面上呈扇状，但地层厚度在各个方向上变化不大。与相邻的地震相单元厚度相同，区别仅在于它以具杂乱反射结构或无反射结构的波状反射构造为特征。表明横向上沉积速率相近，但沉积作用有显著差别，一般在泥质沉积丰富的断陷湖盆中，由阵发性陡崖浊积扇所构成的沉积体易形成该外形。

⑥ 丘状外形：地震相单元在正交的剖面上均表现为块状凸起，平面上为圆形或椭圆形。它是生物礁或各种刺穿构造的典型标志。

⑦ 条带状外形：地震相单元在横剖面上为侵蚀充填构造或眼球形构造，平面上则为条带状，它是水下侵蚀河道或沙坝等沉积的典型标志。

⑧ 透镜状外形：地震相单元在横剖面上为眼球形构造，平面上为朵叶状。它是叠置扇、河道砂体和滨浅湖滩、坝的典型标志。

地震相单元外形在成因意义上与地震反射构造和结构有密切关系，但又有其特殊意义。三种相标志相互配合进行沉积相解释，可在一定程度上排除多解性，得到较为合理的分析与解释结果。

2. 定量地震相分析

随着地震采集技术的进步，地震数据中包含的地震信息更加丰富，而其中的许多信息仅靠肉眼难以观察和表述，必须借助地震数据处理技术和计算机技术加以提取、分析，并通过一定的数学方法，对这些地震信息的地质特征加以解释和表征，达到直观识别并分析的目的，定量地震相分析应运而生。这一研究领域起始于1984年，当时主要有两种方法，第一种是以频率分布图和交会图的方法来表示参考相；第二种是以星状图的形式来表示参考相，不同的相具有不同的离散点集分布范围和星状图。上述参考相根据井旁地震资料来建立，并用井资料进行标定，只要将其他位置相同井段的地震参数与参考相作比较，就可以确定出其属于哪种相类型。

经过一段时间的研究，人们发现采用少量的地震参数并用上述方法作图无法解决更复杂的地质问题，因此便从地震剖面上提取出更多的地震参数（地震属性）并用多元统计的方法进行研究。研究方法分为两步。第一步是选择学习道（一般取井旁地震道），然后根据学习道提取地震属性，再利用多元统计方法建立学习道的判别函数。由于这些学习道对应于井的沉积相，所建立的判别函数就是该沉积相的判别函数。如果研究区的井数多，就可以建立若干个判别函数，不同的判别函数对应于不同的沉积相。第二步为预测，根据各CDP点提取的地震属性，确定它属于哪一类沉积相。期间，模式识别、人工智能专家系统和人工神经网络已大规模进入地震相定量分析研究领域。

以波形分类为基础的地震相研究主要根据地震道的波形特征，在地震数据体中逐道进行某一层内实际地震数据道的对比，精细刻画地震信号的横向变化，从而得到地震异常体平面分布规律。波形分类的形状识别使用神经网络技术，通过对实际地震道进行训练，模拟人脑思维方式识别不同目标的特征，并与其他相似的种类保持关系。用神经网络算法经过多次迭代合成地震道，然后与实际地震数据对比，通过自适应试验和误差处理，在每次迭代后改变合成道，使合成道与实际地震道相关性更好。具体做法是在某一目的层段内估算地震信号的可变性，利用神经网络算法对地震道形状进行分类，根据分类结果形成离散的地震相。依据拟合度准则，将实际地震道与地震相对比，进行分类，认识地震信号横向变化的内涵；通过与测井曲线对比，对地震资料进行综合地质解释，最终得出地震波形平面分布规律。这种分类结果，可以定性确定目的层段各个地质体的岩性、物性及含油气性等特征。基于地震属性提取的定性识别技术可以快速确定数据体中异常体空间分布和物性等特征。在软件应用中，按照采样点之间样点值的变化（极小、小、零、大或极大）对反射波波形定量化并进行分类（图3-1）。值得注意的是，目前对于样点的绝对振幅值在波形分类中的作用缺乏应有的深入研究。

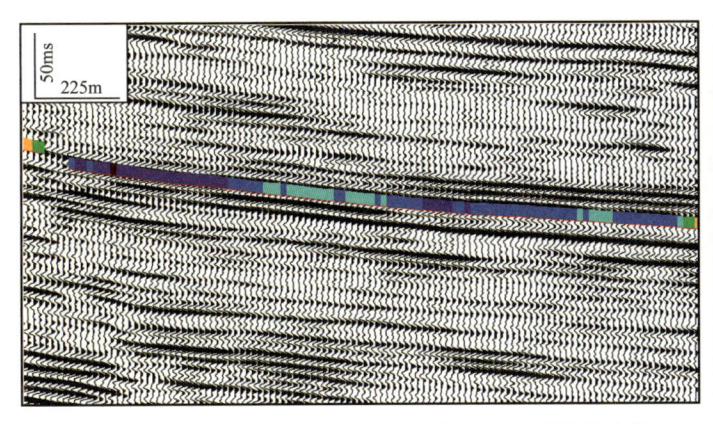

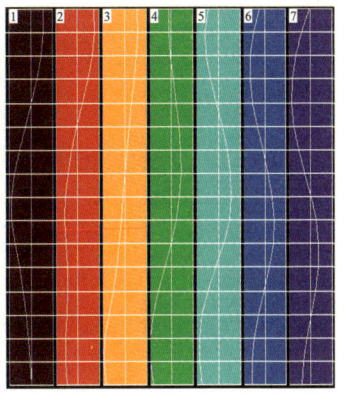

图 3-1 地震波形分类

利用属性进行定量地震相分析的方法均强调井的作用，即井标定和井样本的监督。这在无形中就假定有限井点的地震相类型代表了整个工区的所有类别，而研究区没有已知井点以外其他类型的地震相存在，这显然与事实不符。对于利用地震波形进行分类而言，有时很难把握整个工区地震波形到底应该分成几类？每一类的分布情况如何？这将导致无法评价井点处地震信号变化的大小程度，而且，如果有意义的地震信号不能与地震信号的总体变化程度联系起来，就无法将这种有意义的地震信号变化程度进行外推，因而难以有效分析有意义的地震信号变化，而对于有意义地震信号变化的研究才是研究者更感兴趣的部分。最终的结果就是得到的地震相图不能有效表现那些有意义地震信号的变化（即有意义的地震相或者地震亚相类型）。而突出表现有意义地震信号的横向变化是开展地震相研究的最主要目的，以此为基础来开展沉积微相变化研究，为岩性圈闭识别、油气藏勘探开发提供依据。

因此，评价地震信号的总体变化程度是地震相研究的基础，利用无监督神经网络得到地震相图。有了地震相图，就可以将井点处地震信息变化程度通过地震相与地震信息的总体变化程度相联系，这样井点的相对值可以被证实或推翻。该方法可以分为两个层次：第一，利用地震波波形的相似性进行地震相分析；第二，利用波形相似和地震属性进行地震相分析。以波形相似为基础的地震相神经网络分析方法以等时窗（随着层序地层的深入发展和建立等时地层格架的需要，发展可变时窗的地震相分类研究已经成为地震相发展的趋势，部分应用软件已经提供了可变时窗的波形分类功能）内的地震波波形特征为基础。地震波波形是地震数据的基本性质，它包含了如反射模式、相位、频率、振幅等所有的相关信息。可以认为任何与地震波传播有关的物理参数均可以反映在地震波波形变化上，可以使用样点值随时间的变化来刻画和衡量地震波波形变化。它强调地震道的总体形态与相对变化，显示地震道波形相似性分布的图与相似地质特征的相图很类似，称为地震相图。在大的构造圈闭勘探和岩性圈闭勘探早期阶段，对于沉积相研究的精细要求相对较低，一般达到沉积亚相基本就可以满足勘探的要求，但是发展到小型构造圈闭和具有面积小、砂体薄特点的岩性圈闭勘探阶段，对于沉积相研究提出更高的要求，必须达到沉积微相甚至更高精度才可以满足勘探或开发的需求。如在勘探早期，勘探家往往关心的是三角洲的一个朵体、河道或者一个砂层组，勘探程度提高或开发后则必须着眼于一个朵叶不同部位的差异、河道的不同沉积部位或单砂层内不同部位物性的差异等，这些细节直接决定着勘探的成败或开发成效。

三、定量地震相分类的特点

利用波形分类开展地震相分类研究的第一个特点是无需井的资料；第二个特点是快速，而且可以针对不同时窗进行分析，使解释人员能够快速地对整个数据体进行扫描，很快确定目标区，并可对目的层进行更细的研究；第三个特点是与传统地震相分析相比，进一步增强了分析的定量性与客观性（赵力民等，2001，2002；李治等，2002）。在传统地震相分析中，人们利用肉眼识别反射模式并将它们与标准地震相模式进行比较，然后通过井点测井相校正得到地震相，最后进行工业成图，往往是地震相边界具有很大的人为性而研究精度较差。由于地震相分类主要依靠空间具有连续数据分布的地震资料展开，三维地震资料更有利于客观确定相的界限。同时可以看到，地震资料品质、纵向和横向分辨率与地震相分类预测的精度密切相关，高品质和高分辨率的地震资料必然有利于地震相的精细刻画和深入评价。

古近系—新近系潜江组 $Eq3_4^1$ 层是江汉盆地新农—蚌湖地区的主要勘探目的层之一。该区勘探程度较高、构造相对简单，以岩性油气藏勘探为主。20世纪80年代中期以来研究区开展了以岩性油藏为主要勘探对象的研究工作。20世纪90年代初，采用小层对比和沉积相研究等方法，发现了较大型的广北、严河等岩性油藏。但受当时技术条件特别是地震资料分辨率的限制，岩性油藏未进行深入研究。在后期的高分辨率三维地震勘探中，为进一步开展岩性油气藏勘探奠定了良好的资料基础。新农地区位于江汉盆地潜江凹陷蚌湖西斜坡，在 $Eq3_4^1$ 沉积时期以东北部扇三角洲沉积体系、西北部大型三角洲沉积体系和南部小型三角洲沉积体系为主。目前在该区的不同层系已经先后发现了钟市、广北、浩口和高场等油田，这些油田的油藏以岩性油气藏为主，且岩性圈闭的面积往往比较小，如何采用有效技术识别小岩性圈闭是当时需要解决的关键问题。广北油田是该区通过钻井证实的由扇三角洲水下分流河道砂体构成的岩性油藏。结合研究区沉积微相研究结果，利用地震相分类（单纯波形、测井标定和多属性叠合三种分类）研究方法，可快速直观识别出研究区中部和南部的岩性圈闭（图3-2实线圆区域），这些圈闭的发现为后续地震反演、储层预测、地震属性分析、含油气检测、流体势分析和三维可视化等研究确定了靶区（杨占龙等，2004），以便针对重点区域开展深入评价研究。

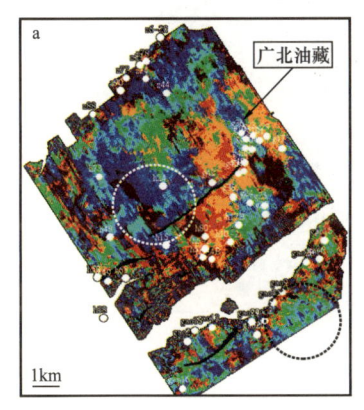

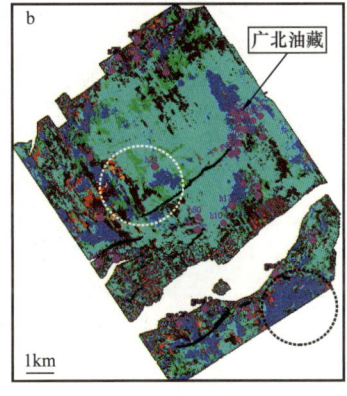

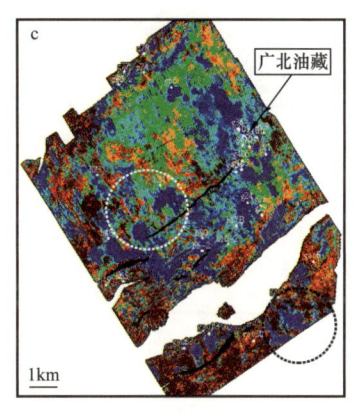

图3-2 江汉盆地潜江凹陷新农地区（蚌湖西斜坡）Eq3$_4^1$层地震相分类平面图

a. Eq3$_4^1$单纯波形地震相分类平面图；b. Eq3$_4^1$测井标定地震相分类平面图；c. Eq3$_4^1$多属性叠合地震相分类平面图；从左到右地震相分类所代表的地质含义逐步明确，岩性圈闭形态刻画更为精确

在潜江凹陷蚌湖向斜东斜坡（以高分辨率二维地震勘探为主，测网密度1km×1km）岩性圈闭研究过程中，主要采用了油气多元综合评价系统的波形综合聚类分析模块（Classification）。通过对Eq3$_4^1$层的综合聚类分析（图3-3）可以看出，保幅纯波数据基础上的地震波形综合聚类结果很好地反映了研究区岩性圈闭发育状况，聚类结果显示的岩性圈闭范围与实际勘探证实的岩性油气藏范围吻合程度高，说明波形聚类分析方法也适用于以二维地震资料为主进行岩性圈闭识别区块的岩性油气藏勘探研究。

吐哈盆地台北凹陷胜北洼陷侏罗系是目前吐哈盆地勘探程度最高的地区之一，该区构造油气藏勘探程度较高，预测岩性油气藏有利勘探区带和识别、描述、优选与评价岩性圈闭是勘探的重点。

吐哈盆地胜北洼陷胜北构造带上侏罗统喀拉扎组是中浅层次生油气藏勘探的重点层系，前期已经在胜北构造带胜北3号构造发现次生凝析气藏。从该构造已钻井喀拉扎组沉积微相研究结果来看，该气藏储层属于典型的北物源冲积扇扇中辫流河道砂体沉积（见图2-16实线区域），结合对该气藏所属层位层序解释后的地震相研究结果，可知在胜北构造带南翼发育面积更大的另一条冲积扇扇中辫流河道沉积（见图2-16虚线区域），该辫流河道砂体依附于胜北构造南翼，与胜北3、4号近南北向平移断层配合形成向北侧向上倾尖灭的岩性圈闭群，该辫流河道形成的岩性圈闭群是拓展胜北洼陷喀拉扎组岩性油气藏勘探的有利地区。

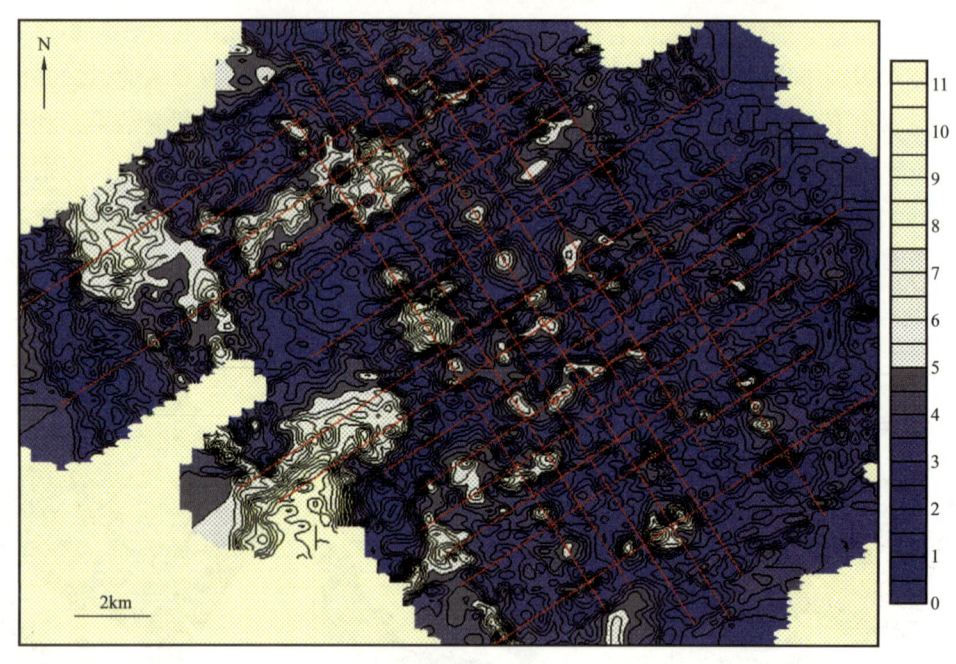

图 3-3　江汉盆地潜江凹陷蚌湖东斜坡 Eq3$_4^1$ 层波形综合聚类平面图

葡北构造带及其东斜坡是胜北洼陷西部中侏罗统岩性油气藏勘探的有利地区，在该区已经发现葡北 1 号低幅度构造油藏和葡北 6 号构造—岩性油藏。该区是胜北洼陷下生上储和自生自储型油气藏勘探的有利地区。葡北 6 号构造—岩性油藏的发现更坚定了该区岩性油气藏勘探的决心。从台北凹陷西部中侏罗统沉积体系分布格局来看，该区中侏罗统属于西北物源的七泉湖—葡北辫状河三角洲前缘沉积体系，水下分流河道是油气聚集的有利沉积微相类型。层序解释后的地震相分类研究结果表明，葡北构造带及其东斜坡发育数量多但面积相对较小的岩性圈闭，组成一个典型的小而多的岩性圈闭群分布区（图 3-4 虚线区域内）。对于此类具有小而多特点的岩性圈闭群来说，围绕已知的出油点，逐步扩大岩性圈闭的预测范围，向外依次展开岩性圈闭的勘探，一方面有利于提高勘探成功率，一方面有利于坚定针对岩性油气藏勘探的决心，同时探索适合小而多岩性圈闭群的勘探方法与技术系列。

结合层序地层和沉积微相研究结果，以层序为边界，对等时地层格架控制下的纯波保幅地震资料的地震相分类研究，有利于快速筛选并逼近岩性油气藏有利勘探区带或目标。以地震资料为基础的地震相分类研究技术适用于地震资料品质好且构造相对比较简单的地区。对于复杂含油气断块，在应用此方法时，必须进行地震资料的保幅目标处理，以取得较好的预测效果。对于具有小而多特点的岩性圈闭群的勘探，应围绕已知出油点，遵循滚动预测和滚动评价的勘探程序。

四、地震相再分类的必要性

在了解了地震信号的总体变化程度后，接下来最主要的工作就是根据地震信号的总体变化来确定反映这种变化的波形分类数目。在钻井较多且代表的地震相类型较为丰富的情况下，结合专家经验进行分类数目的确定非常有效。即根据一个研究区沉积微相研究结果，明确一个地区所涉及的沉积微相类型，然后依据沉积微相平面组合模式，选择相应的数目（一般为奇数）开展地震相分类研究。根据分类得到的地震相平面图与沉积微相平面组合模式进行对比并调整分类数目，以得到更符合实际的地震相分类平面图。在无井的情况下，主要根据宏观沉积相发育背景（在开展地震勘探的地区，都有不同程度的沉积背景研究基础），确定相异的分类数目（一般为奇数），得到不同分类数目下的地震相分类平面图，然后对不同地震相平面图进行地质分析，以得到针对不同勘探阶段或满足不同勘探需求的地震相分类平面图。

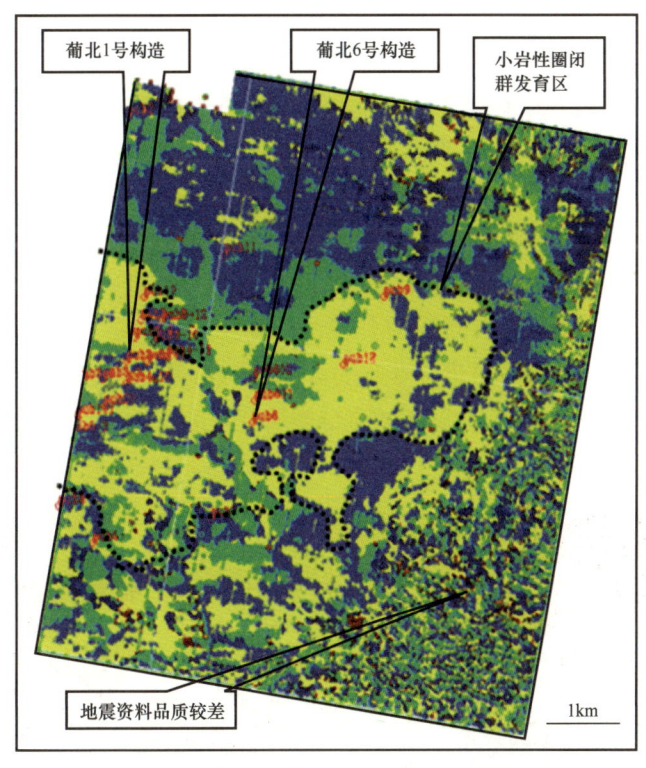

图 3-4 吐哈盆地胜北洼陷葡北东斜坡三间房组顶部地震相分类平面图

在实际应用中，有些勘探家感兴趣的有意义的地震信号横向变化并不能在整个研究区的地震波形分类研究中得到凸显，主要原因在于这种有意义的地震信号变化在整体的地震信号变化背景中往往表现得比较微弱甚至被大的变化所淹没。根据勘探经验，某一类有意义的地震信号变化常常依附于特定的地震相，而这种特定的地震相可以通过全区较粗的地震相分类研究得到凸显。因此，为了进一步分析某种有意义的地震信号变化，可以通过压制反映总体地震信号变化的背景值，在刻画特定地震相范围的基础上，开展针对特定地震相（特定地震相本身的地震信号变化程度必然远小于研究区整体的地震信号变化程度）的波形再分类研究，以凸显上述有意义的但表现微弱的地震信号变化，得到感兴趣的地震信号变化在平面上的分布范围和表现特征。如果针对研究区整体地震波形分类得到的不同地震相类型进行彼此独立的再分类研究，必定有助于了解不同地震相类型所代表地下地质体的细节（沉积微相），从而全面了解地下地质体的详细地质特征与空间变化。如果地震资料品质足够好、横向和纵向分辨率足够高，还可以开展更进一层的波形分类研究。

随着大部分含油气盆地大规模进入岩性油气藏勘探阶段，勘探揭示，岩性油气藏的赋存与沉积微相之间的关系更为密切，而沉积微相的研究在边界具体确定时往往具有很大的人为性（段玉顺等，2004）。利用地震资料开展地震相分类和再分类研究并结合已有的沉积相研究结果，使沉积微相的研究更加细致，克服了在井距比较大时，井和井之间沉积微相划分的人为性，波形再分类为岩性圈闭勘探阶段进行大比例尺沉积微相平面研究提供了很好的思路。

五、地震相再分类应用效果

在胜利油田某工区以层序为边界、在等时地层格架控制下的小时窗地震相分类研究中，初步相对粗的地震相分类研究很快确定了研究区的沉积格局，在研究区目的层主要发育曲流河沉积体系，涉及该沉积体系的沉积亚相主要有主河道沉积、天然堤、决口扇、河漫滩、河泛平原等（图3-5）。为了进一步探索工区目的层沉积微相展布格局，为岩性圈闭分析和岩性油气藏勘探部署提供决策依据，在上述地震相分类基础上，首先精细圈定河道在平面上的展布范围，然后针对河道开展了地震相再分类，可以进一步得到河道内部地震相的差异，在河道亚相中可进一步区分出边滩、心滩、主河道砂体等主要微相类型（图3-6）。应用表明，针对特定地震相的再分类研究对大比例尺沉积微相研究与岩性圈闭识别描述等具有指导意义。

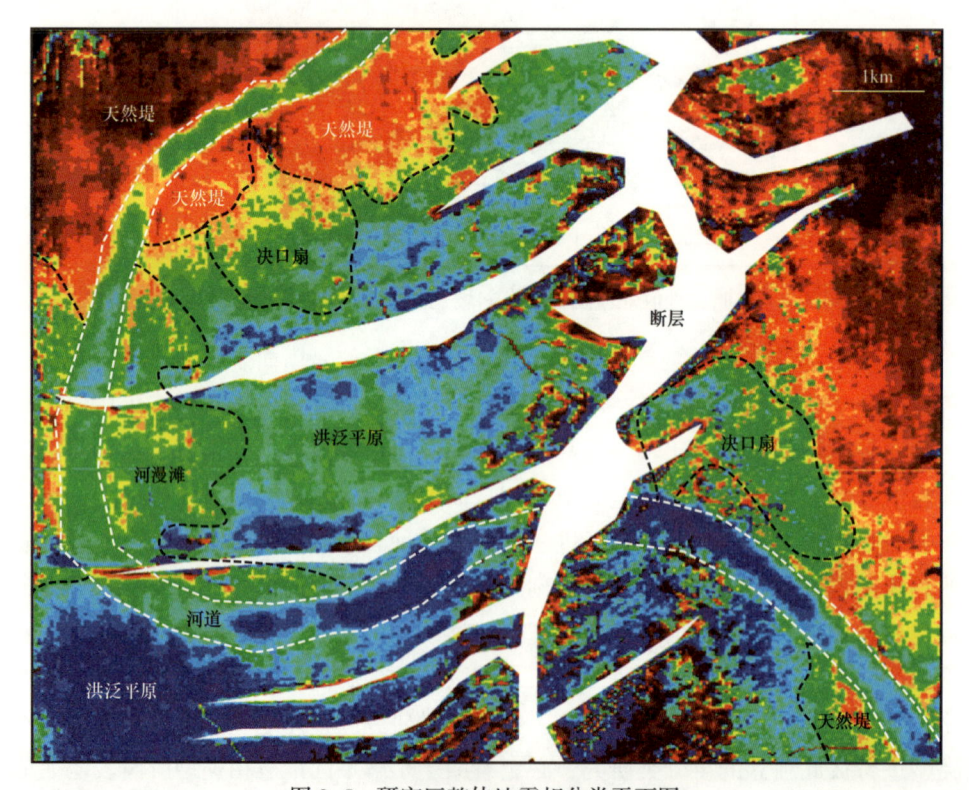

图3-5 研究区整体地震相分类平面图

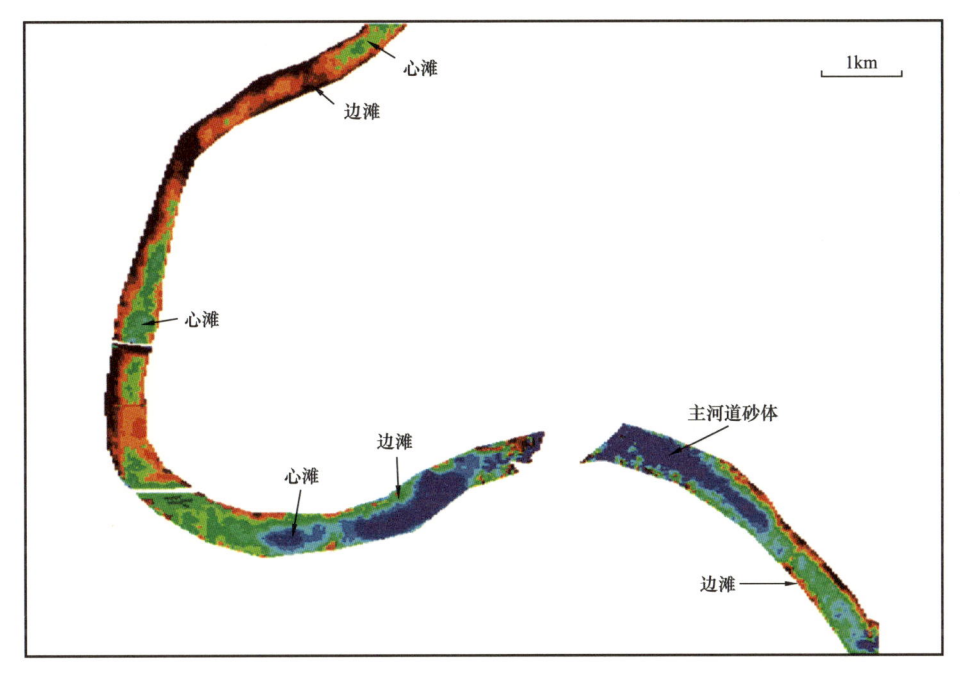

图 3-6　针对单一河道的地震相再分类平面图

以层序为边界，在等时地层格架控制下开展针对目的层的小时窗地震相分类研究是以波形分类为基础进行地震相研究与应用的关键。探测有意义的地震信号变化并压制总体地震信号变化的背景值，以凸显有意义的地震信号，是进行地震相再分类研究的主要手段。地震资料的品质、横向和纵向分辨率是决定地震相预测精度的基础。开展地震资料的保幅处理是利用地震资料进行地震相分类研究应用的前提。利用地震资料开展地震相分类和再分类研究并结合已有的沉积相研究结果，可提高沉积微相研究精度，并克服在井距比较大时，井和井之间沉积微相划分的人为性，为勘探阶段进行大比例尺精细沉积微相平面研究与岩性圈闭识别描述等提供有效解决方案。

第二节　储层预测中层位—储层的精细标定

随着盆地勘探开发程度的提高和开展岩性油气藏勘探的需要，对储层预测精度的要求也越来越高。有关地震反演与储层预测的方法和技术已有很多成熟的讨论，这里重点针对地震反演过程中为提高储层预测精度的具体需求，提出了"第一步粗标定目的层，第二步精细标定储层"的两步标定思路。首先对传统的层位—储层标定方法进行了总结和分析；然后介绍了精细层位—储层标定的思路，并对储层标定中的一些技术问题进行了分析；最后利用实例来说明方法的实用性和有效性。在 C 盆地 XQ 地区应用两步标定法很好地描述了储层的发育和展布特征，提高了预测精度，部署的探井获得了良好的油气显示；在 ZGR 盆地 MX 地区利用两步标定法对主力产油气层组进行了储层标定，理清了砂体展布格局，预测结果应用于后续的综合评价和井位部署，发现了 SN 岩性油气藏。

层位—储层的精细标定是高精度储层预测的基础，准确的标定和精细的层位追踪是后续工作的前提（俞寿朋，1993；李庆忠，1994）。储层预测中的层位标定比常规构造解释中的层位标定要求更高，不但要准确标定目的层层位，还要精确标定储层，以正确进行精细储层预测，满足勘探、开发对于储层描述的精度需要。由于传统的层位标定方法不能满足储层预测对于精度的要求，为此探寻出"第一步粗标定目的层位，第二步精细标定储层层位"的两步标定法，最终准确地对储层进行了标定，有效提高了地震反演开展储层预测的精度。

一、传统层位标定方法

目前，地震解释中常用的层位标定方法有VSP测井、合成记录、地震测井、平均速度标定法、变偏移距、随钻分析等（张永华等，1999；田昌莹等，2000；崔凤林等，2001；郭栋等，2001；刘治凡，2002；靳玲等，2004；秦伟军等，2004；季玉新等，2004；张永华，2004）。

VSP测井标定法是在深度域和时间域同时进行测定，能比较准确地确定出地层界面和地震反射界面的对应关系，但在实际应用中有如下缺点：（1）地震成像速度为垂向平均速度，而地震资料处理采用的是叠加速度，因此同一时间值对应的波形特征相差较大，且层位对应存在误差；（2）VSP测井的检波器在井中无半波损失，而地面地震勘探的检波器在地面有半波损失，由此造成两者的极性和传播时间不一致；（3）VSP测井和地震资料都不包含直观的岩性信息，难以直接确定测井和地震之间岩性、地质界面间的对应关系。再者，由于地面地震反射波与VSP中的地震波旅行路径不同，如VSP标定所用走廊叠加剖面中的波只作单程旅行，而地面地震反射波作双程旅行，因此两者受大地滤波的强度不同，从而造成同一层位的波形特征存在较大差异。因此，用VSP测井资料只能对工区内能量强、反射特征明显的标志层进行正确标定，而对次一级的层位，特别是储层的标定相对困难。

合成记录法在工作站上实现很简单，但真正用于层位标定却存在如下问题：（1）如果没有测井曲线的起始点与地面（或补心高）之间的实际填充速度（或时差），仅根据两者波形特征对应关系很难准确标定层位；（2）制作合成记录的子波是人为给定的，它与实际三维介质中的子波相差甚大，因此易引起合成记录与实际井旁地震道波形特征的差异；（3）声波、密度测井常常是在某一井段进行，由此制作的合成记录由于井段短，或者缺少明显的标志层，在上下连续的地震资料中不易找到很好的对应关系；（4）部分老钻井的测井资料缺少密度测井，仅根据声波测井得到的合成记录进行层位标定，精度差；（5）声波和密度测井质量受井眼环境的影响较大，在进行环境校正后，仍然存在一定误差，使合成记录质量受到影响。但该方法也有一定的优点，主要是合成记录上有多种测井曲线、波阻抗、反射系数等，因此可以根据各种曲线特征对地震道进行综合分析，进一步寻找地震反射界面与岩性分界面、地震反射特征与岩性组合、地震相单元与测井微相、特殊地震反射特征与储层的对应关系等。

地震测井法与VSP标定法有相似之处，主要是利用地震测井得到的平均速度把地震波旅行时转换成地质分层深度，从而达到层位标定的目的。

平均速度标定法是利用平均速度研究成果，或者将叠加速度转换得到的平均速度用于建立时—深关系，以此进行层位标定。这样标定出的层位往往存在一定误差，实际应用中需进一步进行手工微调。

二、精细层位—储层标定

储层预测是地震反演的主要目的之一。目前，储层预测或储层描述的主要方法有：（1）在常规处理资料的基础上经层位标定选出目的层段并与区域地质、沉积相或微相、测井等资料对比，然后开展储层段描述；（2）在反演数据体上用某一参数的"门槛值"过滤出储层，进行储层厚度预测。上述方法的缺点是不能针对性地分析某个目标单层或层组，只能作大层段储层预测，因而适合在勘探程度较低的地区使用。随着勘探开发程度的提高，这些方法在满足岩性圈闭勘探等对于储层预测精度的要求上存在差距。为此，探索了一种先进行目的层大层层位标定（粗标定），然后进行储层层位标定（细标定）的方法。

1. 目的层大层层位标定

这里层位标定采用合成记录法。图 3-7 是 S 盆地 QS 地区 A 井的合成记录。由图可见，目的层段沙溪庙组的顶（J_2s）和底（J_1z，自流井组顶）都是一个波阻抗差不大的界面，地震剖面上为弱反射，上覆、下伏地层反射平行，缺乏其他明显的地震、地质标志特征。工区其他几口井都有类似现象，因此单纯依靠合成记录很难准确标定目的层段的顶、底界面。分析井旁道可知，在目的层的中部存在一个较大的波阻抗差界面，上段为弱反射，下段为强反射，由此推测目的层内岩性组合存在较大差别。分析声波和密度测井曲线

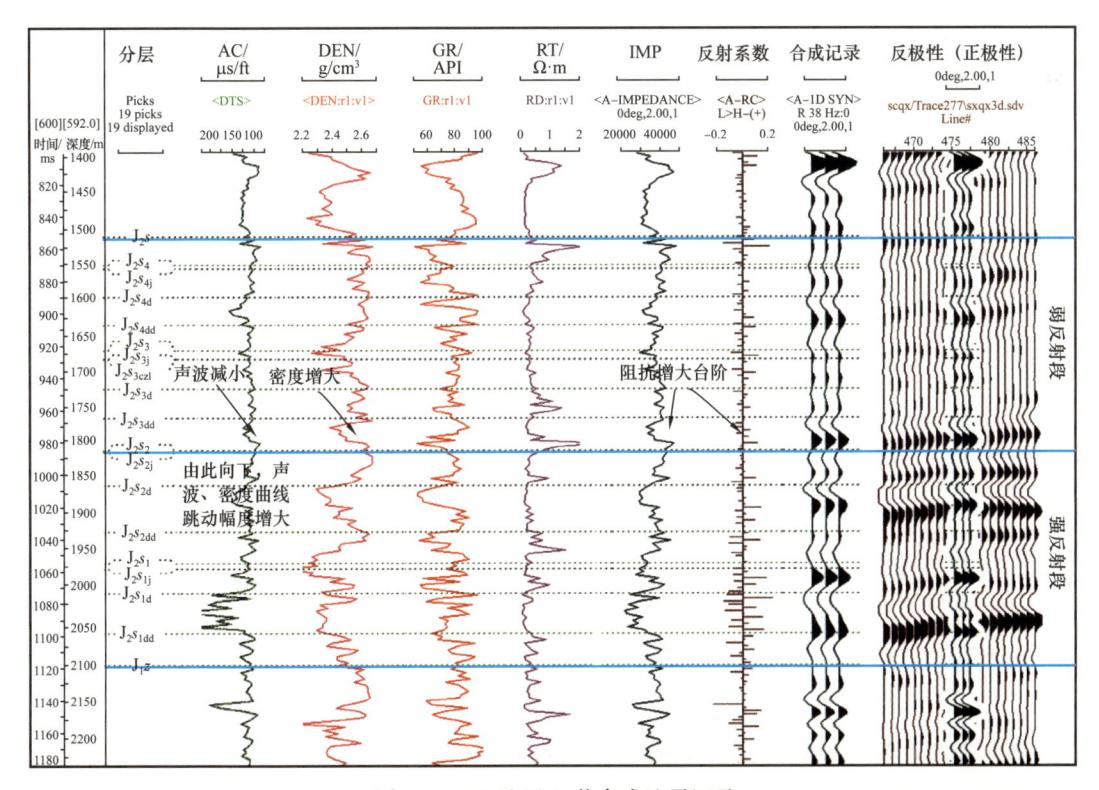

图 3-7 QS 地区 A 井合成地震记录

发现，在目的层的沙 2 段（J_2s_2）附近存在一个声波时差减小、密度增大、波阻抗增大的台阶。界面以上声波曲线基本无大的跳动，仅在沙溪庙组 J_2s_{4d} 之下有一个低速和低密度的薄层，不能形成强反射；界面以下声波和密度曲线均有较大幅度的摆动，有大、小密度层呈互层变化的趋势，自上而下分为高—低—高—低—高—低—高 7 个层段，在地震剖面上表现为 6 个波峰，7 个波谷（近底部发育一个复波），因为是反极性剖面（即正极性），所以 7 个高密度段恰好对应 7 个波谷。声波曲线下部的高时差层（低速层）则是由地层含气引起。由于确定了沙 2 段（J_2s_2）层组的波形变化特点并将其作为辅助层进行标定和对比，从而提高了目的层段顶（J_2s）和底（J_1z）标定的准确性。

以上分析可以看出，在不同地质条件下，仅靠某一种方法准确标定层位有难度。因此，进行层位标定应注意以下几点：（1）如果标定目的层有困难则应增加对比辅助层，以帮助确定主要目的层位；（2）以目的层内部或上覆、下伏地层中邻近的岩性变化与地震资料的对应关系为切入点，通过综合分析，确认标定结果的正确与否；（3）利用多种资料，尤其是测井资料，结合目的层段内部的岩性组合特征，最终标定层位。

2. 储层层位标定

通过目的层层位的对比追踪，对储层空间分布的宏观规律已经有了初步的认识。以此为基础，在地质模型和测井约束条件下针对大段储层进行参数反演，这是一个把间接反映地层岩性的地震数据体转换成直观反映地层岩性数据体的过程。在反演数据体上进一步进行储层标定，这样标定出的储层层位及其预测结果可以达到描述储层段或单个储层（如砂组或单砂体）的目的。如果储层厚度薄，则需要考虑地震资料采集时的分辨率，以此决定是否需要对薄储层进行合并。然后以储层组（砂组）为单位进行平面预测，从而达到合理基础上的高精度储层预测。

储层层位标定的关键是建立反演剖面所代表的各个地质体与实际地质体之间的对应关系，准确确定代表储层的地质体。其中的主要环节如下。

储层标定必须密切结合测井资料。首先分析测井资料上的储层特征，进行储层识别；然后通过测井曲线（结合地质录井剖面）与过井反演剖面的对比，明确两者之间的对应关系；最后根据测井曲线上储层的顶、底界面和反演剖面所揭示的地质体空间分布特征综合标定储层。其中，需要根据反演剖面的波组关系对测井曲线进行一定程度的微调（实际上是针对速度的调整），从而得到更真实的岩性与地质体之间的对应关系。

储层标定要注意地质体的平面、空间展布规律，以地质体的对比解释结果来验证储层标定结果。储层标定后的对比解释要以地质资料为参考依据，首先明确一个地区储层发育的沉积相或者微相、储层类型、储层在地震和反演资料上的表现特征，这样才能正确对比解释。如果是河道砂体，就应注意寻找砂体的侧向尖灭，且平面展布应呈线、带状变化特点，而不可能大区域连片出现；如果是湖相浊积砂体、三角洲前缘席状砂等，除了寻找砂体的尖灭外，还要考虑其平面展布多为席状、片状而不太可能呈细长弯曲的河流状等，以此达到从地质的角度验证储层标定准确性的目的。

储层标定和储层横向追踪要注意闭合差分析。由于任何地震反演技术都不可能绝对真实地模拟地层的物性和真实速度,在储层横向追踪时必须消除相交线的闭合差。如果要描述的储层厚度薄,闭合差的存在常常造成人为串小层现象;如果恰恰遇到重要储油气层,就可能出现错误认识。

储层精确标定后,即可在反演剖面上进行储层追踪与对比,以此来全面分析储层展布、厚薄变化、尖灭消失、沉积体系类型等特点,达到全面描述储层的目的。

三、应用效果

1. 实例一

C 盆地 XQ 地区沙溪庙组（J_2s）和须家河组（J_2x）是主要目的层段,需要预测的是含气砂岩的空间展布。根据测井资料分析,沙溪庙组储层大多为孔隙性砂岩,含气储层具有高声波时差、相对高电阻、低自然伽马、低中子、低密度的"两高三低"特征,好储层的岩性为薄层砂、泥岩互层中的孔隙性砂层。须家河组下部为大套砂砾岩夹泥岩、页岩,利用本方法对须家河组二段 1 号砂层（$J_2x_2^1$）进行了预测。

图 3-8 是沙 2 段层位标定、对比和预测结果。从图中可看出,该段储层在井点处为一厚砂层组（23m）,在声波时差、密度和自然伽马测井曲线,以及合成记录、地震剖面上均有显示,时间厚度在 15ms 左右。在自然伽马反演剖面上,储层（蓝色）的顶、底界面清楚,自右向左厚度逐渐变薄;振幅属性显示该储层平面上为一多期叠置的河道砂,砂层最厚部位位于工区的中西部,物源来自工区北部。根据这一解释结果,再结合构造、裂缝、油气检测成果,使勘探范围得到了拓宽,改变了原来认为向北布井虽然构造位置有利

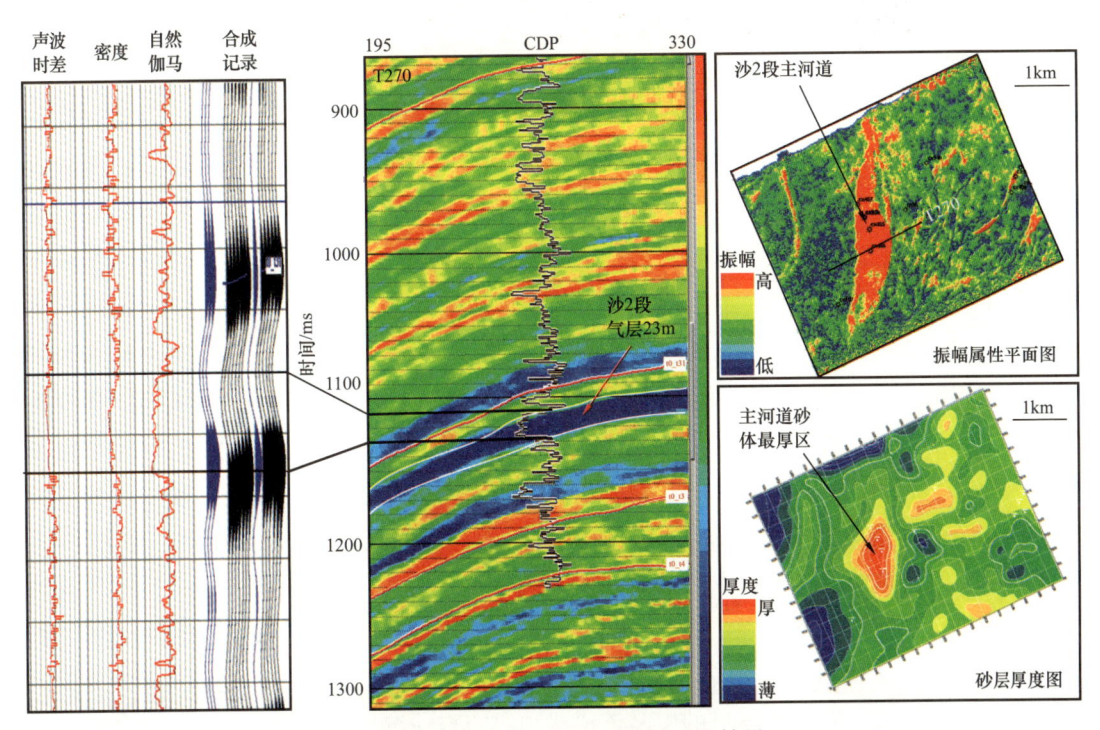

图 3-8 沙 2 段气层标定及追踪对比结果

但储层不够发育的认识。

图 3-9 是须家河组二段 1 号砂层的标定、对比和预测结果。该段储层在井点附近的厚度为 21m，上下围岩的声波时差较小、密度大、自然伽马值低，在合成记录和地震剖面上有显示。经过标定，从井出发按照井点处砂层的色标（红色）外推。从自然伽马反演剖面可见，砂层的展布呈分叉又合并的特征，两侧较薄，砂层的顶、底界面清楚；从厚度图上可见，砂体最大厚度区位于工区的中北部；振幅属性显示该砂层为三角洲朵叶，是多期水下分流河道移动、叠置形成的砂岩集中带，物源来自工区北部。根据以上认识，在砂体最厚区的上倾方位部署探井一口，经钻探见到了良好的油气显示。

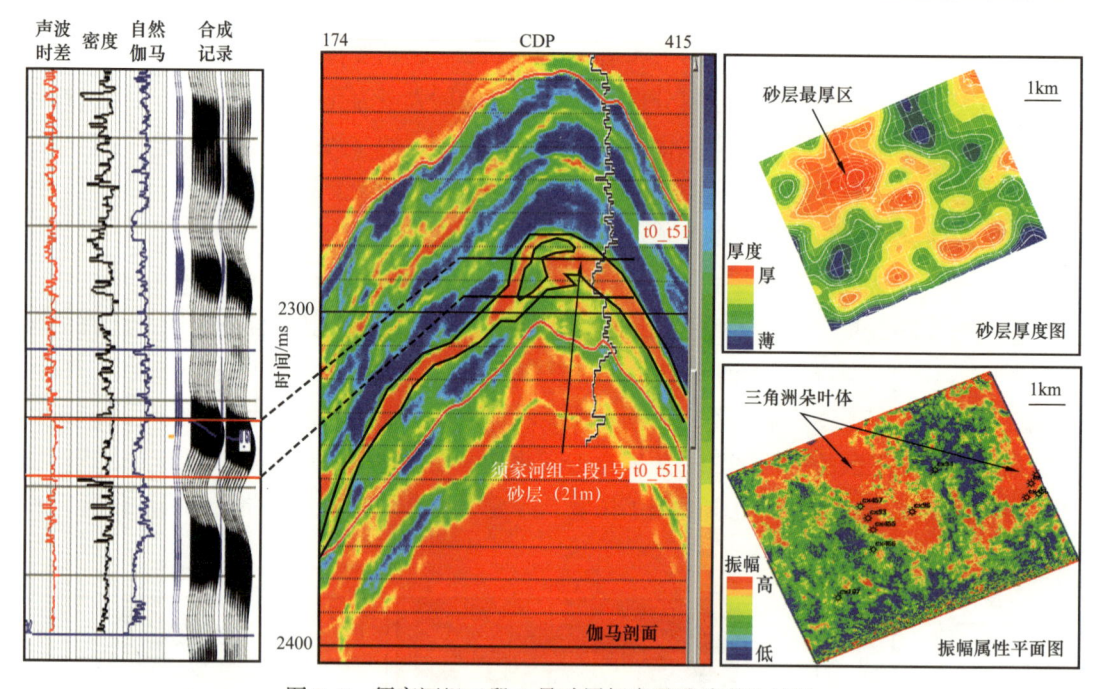

图 3-9　须家河组二段 1 号砂层标定及追踪对比结果

2. 实例二

三工河组（J_1s）是 ZGR 盆地 MX 地区的主力产油气层之一。该区地层产状平缓，在近南北向的斜坡背景上由于小断层的分割，在工区中部形成了一个规模不大的断鼻圈闭，幅度仅有 10~15m，面积为 0.5~1.0km²。三工河组自下而上分为 3 个旋回，第 2 旋回（$J_1s_2^2$）是较稳定的辫状河三角洲前缘沉积，主要储层是 5~10m 厚的砂层；第 3 旋回（$J_1s_2^3$）是滨浅湖相泥岩夹薄层砂岩沉积，主要储层是底部的一套砂层。该区斜坡背景控制下的孔隙性砂层较为发育，高部位的砂层具有优先聚油而形成岩性或断块油藏的可能，当时的主要问题是储层在平面上的展布规律不清。

首先进行了层位标定，确定出三工河组的顶、底界面，同时为了储层预测的需要，标定出三工河组第 2 旋回和第 3 旋回界面（图 3-10）。三工河组第 3 旋回上部及第 2 旋回—第 3 旋回的砂层为预测的重点目的层，该层段地震资料连续性较差，为杂乱反射，钻井显示为含气层段。图 3-10a 为三工河组第 2 旋回—第 3 旋回的反演参数剖面,由图可见,目的层内砂层(红—黄色)展布清楚,第 3 旋回底部砂层在 1 井和 2 井之间存在尖灭现象,全区为 2 个同期形成的独立的砂层(即 1 井区的第 3 旋回底部砂层和 2 井区的第 3 旋回底部砂层);在三工河组第 2 旋回—第 3 旋回之间有 3 套砂层,即 $J_1s_2^2$-1、$J_1s_2^2$-2 和 $J_1s_2^2$-3,其中 $J_1s_2^2$-1 仅分布在工区东部,$J_1s_2^2$-2 和 $J_1s_2^2$-3 在全区均有分布。

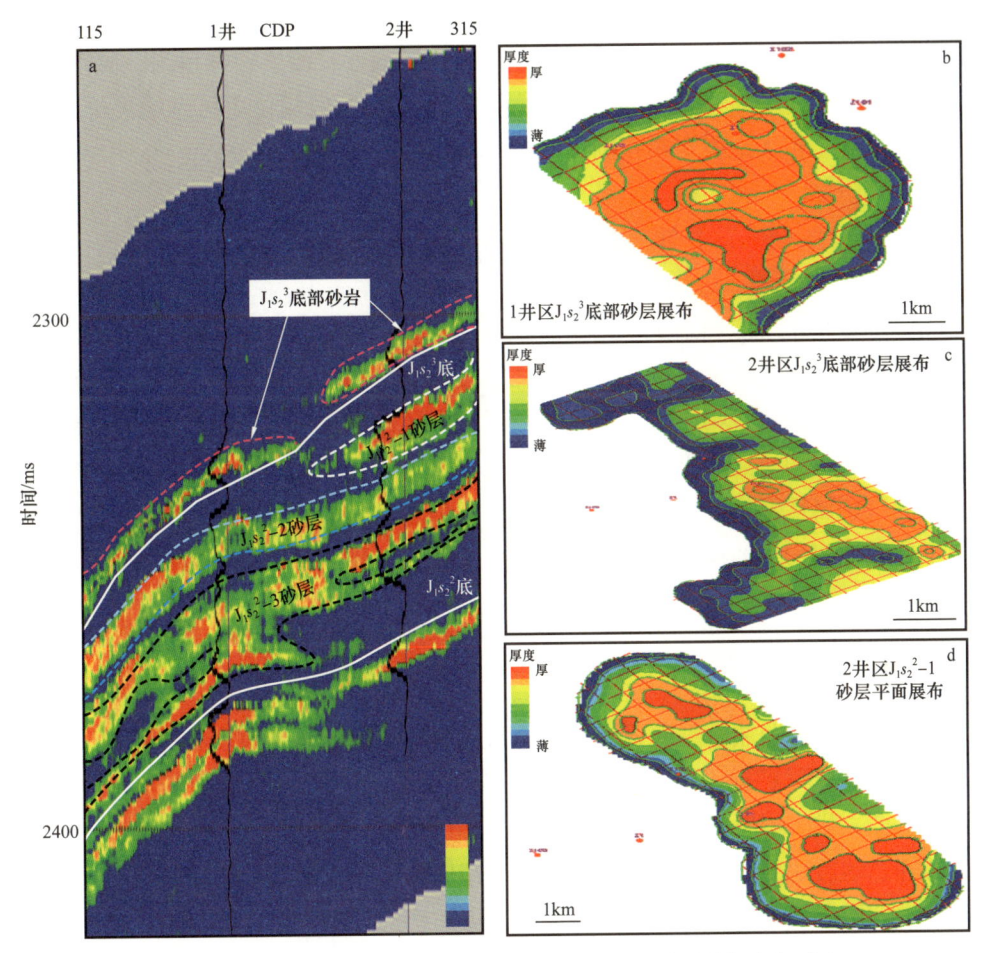

图 3-10 三工河组 3 个砂层预测结果及下部两个砂层的标定与对比

由于采取了先粗标定目的层位,后细标定储层层位的两步标定法(即首先正确确定目的层的顶、底界面,作出构造和层位解释,然后再在反演资料上进行精细储层标定),得到了第 3 旋回底部砂层在两井之间不连续分布并识别出尖灭带的新认识,改变了原来通过井资料对比认为第 3 旋回底部砂层是一个连通砂层且全区都有分布的不合理认识。通过对比全区反演资料,认为该砂体是由一局部辫状河河道所形成。同时,还圈定了第 2 旋回和第 3 旋回 2 个层段的构造—岩性圈闭范围。上述精细储层预测成果为后续的综合评价和井位部署提供了可靠依据,在勘探实际中发现了石南岩性油气藏。

层位标定发展到储层标定是当前及今后一段时期地震资料综合解释与地质评价研究的一个新任务,是构造与层序解释、沉积相研究、储层预测、圈闭描述、油气检测、地质综合评价一系列工程的基础工作。用间接反映大段沉积特征的常规处理资料及合成记录等来标定小尺度的储层难以满足岩性油气藏勘探等对高精度储层预测的需要。而采取先粗标定目的层位、对比追踪、目的层段反演、精细标定储层层位、储层预测的思路，既可以正确地标定目的层的顶、底界面，在此基础上进行构造解释、地震相和沉积相研究、属性提取等，又可用作储层反演的地质模型；然后在反演资料的基础上进行精细储层标定、对比，使地震和测井资料有效结合，充分发挥测井资料在地震处理、解释中的高分辨率优势。同时，还可以有针对性地对某一储层或储层段进行含油气性检测、裂缝预测、属性提取、相干性分析等多种研究，加深对储层的总体认识，为勘探开发提供更可靠的评价部署依据，从而提升和进一步扩大地震资料在勘探目标评价中的应用范围。

第三节 地震属性分析

地震属性分析主要应用于沉积体系展布格局分析、储集体储集性能分析和含油气性评价等。通过地震属性分析，一方面可以验证地震反演—储层预测的可靠性，分析储集体的储集性能，另一方面通过与已知含油气区的对比和属性交会、映射等，预测目标的含油气性。有关属性分析的研究成果已很丰富，这里重点讨论属性的交会与映射以优选针对一定地质目的的敏感属性及融合地震结构信息与属性信息表征陆相湖盆沉积体系的新方法，同时提出了地震地貌切片的概念并归纳其解释技术，进一步丰富利用不同类型地震切片开展地震属性分析与沉积体系研究的工作方法。

一、地震属性分析

地震属性指由叠前或叠后地震数据经过数学变换导出的有关地震波的几何形态、运动学、动力学和统计学特征（张永刚，2004；刘传虎，2005）。它是地震资料中可直接定量化描述的特征，代表了原始地震资料中包含的总信息的子集。地震属性技术广泛应用于地震解释处理、地震地层解释、地震岩性预测、储层含油气性预测等研究中。在岩性油气藏勘探阶段，地震属性分析主要应用于沉积体系展布格局分析、储集体储集性能和含油气性评价等方面。

随着岩性油气藏勘探工作的逐步深入，有关岩性油气藏形成的地质条件逐步明确，圈闭成藏条件分析逐渐成为岩性油气藏勘探的核心。目前除了常规的地质综合评价手段和发展相对不成熟的含油气检测评价技术外，应用地震属性分析开展岩性圈闭储集性能分析、含油气性评价也是一种比较有效的补充评价方法。岩性圈闭往往发育在洼陷腹部、斜坡等非有利构造位置，而这些位置圈闭的含油气性评价常常缺乏直接依据。同时大多数含油气盆地的岩性油气藏勘探正由早期的偶然发现、兼探大规模进入针对性钻探阶段。总体来看，洼陷腹部、斜坡等位置勘探程度仍很低，钻井资料较少，为岩性圈闭储集性能分析、含油气性分析与深入地质综合评价带来困难。而具有空间高分辨率的三维地震资料在很大程度上可以对此类目标进行深入描述。

陆相湖盆岩性圈闭小而多且成群的发育特征决定了其本身的识别、描述、优选与评价需要借助具有良好空间描述能力的三维地震数据体的地震属性分析等来实现（陈启林等，2006），这是因为常规构造和岩性解释方法难以描述岩性圈闭具体变化的细节。

通过地震属性分析，了解岩性圈闭所属地质体的地震属性特征，对比待评价目标与已知含油气地质体地震属性特征，从定性角度来判断岩性圈闭成藏的可能性，为岩性圈闭勘探提供辅助评价依据。采用地震属性进行目标含油气性评价的主要判据是：在地震资料可分辨的同一个地质体内，不同的小级别地质体地震属性特征相同并不代表都含油气，但含油气的不同小级别地质体其地震属性特征应该相同。

1. 地震属性分类与分析方法

1）地震属性分类

从地震属性的基本定义出发，Brown（1996）根据属性揭示的地质特征将地震属性分为4类：时间属性、振幅属性、频率属性和吸收衰减属性。源于时间的属性提供构造信息；源于振幅的属性可能提供地层和储层信息；源于频率的属性可能提供储层信息；源于吸收衰减的属性可能提供渗透率和流体等信息。目前大多数地震属性从叠后数据中提取，而叠前地震属性的典型例子是AVO。Brown（1996）根据来源将地震属性分为叠前和叠后地震属性，其中叠后属性可划分为基于层位和基于时窗两大类。Quincy（1997）则以运动学与动力学为基础把地震属性分成振幅、频率、相位、能量、波形、衰减、相关、比值等几大类。此外还有按地震属性功能的分类方案，即把地震属性分为与亮点和暗点、不整合圈闭和断块隆起、含油气异常、薄储层、地层不连续性、石灰岩和碎屑岩储层对比、构造不连续性、岩性尖灭等相关的属性。曾忠（2006）从实际应用的角度也提出了地震属性的三分法，即地震波形的几何特征属性、地震波形的动力学特征属性、表征介质特征的地震波反演属性等。不同地震属性揭示同一地质现象的侧重点不同，精度有差别（图3-11）。

为便于地震属性计算，按目标类型可将属性分为剖面属性、层位属性与数据体属性3类。剖面属性通常是瞬时地震属性或某些特殊处理结果，如速度和波阻抗反演结果等；层位属性沿层面求取，是一种与层位界面有关的属性，它主要提供层位界面或两个层位界面之间的变化信息；基于数据体的属性是从三维地震数据体推导出的整个属性数据体（曾忠，2006）。

2）地震属性分析方法

首先通过合成记录，精细标定层位—储层，连接钻井资料和地震资料；其次进行层位解释，确定待预测层位的时窗，并在时窗内进行地震属性提取，计算D个属性，组成D维属性向量；然后，对所提取的地震属性进行优化，优选出用于预测的数量最少的属性组合；最后以优化后的属性为基础，在密集地震数据指导下通过稀疏井点处建立地震属性和地质体某种特征之间的关系，并对全区进行预测。

目前用于地震属性分析的方法大致有多元逐步回归分析方法、协克里金方法、神经网络分析方法、非参数回归分析方法、基于统计学习理论的支持向量机方法、数据驱动法、属性融合法等（印兴耀等，2006；杨占龙等，2017）。

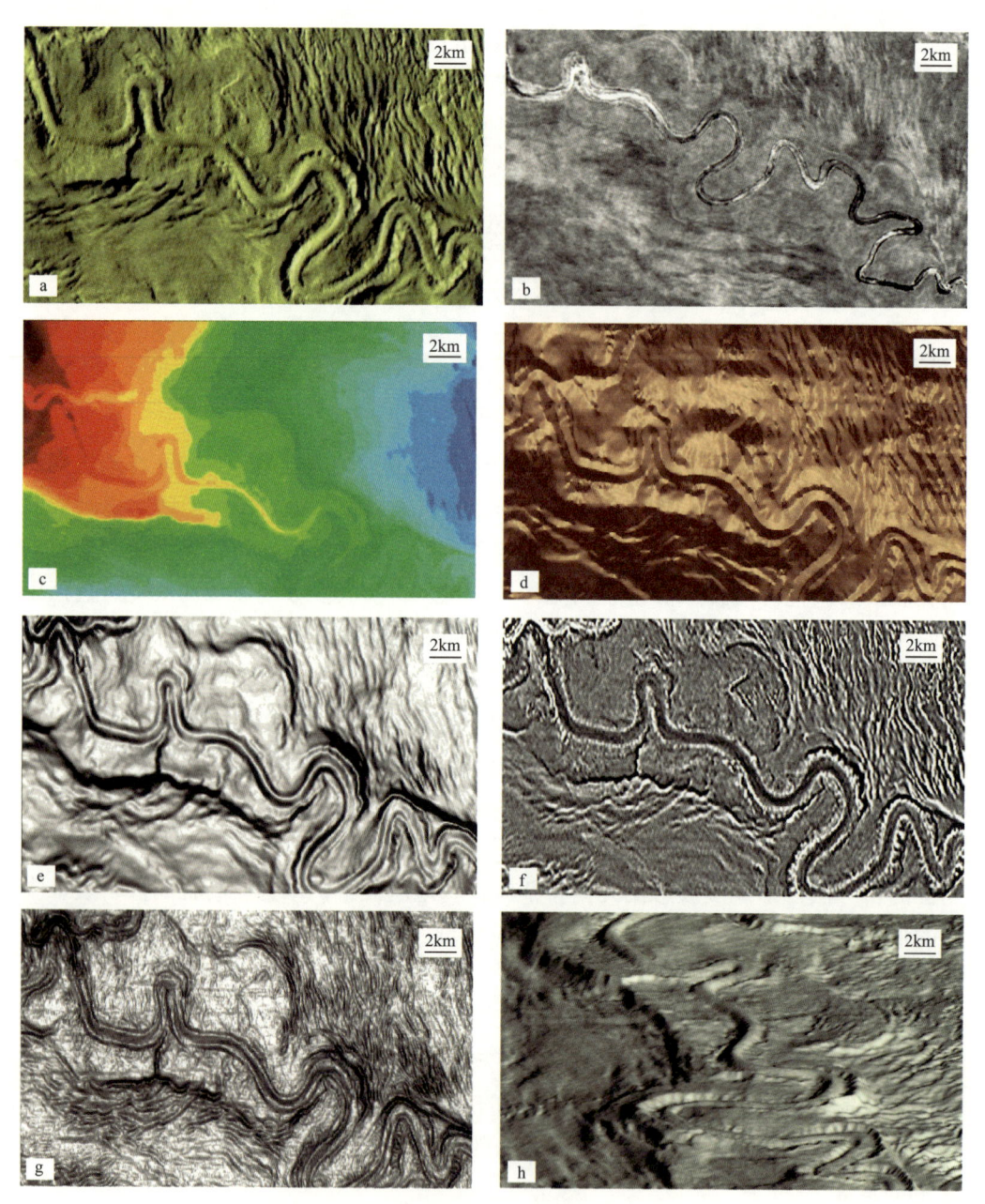

图 3-11 不同地震属性揭示曲流河河道形态

a. 表面照明；b. 振幅；c. 结构；d. 倾斜方位角；e. 倾角幅度；f. 曲率；g. 粗糙度；h. 三维透视

随着地震属性应用的不断深入，越来越多的属性被提取出来。在一个地区开展工作，地震属性分析通常都要经过一个属性个数由少到多，再由多到少的过程。由少到多是指在设计预测方案的初期阶段尽量多地提取各种可能与储层预测、油气检测等有关的地震属性，这样可以充分利用各种地震信息，在吸收各方面专家经验的基础上改善储层预测效果。但是属性的无限增加对于储层预测等也会带来不利影响，这主要表现在：（1）有些属性可能与评价目标的某种地质特征本身无关，这些属性只能对预测评价起干扰作用；（2）属性的增加会给计算带来困难，过多的数据要占用大量的存储空间和计算时间；

（3）大量地震属性中肯定包括许多彼此相关的成分，从而造成信息的冗余和重复；（4）对神经网络类算法而言属性点个数与训练样本数密切相关，就模式识别而言，当样本数固定时，属性的过多造成分类效果的恶化等。

Kanal 就模式识别曾经总结过以下经验：首先，样本个数不能小于某个客观存在的界限；其次，当 D 达到某个最优值后样本数 N 与属性个数 D 之比性能会变差，通常样本数 N 应是属性个数 D 的 5～10 倍。经验表明，参与综合分析的属性一般在 3～9 个为最佳（印兴耀等，2006）。因此针对具体问题，在全体地震属性集中优选地震属性子集很必要。目前的地震属性优化方法主要有专家优化法、自动优化法和混合优化法。在某些软件的属性分析模块中，主要利用提取的所有属性两两相关得到相关矩阵，以此来评价属性之间的相关性并进行属性优化（图 3-12）。在此，需要结合专家经验，如不同的研究区域应根据本区的地质特点，在实验的基础上选择相应的属性；根据需要解决的地质目标如岩性、地层、含油气性、断裂带—裂缝等不同，选择属性的类别应该不同；选择反映异常特征最敏感、物理意义相对明确的属性参与运算或用于综合研究；在众多的地震属性反映异常特征相似的若干参数中，只选择其一即可（去相关，取表述相关）。在专家经验优选的基础上再对属性参数组合进行相关性分析可以大大降低前期属性优选的工作量。

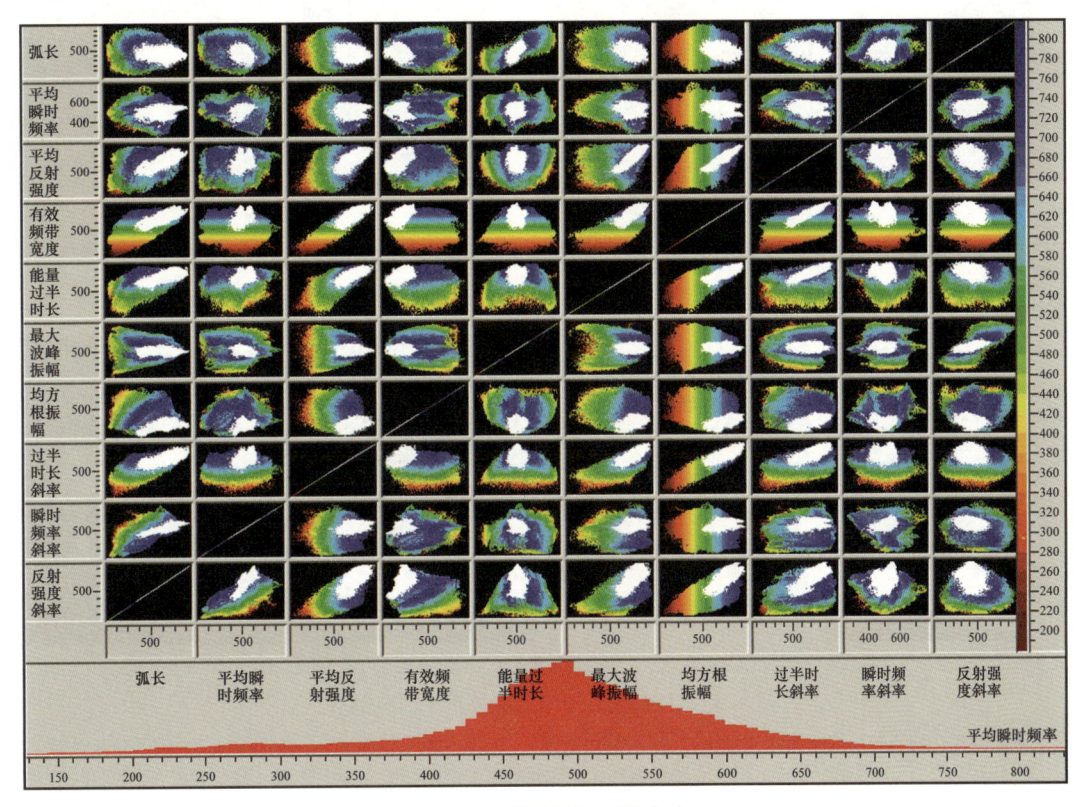

图 3-12 多维地震属性交会

优选后地震属性的用途也较多，目前主要应用在储层预测、定量地震相分析、油气预测等方面。方法主要有单属性预测、统计识别油气预测、模式识别油气预测、神经网络模式识别油气预测、分形油气预测、灰色油气预测等。如油气统计识别是一种根据含油气与

-85-

不含油气储层的地震波运动学和动力学特征（包括波形、振幅、频率、相位等）的差异，从地震资料中提取多种地震属性，采用多元统计方法来预测含油气储层的位置与范围的一种技术。目前多属性线性回归也得到广泛应用。

实际工作中，地震属性在剖面、平面、交会图上的相互映射是直观分析属性地质特征的一种有效方法（黄云峰等，2006）。在剖面或平面图上圈定已知地质含义的区域，向属性交会图进行映射，分析已知地质含义区域的地震属性特征，在属性交会图中直接得出研究区域相关属性所表示的地质意义，进行属性地质意义的标定（图3-13a、b）；也可以选定某个或多种属性值的范围向剖面或平面图进行映射，直接显示选定属性值范围在剖面、平面上的位置（图3-13d），还可以直接根据对于含油气敏感的地震属性值范围，把在交会图中圈定的范围直接映射到平面图和剖面图上（图3-13c），直观指示含油气敏感区域位置。由于地震属性交互映射是数学运算的结果，其在平面、剖面上也相应反映了交会图中数据"点"的离散特征（图3-13d），这与实际中某种地质特征（如含油气范围）的连续性分布仍存在一定的差距。

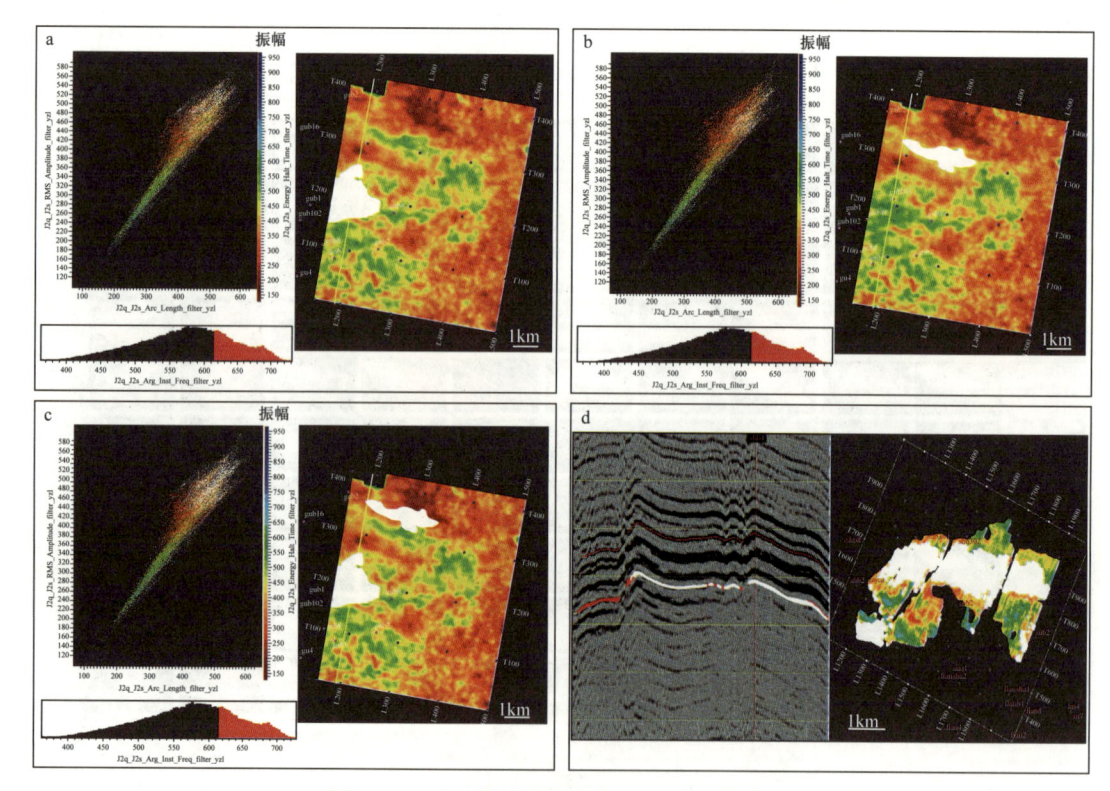

图3-13 地震属性交互映射分析（白色部分）
a. 平面已知含油气区与地震属性交会映射；b. 待评价目标与地震属性交会映射；c. 含油气区与待评价区交互映射；
d. 地震属性在剖面和平面图中的映射

在地震属性分析过程中，地震数据体的选择、分析时窗大小的确定、目标体顶底约束层位的解释、地震属性的优选、相关属性地质含义的分析与解释、非常规数据体地震属性的应用及平面、剖面、交会图属性交互映射等是地震属性分析应用的关键。

2. 应用效果

1）实例一

新农地区位于江汉盆地潜江凹陷蚌湖西斜坡，在 Eq3$_4^1$ 沉积时期以东北部扇三角洲、西北部大型三角洲和南部小型三角洲沉积体系为主。在该区的不同层系先后已经发现了钟市、广北、浩口和高场等油田（图 3-14），这些油藏以岩性油气藏为主，且岩性圈闭面积较小，采用有效技术识别砂体构成的小岩性圈闭群是当时勘探亟待解决的问题。

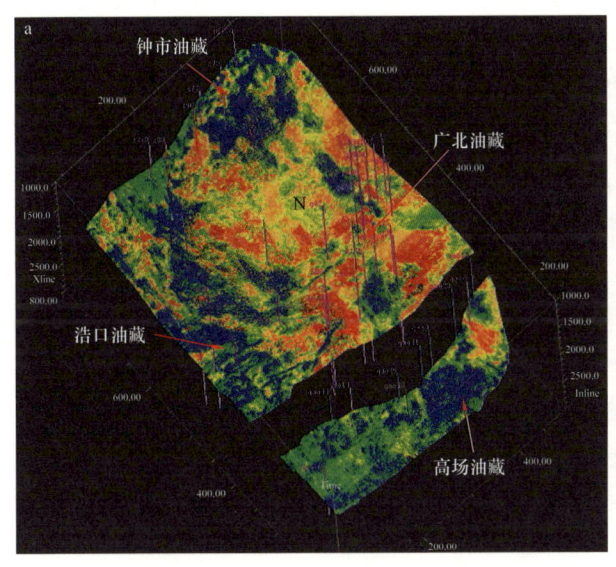

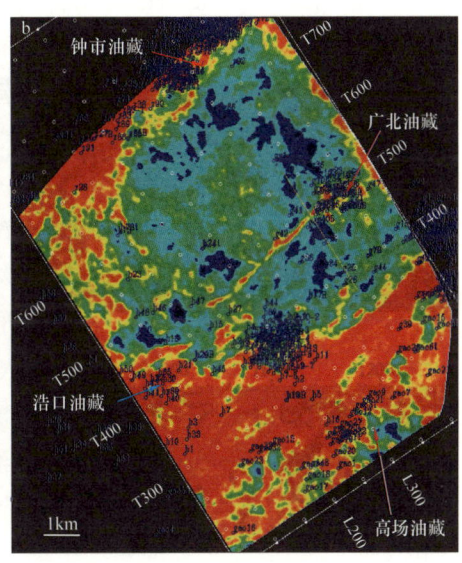

图 3-14 江汉盆地新农地区 Eq3$_4^1$ 层波阻抗（a）和均方根振幅（b）平面分布

为此针对目的层在小时窗范围内共提取了 40 多种地震属性，共分 8 大类：（1）振幅统计类有均方根振幅、平均绝对振幅、最大波峰振幅、平均波峰振幅、最大波谷振幅、平均波谷振幅、最大绝对振幅、总绝对振幅、总振幅、平均能量、总能量、平均振幅、振幅变差、振幅偏斜度、振幅峰态等；（2）复数道统计类有平均反射强度、平均瞬时频率、平均瞬时相位、反射强度梯度、瞬时频率梯度；（3）频谱统计类有效带宽、波形弧长、平均过零频度、优势频率、峰谱频率、频谱峰值梯度；（4）层序统计类有过门槛百分比、欠门槛百分比、能量过半时长、能量半时长梯度、正负样数比、波峰数、波谷数；（5）相关统计类有相邻道协方差、相邻道相关时移、平均信噪比、相关长度、相关分量、卡拉信号复杂度；（6）吸收系数类；（7）波形相干相似类；（8）构造变形类等。通过属性交会优选了均方根振幅、波形相似度、有效频带宽度、平均瞬时频率、能量过半时长、反射强度梯度等参数参与目标分析与评价。

以上部分属性反映了砂岩的分布，如相似度参数、有效带宽、均方根振幅及平均瞬时频率等，间接验证了通过波阻抗预测得到砂体分布（图 3-14a 蓝色部分）的可靠程度，这样就可以从不同的方面预测砂岩的分布，其结果较为可靠。利用反演预测的砂体等厚图，以及在井上建立的标准微相划分柱状图，可以在钻井资料较少的地区进行沉积微相划分。在进行沉积微相划分时，还可以参考一些反映沉积现象的地震属性信息，如能量过半时长、反射能量梯度可以反映沉积旋回，平均频率可以反映地层的薄厚变化。

广北油田是该区通过钻井证实的由扇三角洲水下分流河道砂体构成的岩性油藏。结合研究区沉积微相研究结果，利用小时窗地震属性提取技术，可快速直观识别出研究区中部和南部的岩性圈闭（图3-14），这些圈闭的发现进一步验证了储层预测的可靠性，也为后续目标优选研究确定了靶区。

2）实例二

胜北洼陷侏罗系是目前吐哈盆地勘探程度最高的层系之一，该区构造油气藏已经得到很大程度的勘探，预测岩性油气藏有利勘探区带和识别、描述、优选与评价岩性圈闭是当时勘探的重点。其中胜北构造带上侏罗统喀拉扎组是中浅层次生油气藏勘探的重点，目前已在胜北构造带胜北3号构造发现次生凝析气藏。从该区已钻井喀拉扎组沉积微相分析来看，气藏储层为北东物源冲积扇扇中辫流河道砂体沉积。通过对该气藏所属层组的地震属性分析发现，在胜北构造带南翼发育更大的另一条冲积扇扇中辫流河道（见图2-19）。该辫流河道砂体依附于胜北构造带南翼，与胜北3、4号近南北向平移断层配合形成向北侧上倾尖灭岩性圈闭群，该圈闭群是研究区开展中浅层岩性油气藏勘探的有利目标。2005年胜北16井的实际钻探也进一步扩大了北部辫流河道砂体的储量规模。地震信息分解基础上的低频段能量、高频段能量、瞬时频率、吸收系数等多属性含油气检测结果也圈定了已知含油气区的分布范围，同时预测了未知含油气区，预示了南部辫流河道整体和北部辫流河道东部地区河道砂体的勘探前景。这些地区是胜北喀拉扎组深化勘探的有利区域。

总之，结合层序地层和沉积微相研究结果，以层序为边界，对等时地层格架控制下的纯波保幅地震资料地震属性进行分析研究，一方面可以验证地震反演和储层预测的可靠性，另一方面通过与已知含油气区对比和属性交会，初步预测目标的含油气性，有利于筛选并评价勘探目标。实际应用表明，地震数据体的选择、提取属性时窗大小的确定、顶底约束层位的解释、地震属性的优选、地震属性地质含义的确定、地震属性交互映射等构成地震属性应用的关键点，同时应加强非常规数据体地震属性的应用。

以地震资料为基础的地震属性分析研究技术适用于地震资料品质好且构造相对简单的地区，对于复杂含油气区，在应用此方法时，必须进行地震资料针对目标的保幅处理，以取得较好的预测和评价效果。

二、融合地震结构信息与属性信息表征陆相湖盆沉积体系

以测井标定为基础的地震相划分方法采用小时窗的地震单一属性、多属性、属性融合及波形分类等划分沉积微相，缺乏对沉积微相宏观约束的背景分析，容易引起微相划分的"窜相"，最终得到的属性平面分布往往凸显了某类沉积体而弱化了其他沉积体，从而影响沉积体系研究结果的整体性。为此，在前人工作基础上，提出了融合地震结构信息与属性信息表征陆相湖盆沉积体系的新方法，其中层位—储层两步标定、时窗尺寸选择、两段色标显示及依据隶属关系进行旋回匹配融合等是该方法的应用关键，满足了面状沉积体对地

震结构信息完整性描述和线性沉积体对属性横向变化细节刻画的不同要求。实例分析结果表明利用结构信息与属性信息融合技术得到的融合属性平面图相序更加完整,不同级别相序发育层次合理,有效避免了"窜相",完整刻画了目的层系沉积体系的发育特征。

随着陆相湖盆油气勘探的逐步深入,对于沉积体系研究的精度要求越来越高,特别是为了满足富油气区带岩性圈闭扩展勘探、油气田开发与剩余油分布分析的需要,对主要目的层系沉积微相平面变化的精细刻画更是研究的重点内容(刘家铎等,1999;蔡忠等,2000;刘永春等,2001;孙义梅等,2002;孙孟茹等,2003;周金保,2004)。利用地震资料开展精细沉积体系特别是沉积微相空间分布的研究也引起广泛关注(王必金等,2006;杨占龙等,2006,2007,2008;陈建阳等,2011)。沉积体系是指有密切成因联系的三维空间的岩相组合,研究起点是进行系统的沉积相分析,其重点是寻找相标志。目前常用的相标志类型可以归纳为岩性、古生物、地球化学和地球物理等4种。随着高精度三维地震的广泛应用,为精细空间沉积体系分析提供了连续分布的地球物理基础资料,并广泛用于沉积相研究(凌云研究组,2004;杨占龙等,2004,2005,2007;赵军,2004;凌云等,2006;邓传伟等,2008;段春节等,2009;盛湘,2009;熊伟等,2010;朱超等,2011;曾洪流等,2011,2012;王学习等,2012;刘化清等,2014)。

由于不同的沉积相具有不同的岩石组合及结构,因此具有不同的地震反射特征,可以利用地震反射特征差异划分地震相,并结合测井相标定即可转化为沉积相。利用测井相标定地震相的主要原理可以借用地质上的Walther相律,该相律是指在连续的地层剖面中,横向上成因相近且紧密相邻发育的相,在垂向上依次叠覆出现而不间断,反之亦然。测井资料的纵向高分辨率与地震资料相对较高的横向分辨率相结合,为利用测井相标定地震资料并开展空间沉积体系、沉积相研究建立了有效的纽带。

当前以测井标定为基础的地震相划分方法较多。在利用基本地震属性解释沉积环境时人们认识到瞬时频率更适合颗粒粗细的检测,瞬时相位更适合岩性边界的检测,振幅更适合具有波阻抗差异的沉积扇体的检测,相干数据体有利于断裂和沼泽沉积的检测,波形聚类有利于已知控制点地质信息的外推边界检测等(凌云研究组,2004;曾忠等,2006;杨占龙等,2008);陈建阳等(2011)以多种地震属性融合技术为基础,结合属性聚类、属性参数与储层砂体厚度之间的拟合关系开展沉积微相与储层建模研究,在沉积微相刻画中效果明显;段春节等(2009)基于井位的地震属性融合技术,结合各属性在储层预测中的优点分析油气敏感属性,较好地预测了低孔、低渗油气藏;熊伟等(2010)提出了一种确定波形分类数的半自动方法,可快速、准确地划分地震相;杨占龙等(2006,2007,2008)提出了针对特定地震相类型的再分类研究,进一步提高了沉积微相的研究精度;曾洪流等(2011,2012)在地震资料90°相位化的基础上,利用等时地层切片技术刻画沉积体系的空间展布,在砂泥岩薄互层地区取得了良好效果;刘化清等(2014)在地震资料等时性分析基础上,引入非线性内插技术,利用地层切片较好地刻画了重力流水道沉积微相;王学习等(2012)分析了地层切片穿时现象对地震属性的影响。上述以测井标定为基础的地震相划分方法采用小时窗的地震单一属性、多属性、属性融合及波形分类等划分沉积微相,仍缺乏对沉积微相宏观约束的背景分析,容易引起微相划分的"窜相",最终得到的属性平面分布往往突显了某类沉积体而弱化了其他沉积体,从而影响沉积体系研究结果的整体性和客观性。为此,在前人工作的基础上,提出了融合地震结构信息与属性信息表征陆相湖盆沉积体系的新方法,并取得了较好的效果。

1. 结构信息与属性信息融合的必要性

从沉积体系的平面分布及长宽比来看,自然界主要存在面状和线性两种沉积体(图3-15)。对陆相湖盆来说,不同级别的面状沉积体主要包括三角洲、冲积扇、决口扇、扇三角洲、湖底扇、滑塌扇、三角洲平原、心滩、边滩、近岸滩等;不同级别的线性沉积体主要包括河道(辫状河、曲流河、水下分流河道)、坝(河口坝、沿岸坝)、天然堤岸线等。以冲积扇沉积体系为例,主要通过沉积体的结构、岩性组合及沉积旋回反映扇体的空间展布范围(图3-16a、b),它们对地震的结构信息更为敏感(图3-17、图3-18),且由于纵向演化时间相对较长而需要较大尺寸的地震时窗进行刻画。线性沉积体主要通过岩性的横向变化来反映(图3-16c),它们对小时窗内的常规地震属性更为敏感,常规属性横向变化更能反映线性沉积体的变化细节(图3-19)。由此可见,在测井标定的基础上,为了利用地震资料全面表征陆相湖盆的沉积体系,必须考虑不同类型沉积体对不同地震属性的敏感性,同时也要考虑地震时窗尺寸。只有所表征的沉积体完整地包含在地震分析时窗内,才能通过地震结构信息揭示沉积体的全貌(杨占龙等,2007)。从冲积扇的纵(图3-16a)、横剖面(图3-16b)来看,采用简单的小时窗属性肯定难以全面表征冲积扇的空间分布,必须结合大时窗的结构信息(朱超等,2011);而对冲积扇表面相(图3-16c)来说,利用小时窗属性或沿层瞬时属性可以清晰地刻画河道(刘化清等,2014)等。因此,要完整描述冲积扇沉积体系,必须融合大时窗的结构信息与小时窗的常规属性信息,才能反映冲积扇的整体结构,并精细刻画不同时期冲积扇的河道发育背景及细节,同时表征沉积亚相和微相,以满足面状沉积体对地震结构信息完整性描述和线性沉积体对岩性横向变化细节刻画的不同要求。

图3-15 面状和线性沉积体类型划分(据Pete McBride,科罗拉多河三角洲)

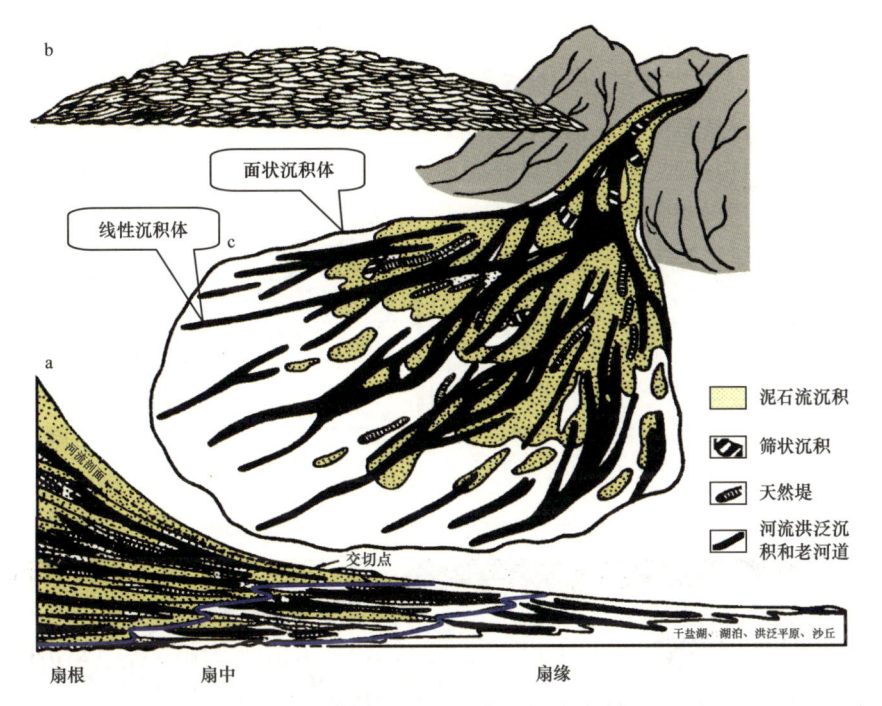

图 3-16　冲积扇纵剖面（a）、横剖面（b）及表面相（c）（据 D. R. Spearing，1975）

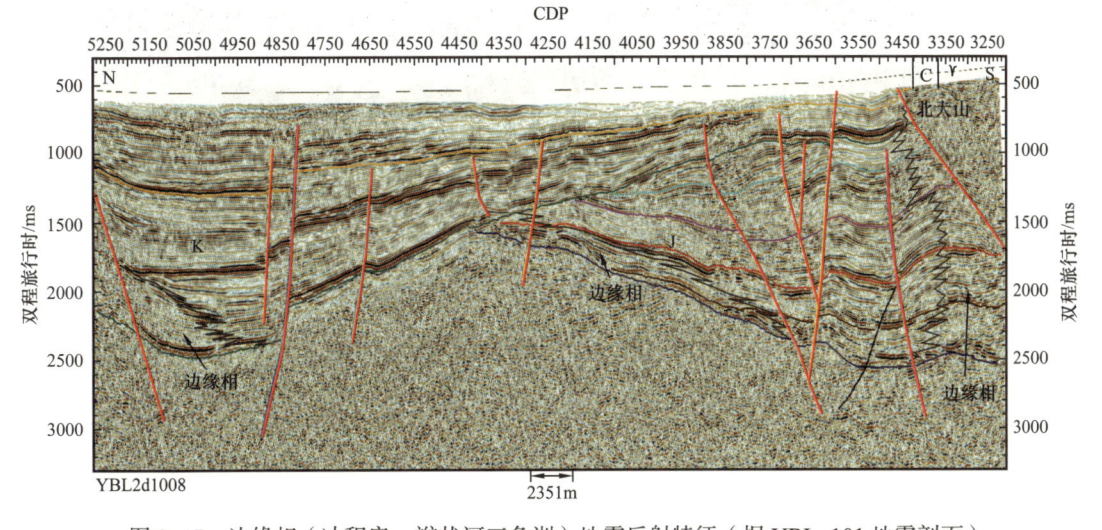

图 3-17　边缘相（冲积扇、辫状河三角洲）地震反射特征（据 YBL-101 地震剖面）

2. 融合方法

融合大时窗地震结构信息与小时窗常规属性信息系统表征陆相湖盆沉积体系，融合过程主要包括：

1）大时窗面状沉积体及结构信息提取

面状沉积体由于平面分布范围较广，内部常规属性横向差异相对较小，主要通过结构信息反映与相邻沉积体的差别。面状沉积体的结构信息在地震剖面上主要通过波形形态、内部结构、振幅、连续性、视周期等反射特征的横向变化来表征（杨占龙等，2006，

-91-

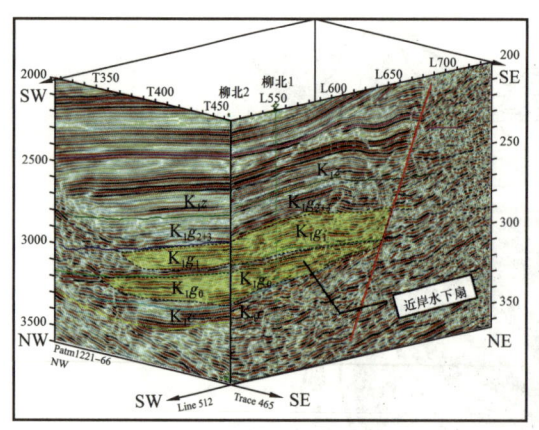

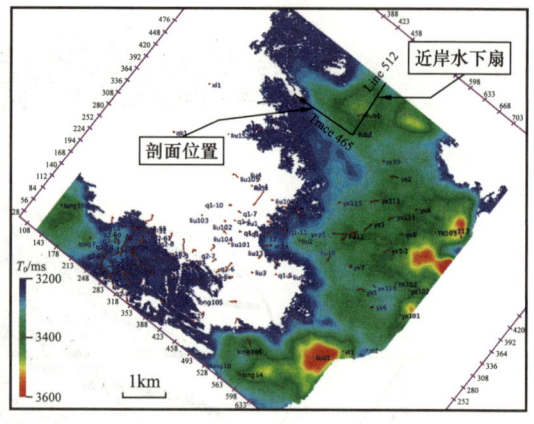

图 3-18 边缘相近岸水下扇在地震剖面上的显示及平面位置（酒泉盆地青西凹陷柳北地区白垩系）

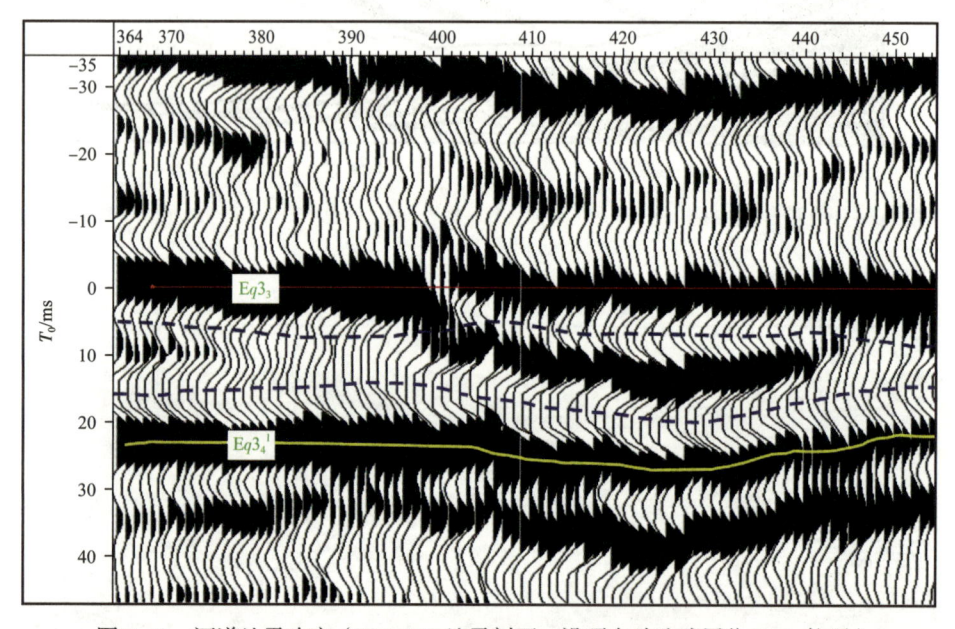

图 3-19 河道地震响应（XNT545 地震剖面，沿顶自动追踪层位 $Eq3_3$ 拉平）

2008；邓传伟等，2008），其中最重要的是地震波形的横向变化。由于表征结构的信息对于时窗尺度的严格要求，要完整刻画一个面状沉积体的结构，必须满足波形纵向变化的视周期需要，即层位解释所包含的地震波形纵向变化必须包含沉积体的一个完整成因旋回。根据已有解释经验，纵向上的时窗顶、底高度至少应大于半个视周期，最大则可以达到数个波形视周期（杨占龙等，2006）。如果时窗尺寸小于半个视周期，则很难保证波形反映结构信息的完整性和等时性，同时由于视野较窄，看不到一个完整的波峰或者波谷，所提取的波形参数并不真实。当时窗过大时，多个沉积体同时出现，降低了对目的层的分辨率，或者因包含的沉积体类型过多，使提取的地震属性具有多解性或所代表的沉积含义难以确定。应根据研究对象的不同选择合适的时窗尺寸，以包含沉积体的一个完整成因旋回为原则。在平面解释时，尽量囊括沉积体所涉及的范围，即当地震资料的覆盖范围大于目标沉积体规模时，较易识别目标沉积体与相邻沉积体在结构、属性等特征上的差异

（图3-20a）。如果地震资料的覆盖范围小于目标沉积体的规模，则由于缺乏目标沉积体与相邻沉积体对结构、属性等特征的类比，造成目标沉积体内部的横向属性变化较小而不易直接识别（图3-20b）。从实际工作来说，首先进行大时窗沉积体结构标定，选取结构信息的大时窗往往对应于地层组或段，即在勘探阶段以地层组为主，在开发阶段以地层段为主。

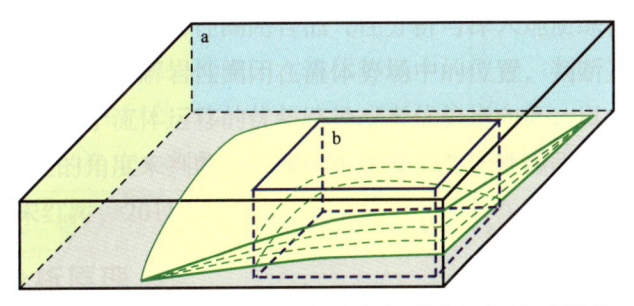

图3-20 地震勘探范围与目标大小关系影响地震识别效果

2）小时窗线性沉积体及常规属性信息提取

线性沉积体的纵横向分布相对局限，可以利用小时窗层间属性或沿层瞬时属性的横向变化差异识别，目前这方面的研究相对成熟，也取得了良好的应用效果（凌云研究组，2004；王必金等，2006；段春节等，2009；陈建阳等，2011）。对于陆相湖盆来说，河道是主要指相相类型，因其线性特征的易识别性而易于开展沉积亚相与微相的研究。依据Walther相律可以在纵向或横向推测出邻近的（微）相类型。对于主要反映线性沉积体的层间属性或沿层瞬时属性，除了单一属性、多属性组合应用外，近年来主要发展了同一小时窗范围内的多属性融合技术（盛湘，2009；陈建阳等，2011；刘化清等，2014）。从目前融合属性的提取方法来看，主要针对同一小时窗或沿层瞬时属性。从实际工作来说，在大时窗约束下进行小时窗标定，可以有效避免"窜相"。选取属性信息的小时窗往往对应于地震资料所包含的砂层组或单砂层（或油气层）。即在勘探阶段以砂层组为主，在开发阶段以单砂体（油气层）为主，通过对主要目的层系（砂组或单砂体）标定，可增强研究成果对实际勘探生产的针对性研究与描述。

3）属性融合方法

将大时窗内提取的面状沉积体的波形等结构信息与小时窗内或沿层提取的反映线性沉积体横向变化的时窗属性或瞬时属性，采用两段色标显示技术，依据隶属关系进行旋回匹配融合，使以地震波波形为代表的运动学属性与以常规属性为代表的动力学属性有效结合（曾忠等，2006），满足微相发育地质背景（亚相）分析与微相细节刻画等对不同地震信息的差异需求。在结构信息与常规属性融合之前，可以首先进行同一小时窗或沿层属性融合，提高微相刻画细节，再将融合后的属性信息与结构信息进行融合，既可展示亚相约束背景又可提高微相细节刻画。

由于结构信息和常规属性（小时窗属性与沿层瞬时属性）提取对时窗尺寸有不同要求，在提取结构信息时所选取的时窗应以包含沉积体的一个完整成因旋回为标准；对于多旋回发育的沉积体，应根据研究需要至少针对一个成因旋回作为结构信息提取的时窗解释标准；对于线性沉积体，以选择小时窗常规属性或沿层瞬时属性为主。由于表征的对象不同,应根据不同研究对象选择相应的时窗尺寸。

由于提取的以波形为主的结构信息和常规时窗、瞬时属性信息在数值方面的显著差异,需要采用两段色标显示技术分别对两类不同信息进行显示。其中结构信息以背景值形式出现,常规时窗或瞬时属性以刻画细节的主色标出现。

依据隶属关系进行旋回匹配融合。面状沉积体和线性沉积体具有不同的发育旋回级别。对于面状沉积体,发育旋回周期相对较长,主要反映线性沉积体的发育背景。线性沉积体主要反映面状沉积体旋回内部发育细节,成因旋回的级别小于面状沉积体。在实际应用中,应根据两者之间的发育隶属关系进行旋回匹配融合,图3-21为地震结构信息与属性信息旋回匹配融合关系示意图。由图可见:旋回a的结构信息可以分别与次一级旋回a_1、a_2、a_3的属性信息进行融合,旋回b的结构信息可以分别与次一级旋回b_1、b_2、b_3的属性信息进行融合……依此类推;对于更大级别的旋回T来说,T的结构信息可以分别与次一级旋回a、b、c的属性信息进行融合,以适应不同勘探阶段的研究需求,尽量避免跨越旋回级别的融合。大级别旋回结构信息与次一级旋回的不同属性信息融合可以得到大级别旋回内部沉积体系演化与变迁的细节过程,如(a-a_1)、(a-a_2)、(a-a_3)、(b-b_1)、(b-b_2)、(b-b_3)、(c-c_1)、(c-c_2)、(c-c_3)或(T-a)、(T-b)、(T-c)之间的融合等。在纵向上,线性沉积体必须包含在面状沉积体旋回的内部;在平面上,线性沉积体可以在等时地层格架约束下超出面状沉积体的平面展布范围。高品质的三维地震资料是揭示沉积体结构信息和属性信息的保证,特别是在断层相对不发育的地区,应用效果更好;测井资料是准确标定融合结果的基础,测井资料越多,标定结果越准确。

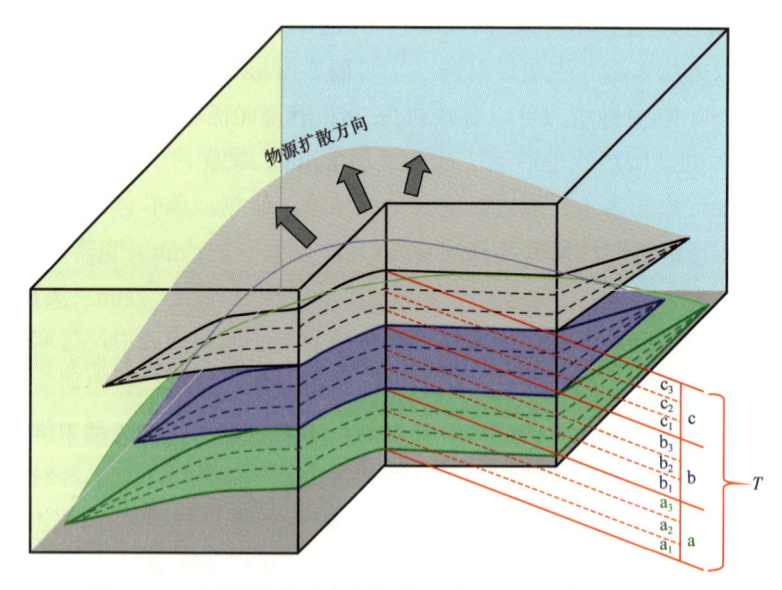

图3-21 地震结构信息与属性信息旋回匹配融合关系示意图

3. 应用效果

松辽盆地齐家地区呈从西北向东南缓倾的斜坡形态,构造简单,地震资料品质好,具备开展精细沉积体系研究的资料基础。岩心、钻井、测井及地震沉积学研究表明,该区从北向南主要发育三角洲内前缘、外前缘、残留水下分流河道、席状砂、浅湖等沉积（微）相类型。曾洪流等（2012）利用小时窗等时地层切片技术，对青山口组一段上部砂体（SS2）进行了精细刻画，揭示 SS2 砂体的主要地震反射外形为树枝状河道充填形态，地震岩性标定砂体为正振幅，岩心观察证实为浅水三角洲水下分流河道沉积。从沉积体系研究的完整性来说，上述结果主要刻画了对常规地震属性敏感的线性沉积体（分流河道等），未对河道发育背景（面状沉积体，如内前缘、外前缘、席状砂、浅湖）进行有效分析。图 3-22 为 SS2 砂体振幅、常规属性信息融合、结构信息与属性信息融合及沉积（亚、微）相平面图。由图可见：（1）由北向南，河道周缘地震振幅属性特征相似，河道发育的亚相背景信息区分不明显（图 3-22a）；（2）利用常规属性信息融合技术虽然能更清晰地刻画局部河道细节，但仍然未能有效区分河道周缘的背景相，表现为河道周缘的色标差异小，属性特征近似（图 3-22b）；（3）利用结构信息与属性信息融合技术将该区从北向南划分

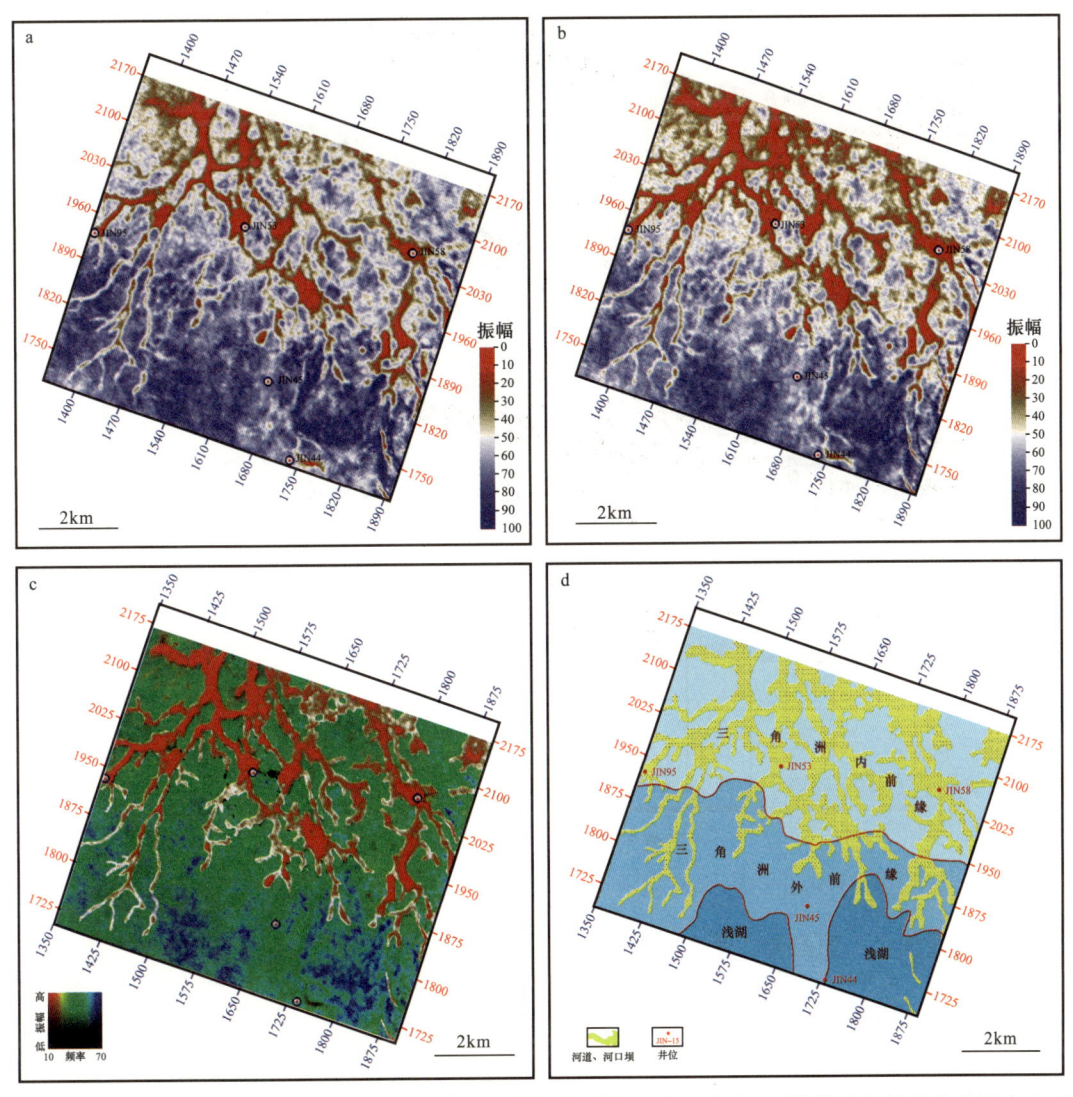

图 3-22　青山口组一段上部砂体 SS2 振幅（a）、常规属性信息融合（b）、结构信息与属性信息融合（c）及沉积（亚、微）相（d）平面图

为3个区域，分别对应同一河道不同河道段发育的亚相背景，经测井标定后分别属于三角洲内前缘（洪水面与枯水面之间）、外前缘（枯水面以下）和浅湖相（浪基面以上）（图3-22c、d）。其中内前缘坡度相对较缓，以发育决口扇为特征，以分流河道充填沉积为主；外前缘坡度相对较陡，发育一定程度的河口坝和席状砂沉积；浅湖相具备单一结构和稳定水体，出现薄层浊积水道和浊积扇沉积（图3-23）。采用结构信息与属性信息融合技术能清晰地刻画河道等线性沉积体的亚相发育背景，表现为同一河道的不同段发育于不同的沉积亚相中，其中三角洲内、外前缘的丰富结构信息与浅湖区的单一结构信息有明显区别（图3-23）。两段色标显示技术以表征地震结构信息的色标作为背景相，以刻画细节的常规时窗或瞬时属性信息的色标为主色标，可在属性平面图中清晰地展示线性沉积体（河道等），便于结合测井标定进一步完整解释沉积体系。

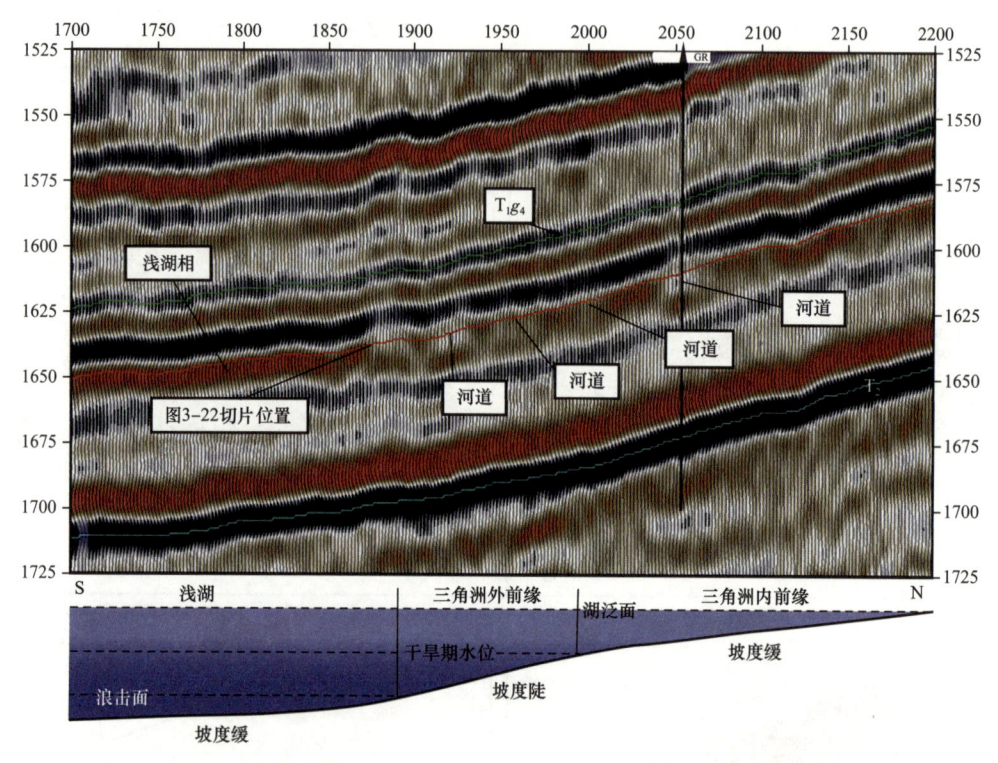

图3-23 研究区过J58井南北向地震剖面及沉积亚相环境解释

综上所述，利用结构信息与属性信息融合技术得到的融合属性平面图既描述了三角洲内前缘、外前缘、浅湖相等面状沉积体的结构特征，又凸显了对常规地震属性敏感的河道、河口坝等线性沉积体，相序更加完整，不同级别相序发育层次合理，有效避免了"窜相"，完整刻画了目的层系沉积体系的发育特征。

地震结构信息与常规属性信息是利用地震资料全面刻画不同类型沉积体系的重要参数，两者之间的融合是系统表征陆相湖盆沉积体系发育格局的有效方法。实际应用认为，层位—储层两步标定、时窗尺寸选择、两段色标显示及依据隶属关系进行旋回匹配融合等4个方面是利用结构信息与属性信息融合技术的关键点。实例分析结果表明，利用结构信息与属性信息融合技术描述了三角洲内前缘、外前缘、浅湖相等面状沉积体的结构特征，又可凸显对常规地震属性敏感的河道、河口坝等线性沉积体。与常规属性融合技术相比，该方法能同时精细刻画亚相和微相特征，完整刻画沉积体系的发育特征。尚需指出，该技术适用于具备高品质三维地震资料和一定测井资料的地区，在陆相湖盆边缘沉积体系研究中效果更为明显，具有一定应用价值。

三、地震地貌切片解释技术

时间切片、沿层切片、地层切片、层拉平技术等是目前地震资料地质解释中分析构造、沉积与古地貌等的常用方法。针对沉积体系精细研究的特定需要，以地震属性分析为基础，提出地震地貌切片的概念并归纳其制作方法。地震地貌切片是指沿地震数据体中反映一定时期古地貌特征的部位制作的一种地震切片类型。地质体空间追踪法和小时窗透视法是地震地貌切片制作的有效方法。地震地貌切片具有对约束层位等时性要求低而适应性广、从古地貌角度出发易于被地质人员理解而实用性强、采用将今论古对比分析方法而预测结果可靠的优势，是利用切片技术进行精细地震沉积分析的一种有效方法。通过实际应用，证实了地震地貌切片概念的科学性、切片制作方法的合理性及分析结果的有效性。

切片分析是以地震属性分析为基础，从不同视角观察地震数据体空间变化特征，赋予相应地震反射及其组合一定的地质含义，从而达到对整个数据体或目的层段进行地质解释的目的。自20世纪80年代引入解释工作站后，切片技术在地震资料解释中得到了广泛应用，在油气勘探开发中发挥了重要作用，已成为地震资料解释中一种常用的分析手段（张延章等，2002；张军华等，2007）。

目前常用的地震切片解释技术包括时间切片、沿层切片和地层切片等。在切片分析与解释过程中还常常应用层拉平技术。它们依据不同的切片制作方法对地震数据体中包含的构造、沉积、岩性、古地貌等信息进行不同角度、不同精度的描述。随着岩性油气藏勘探、老区精细勘探、油气田开发及剩余油分布分析等的需要，对于目的层段沉积体系研究的精度要求越来越高，需要精细刻画目的层段沉积体系平面分布类型、大小、边界、岩性及其纵向演化特征等，因此进一步挖掘切片解释技术在沉积体系精细刻画方面的潜力是地震切片分析技术研究的重要方向之一。

在分析已有切片类型制作方法与难易程度、影响切片制作关键因素和揭示相关地质信息敏感性的基础上，针对沉积体系精细研究的特定需求提出了地震地貌切片（Seismic Geomorphological Slice）的概念并归纳了其制作方法。通过实际应用，证实了该概念的科学性、切片制作方法的合理性和地震地质解释结果的有效性，表明以地震属性分析为基础的地震地貌切片解释技术是进行精细地震沉积分析的一种有效新方法。

1. 不同类型切片特征分析与地震地貌切片的提出

不同类型切片由于制作方法不同，制作难易程度有差异，揭示地震数据体属性的视角和敏感性也有区别，因此反映地下地质体构造、沉积、岩性、古地貌等信息的能力各有侧重。

时间切片是沿某一固定地震旅行时从数据体中提取的切片，制作方法简单，主要在构造解释、断层平面组合、圈闭形态分析等方面发挥重要作用。当沉积地层倾角或地层厚度变化较大时，时间切片穿时明显，不能有效描述沉积体系或储层内部的结构与沉积信息。

沿层切片是沿地震地质解释层位或漂移一定时窗后提取的切片，可刻画地层的沉积特征，也可对古地貌、古海岸线变迁等进行有效恢复。制作沿层切片需要对主要目的层界面进行精细追踪解释，但是目的层内插得到的次级沿层切片往往由于地层起伏变化而存在穿时现象，不能准确描述目的层内部的沉积特征。

地层切片是地震资料90°相位化后，在地层顶、底界面间按照厚度比例线性或非线性内插一系列层面而逐一生成的切片。地层切片有利于开展沉积体系分析与储层描述研究，但当地层顶、底面不能很好地控制地层产状和厚度的变化时，采用内插算法得到的地层切片同样存在穿时现象，难以准确描述沉积地层内部变化特征（表3-1）。

表3-1 时间切片、沿层切片、地层切片特征对比表

切片类型	时间切片	沿层切片		地层切片	
		沿顶切片	沿底切片	线性内插切片	非线性内插切片
切片示意图					
制作方法	沿某一固定地震旅行时从数据体中直接生成的切片	沿地震地质解释层位或漂移一定时窗后生成的切片		在地层顶、底界面间按照厚度比例线性或非线性内插生成的切片	
难易程度	制作方法最简单	制作方法较简单		数据体相位估算复杂，有一定制作难度	
切片优势	构造解释、断层平面组合、圈闭形态分析等	刻画地层沉积特征，恢复古地貌、古海岸线变迁等		沉积体系平面变化、纵向演化与（薄）储层描述等	
切片缺点	沉积地层倾角或地层厚度变化较大时，穿时性明显，不能有效描述沉积体系或储层内部结构与沉积信息	地层厚度变化较大或构造活动显著而发生地层剥蚀现象时，存在穿时现象，难以准确反映目的层系内部结构与沉积特征		地层顶、底面不能很好地控制目的层内部地层产状和厚度变化时，采用内插算法得到的地层切片存在穿时现象，难以精细描述目的层内部沉积变化特征	
影响因素	地震资料的分辨率与保真性、地层的倾斜程度、地层的起伏变化幅度等	地震地质层位解释的精度与纵向约束层位的数量、地层沉积后构造活动强度、地层剥蚀强度与方式等		地震地质层位解释的精度与纵向控制层位的数量、地层沉积后的构造活动强度、地层剥蚀强度与方式、地层厚度大小与横向变化趋势等	

注：示意图中红色实线表示地质层位，蓝色实线表示不同类型切片位置。

整体来看，上述类型切片的分析结果与约束层位的等时性密切相关，如果约束层位等时性较差或具有明显的穿时现象，则切片分析效果变差，主要表现在揭示或预测地质体构

造、沉积、岩性等的能力降低或预测结果不准确，关键是给实际地质体空间归位带来困难或错误。

从切片制作过程看，上述类型切片更多的是从地震数据体的地球物理特征出发进行切片的制作与分析，主要通过相应数学运算求取切片位置，进而提取地震属性并进行地质解释，突出了切片制作过程中地震数据分析的地球物理特性。为进一步达到地震数据分析的最终地质解释目的，有必要进一步深入挖掘地震数据的地质特性，从地震数据体的地质特性出发进行地震数据解释，更好地以地质思维为指导挖掘已有地震资料的解释潜力，提高地震资料的地质解释水平。张军华等（2007）从模型出发，讨论了时间切片、沿层切片选取的时间位置、时窗大小、属性特征等与相关地质特征的关系。近年来，随着地震沉积分析技术的发展，地层切片得到了广泛应用（Zeng et al., 1998; Posamentier et al., 1996）。李国发等（2011，2014）认为，尽管在纵向上不能对厚度小于四分之一波长（$\lambda/4$）的薄层砂体进行识别和分辨，但薄层结构的差异会导致地震反射特征发生变化，这种差异和变化会在地震属性切片上有所反映。刘化清等（2014）通过正演模拟实验，讨论了砂泥岩薄互层条件下地层切片的合理性及影响因素，认为地层切片较沿层切片更加贴近沉积等时面，能够反映单砂体的平面分布轮廓及纵向沉积演化，标志层选取是否等时是制作地层切片的关键；倪长宽等（2014）讨论了地层切片的应用条件及其分辨薄层的能力，认为地层切片仅适用于厚度小于地震分辨率的薄层预测，要求地层切片的范围应大于或局部大于沉积体系的规模，且参考层间的地层厚度不能剧烈变化，主要用平面检测率代替地震的垂向分辨率。

地貌条件，作为沉积地层发育特征分析背景，是源汇系统中沉积物最终沉积并控制沉积物空间分布的主要因素（Posamentier et al., 1996）。因此，从反映沉积背景的地貌条件入手（张宏等，2010），沿反映古地貌变化的地震数据部位制作切片对沉积体系展布与演化分析至关重要。据此，提出地震地貌切片的概念并归纳其制作方法。地震地貌切片是指沿地震数据体中反映一定时期古地貌特征的部位制作的一种切片类型。其依据古地貌变化特征分析沉积体系的空间分布，突出了利用切片技术开展地震数据体解释的地质特性，是一种易于被地质解释人员理解并使用的地震切片解释技术。

2. 地震地貌切片制作方法

地质背景分析是制作并进行地震地貌切片解释的基础工作，主要目的是了解整个地震数据体或目的层段的构造、沉积、岩性、地貌等发育类型与分布、演化特征，分析方法主要包括地质特征分析和地球物理特征分析。区域构造与沉积演化研究是地质分析的主要内容，地震线、道、任意线与时间切片的快速扫描是地球物理分析的主要手段。通过地震数据体快速扫描，观察地震数据体或目的层段地震波形及其组合变化特征，有效逼近反映古地貌特征差异、具有勘探意义的地震反射变化部位，重点分析数据体中地震反射发生变化的地质原因，以确定地震地貌切片制作的位置。实际探索表明，地质体空间追踪法和小时窗透视法是地震地貌切片制作的有效方法。

1)地质体空间追踪法

在目的层段或地震反射发生变化的部位首先生成时间切片,通过上下移动时间切片,在时间切片上连续开展同一类型地质体或感兴趣目标的空间追踪解释,建立地质体或研究目标分布的骨架网格,进而通过内插得到地质体或目标分布的空间位置与范围,最后通过提取相关属性进行地震反射及其组合所代表的地质体或目标的地质解释(图3-24)。

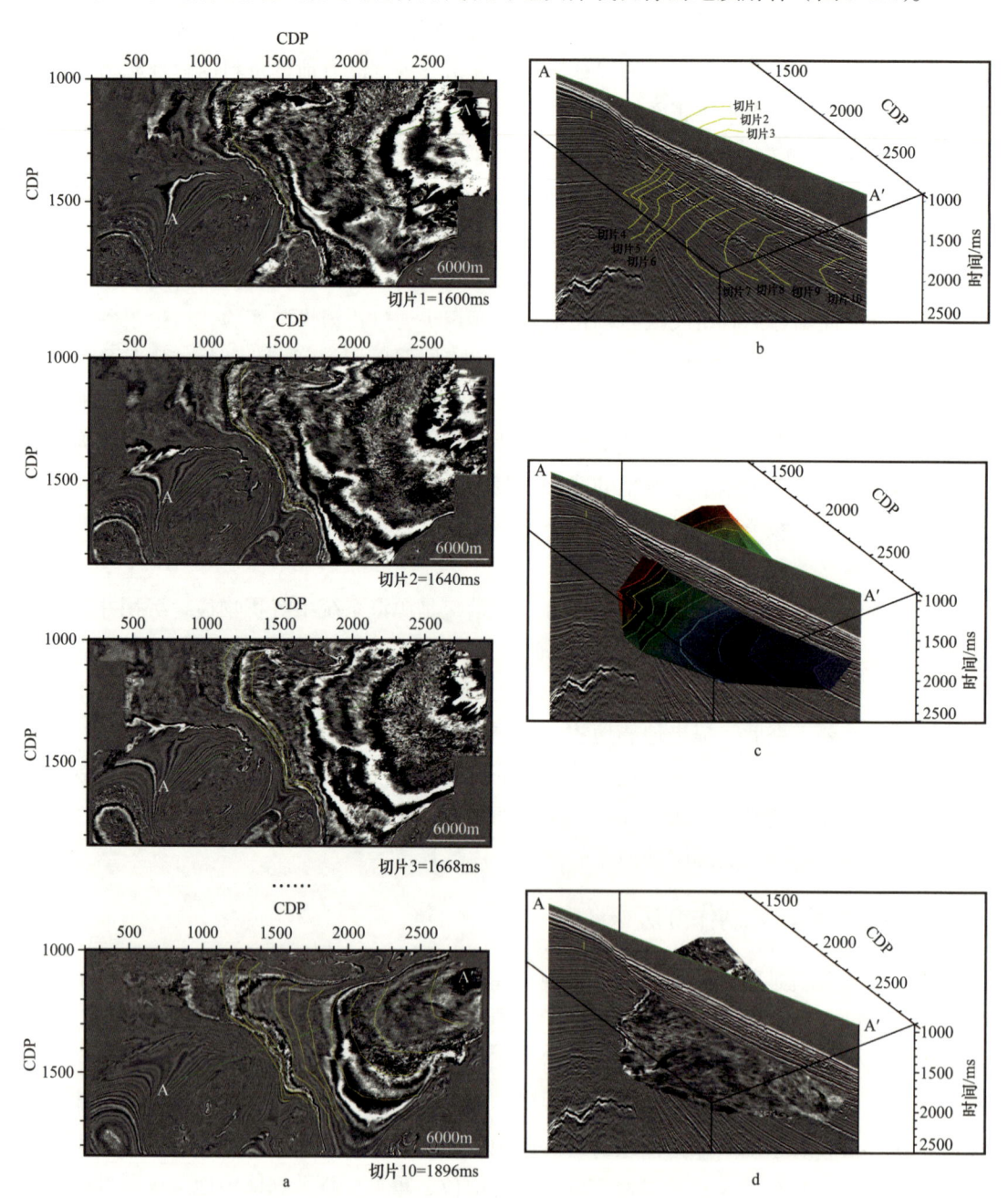

图3-24 地质体空间追踪法制作地震地貌切片

a.时间切片,在时间切片上连续追踪同一地质体或目标,本实例为时间切片1-10;b.不同时间切片上同一地质体或目标追踪结果在三维地震数据体上的显示;c.追踪层位内插得到地质体或目标在空间的分布位置与范围,即制作地震地貌切片的位置与范围;d.沿切片提取相关地震属性并进行地质解释与分析

图 3-25 展示了地质体空间追踪法制作地震地貌切片后的地震属性分析效果。研究区为一陆相湖盆边缘沉积作用发生变化的部位，古地貌控制了沉积类型和沉积体系的空间分布。由于地貌条件变化和可容空间增大，湖盆外河流入湖后演变为水下分流河道沉积体系。为了精细刻画水下分流河道沉积体系平面展布与纵向演化特征，把水下分流河道沉积体系及其展布范围作为一个统一的沉积地质体在时间切片上进行空间追踪并解释，目的是从地震数据体中找到水下分流河道沉积体系开始发育的位置。由于水下分流河道发育前后沉积环境的差异，地震反射特征发生变化，变化部位的构造形态反映了控制水下分流河道沉积发育的古地貌格局（图 3-24a、b），以地震反射变化部位作为制作地震地貌切片的空间位置和范围（图 3-24c）。然后通过向上移动切片位置分析水下分流河道的平面分布与纵向演化特征（图 3-24d）。图 3-25 清晰地揭示了区内多个物源的水下分流河道沉积体系发育形态及其演变过程；由于古地貌坡度较陡，水下分流河道沉积体系主要呈近平行的小规模河道形态向湖盆中心延伸；早中期，分别源自西部、西南部、南部的多条水下分流河道沉积体系在湖盆低部位交会（图 3-25a、c）；晚期，该区主要发育西部物源的多条水下分流河道沉积体系（图 3-25d）。

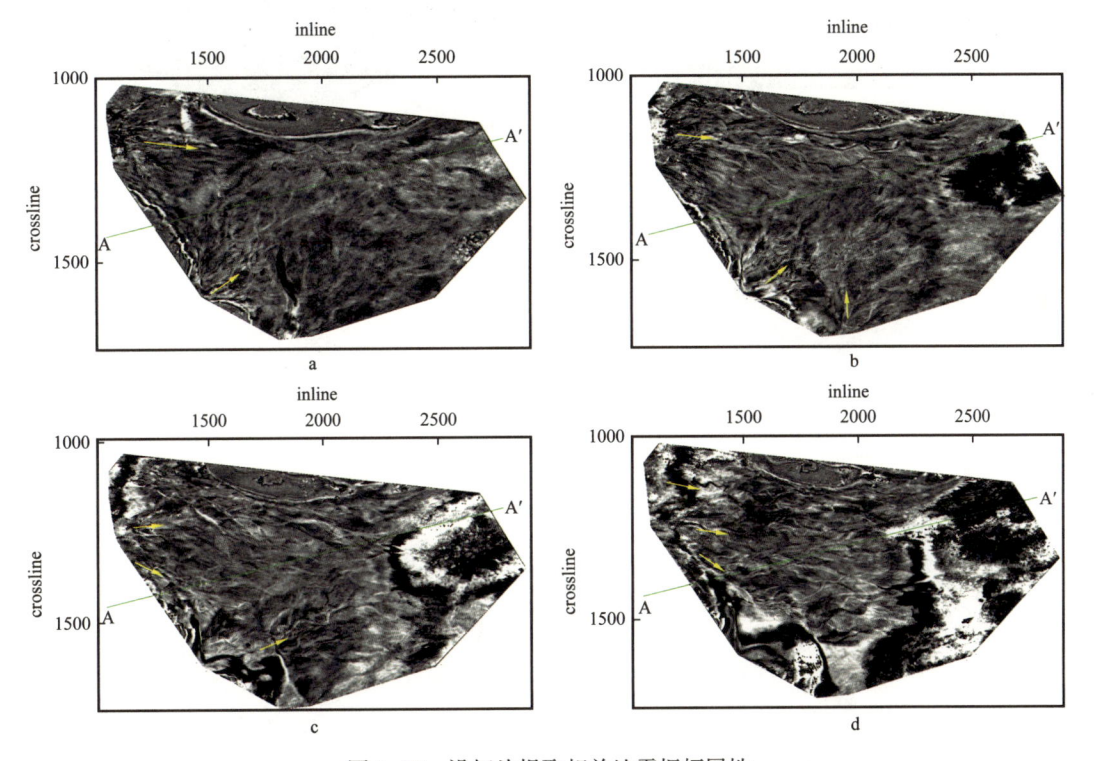

图 3-25　沿切片提取相关地震振幅属性

a. 0ms；b. 上移 20ms；c. 上移 40ms；d. 上移 60ms；图 a 至图 d 表示切片位置由下向上，揭示了水下分流河道沉积体系平面展布格局和演化特征；黄色箭头示物源方向，绿色线条 AA′ 表示图 3-24 中地震剖面位置

该方法在一定程度上类似于常规层位解释中的沿层切片层位解释方法，但由于它主要针对引起地震反射变化的关键地质体，着重追踪特定地质体引起的地震反射变化范围，可有效减少同一沿层切片中相邻地质体对目标体在地震属性分析中的干扰，因针对性强而具

有良好的地震属性分析与地质解释效果。同时，从上述的切片制作与分析过程可以看出，该方法主要适用于研究区块内平面上不同类型沉积体系并存时对其中某单一类型沉积体系的精细刻画。

2）小时窗透视法

针对目的层段或特定地质现象引起的地震反射变化部位，在数据体中快速追踪一个层位（图3-26a至c），并根据研究地质体的厚度规模沿该追踪层位设置相应的时窗大小，相当于在整个数据体中沿追踪的层位提取了一个具有一定时窗范围的小数据体（图3-26a、图3-26d）；再针对该小数据体提取相应的地震属性（如绝对振幅、均方根振幅等），通过选取合理的属性值变化范围进行透视显示（图3-26e），从而揭示相关地质体在小数据体中的分布（图3-26f）。

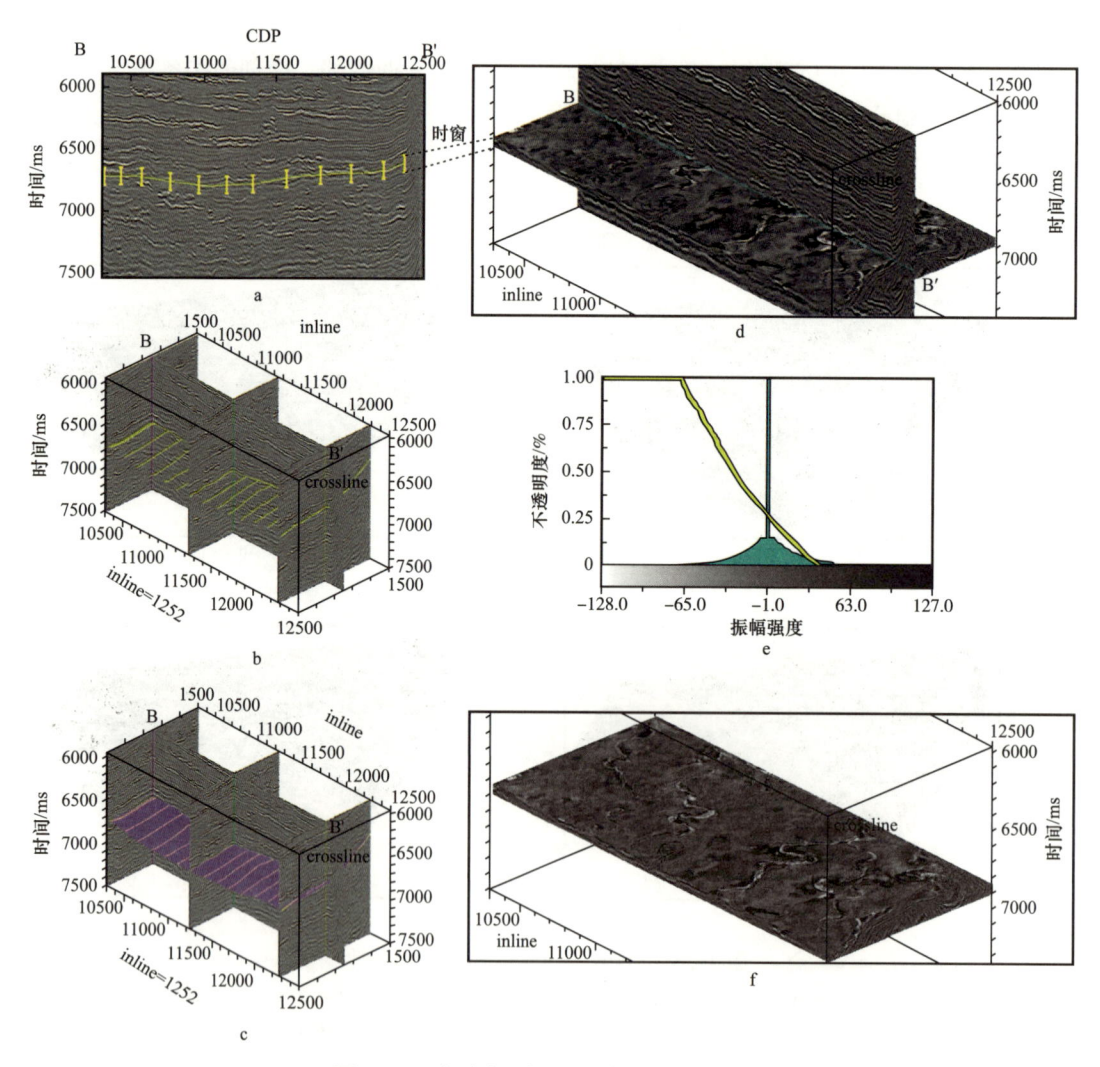

图3-26 小时窗透视法制作地震地貌切片

a.沿目的层系的地震反射同相轴快速解释层位；b.在三维数据体中建立解释层位的骨架网格；c.以骨架网格为约束内插形成切片所用层位；d.层拉平生成小时窗范围的切片叠加体（小时窗数据体）；e.设置切片叠加体的不透明度；f.在小时窗范围内上下移动切片位置分析沉积体系的平面分布与纵向演化特征

图 3-27 展示了小时窗透视法制作地震地貌切片后的地震属性分析效果。研究区为一陆相盆地内目的层河流沉积体系广泛发育的地区，微古地貌变化控制了河流沉积体系的发育、展布与变迁。首先从地震数据体中找到控制该河流沉积体系发育的地震反射变化部位；其次根据该沉积体系发育的纵向规模确定合理的时窗大小；再次通过调节小时窗相关属性（该实例为反射振幅）的不透明度，并上下移动切片位置分析沉积体的平面分布与纵向演化特征。实例揭示了研究区目的层系 50ms 范围内以南北向为主的多条河道沉积随地质时间的平面分布与纵向变迁特征。

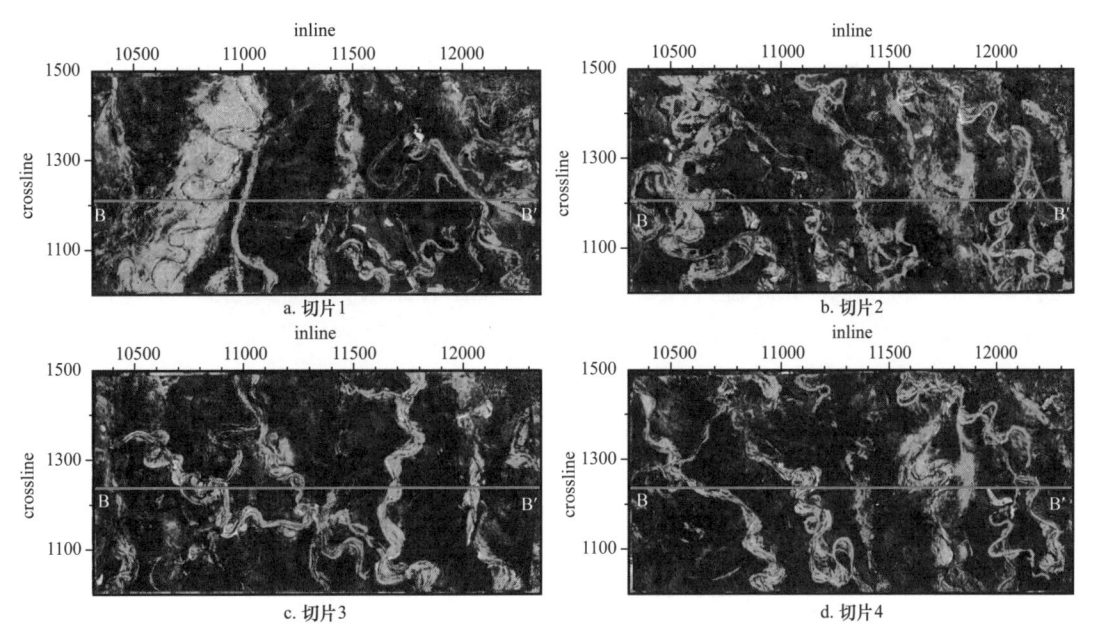

图 3-27　地质体的平面分布与纵向演化特征

切片 1 至 4 表示从下往上，蓝色线条 BB′ 表示图 3-26 中地震剖面位置

该方法有效避免了在整个数据体或大时窗数据体中上下相邻地质体对目的层段或特定地质现象在透视过程中的干扰，便于针对目的层段选择最优的地震属性透视值范围；同时大小适当的时窗范围保证了地质体地震反射波形的完整性，有利于清晰刻画目的层段小时窗数据体中包含的同一类型地质现象。

通过上述地震地貌切片解释技术的运用，清晰刻画了目的层系沉积体系的平面展布形态与纵向演化特征，实际应用效果较好，在一定程度上说明了地质体空间追踪法和小时窗透视法制作地震地貌切片的合理性及切片分析结果的有效性。需要指出的是上述两种方法在多数情况下可以结合使用，以取得更好的切片制作、属性分析与地质解释效果。

3. 地震地貌切片解释技术优势分析

整体来看，地震地貌切片制作方法在一定程度上类似于常规的地震切片，但由于在切片制作过程中从地质角度出发，重点考虑了地貌条件对切片制作位置的约束，因而该切片应具有良好的沉积体系分析优势，可以有效提高地震解释中沉积体系分析的精度，对于沉积体系平面展布和纵向演化特征研究具有良好的效果。

1）适应性广，效率高

无论是在地震剖面上还是在时间切片上，约束层位的快速解释过程均表明地震地貌切片制作方法对于约束层位解释的精度要求相对比较低，对层位是否完全等时不是很敏感。在沉积体系研究中不需要严格按照地震反射同相轴的波形相位进行精细追踪，可用于品质相对较差的地震资料的解释，适应性广，具有较高的解释效率。

2）实用性强

在切片制作过程中，由于充分考虑了古地貌格局对沉积体系分布的控制作用，因而便于地质解释人员根据沉积发育前的古地貌格局理解后期沉积物在平面上的分布规律，对沉积单元可以进行有效的空间归位，增强了地震资料解释的地质特性，是一种易于被地质人员理解并应用的切片制作与解释方法，具有较强的实用性。

3）预测结果合理

由于采用了与现今地貌格局类比下的沉积体系与沉积物空间分配的分析方法，一方面可以对沉积体系展布格局进行合理预测，同时通过与现代沉积体系的类比，可以对小于地震分辨率的相关沉积体系厚度进行量化预测，因而解释结果更接近或符合实际地质规律，最终地质预测结果更为客观。如 Posamentier 等（1992）通过对现代泰国湾实际河流沉积体系的观察与测量，建立了点坝厚度、河道宽度、河流点坝长度等参数之间的统计关系（表 3–2、图 3–28），对小于地震分辨率、与河流沉积体系相关的点坝厚度和分布范围进行了量板量化预测（图 3–29）。在实际应用中仅需要对地质历史时期的厚度进行压实校正即可。这是采用将今论古方法，利用地震资料揭示曲流河平面轮廓特征，对小于地震纵向分辨率地质体进行有效预测的典型案例，预测结果合理。

表 3–2 泰国湾曲流河点坝厚度—河流宽度—1/2 波长（点坝长度）统计关系表

点坝厚度 /m	河流宽度 /m	1/2 波长（点坝长度）/m
1.9	33	500
3.9	66	1000
5.8	99	1500
7.8	132	2000
9.7	166	2500
11.6	199	3000
13.6	232	3500
15.6	265	4000
17.5	298	4500
19.5	331	5000
21.4	364	5500

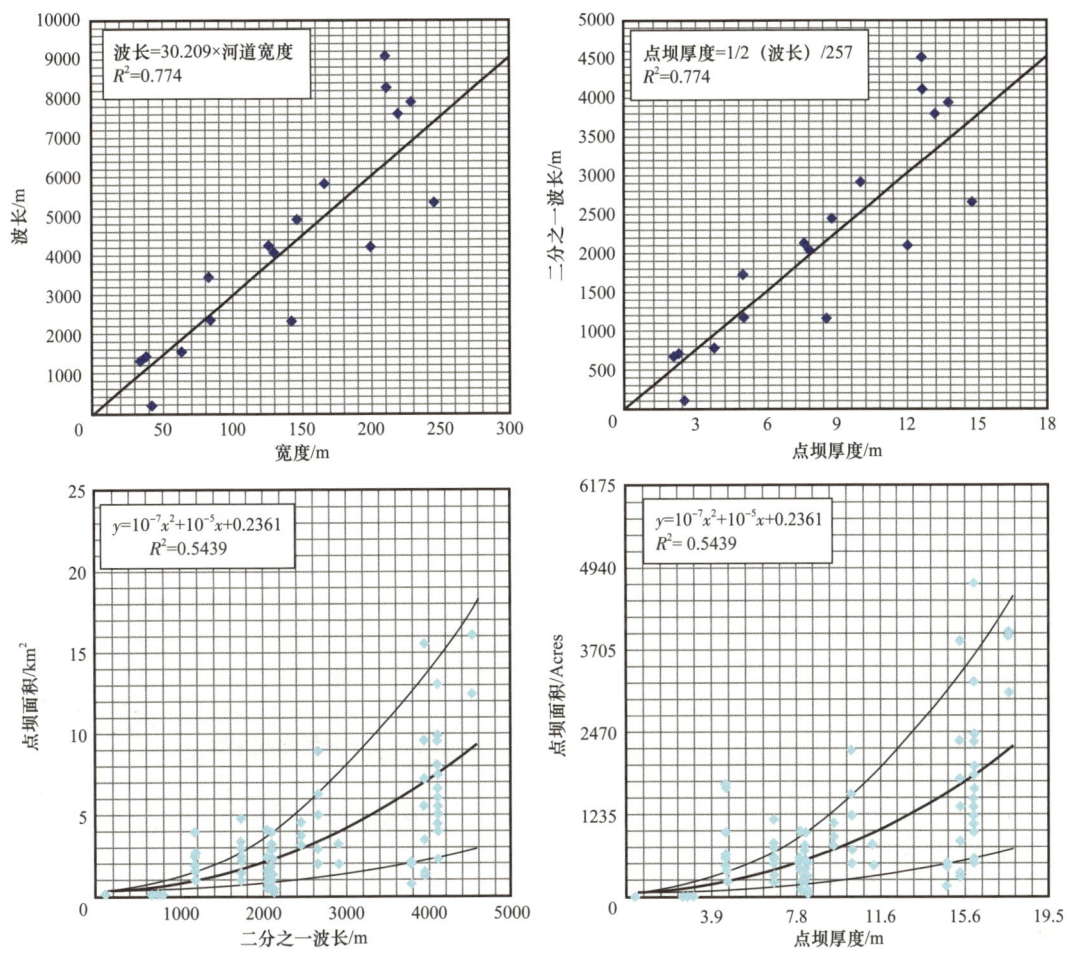

图 3-28 泰国湾曲流河点坝厚度—面积—河流宽度—1/2 波长（点坝长度）经验公式

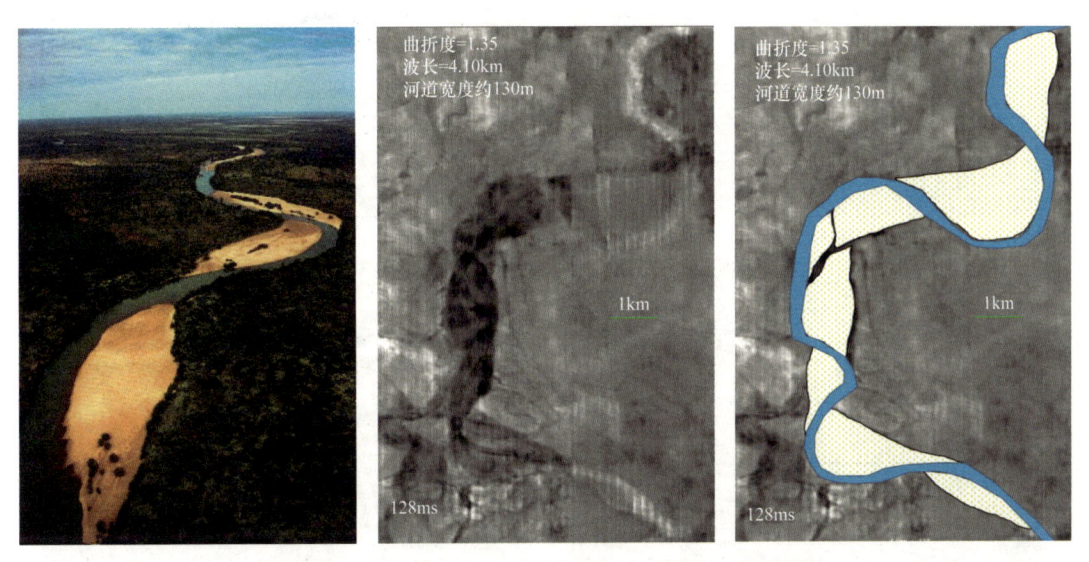

图 3-29 将今论古方法预测曲流河点坝分布面积与厚度

4. 问题讨论

在切片技术应用过程中，以下三个问题需要引起地质解释人员的重视，以使包括地震地貌切片在内的地震切片分析取得更好的地质解释效果。

1）层拉平技术及其应用

层拉平技术是利用沿层切片、地层切片和地震地貌切片等开展地震数据体地质特征分析的常用中间过程，主要应用于古地貌恢复、沉积环境变化和断裂活动期次分析等，具有直观、不易穿时的优点。在沉积体系研究过程中，需谨慎选择拉平层位并进行地质特征的综合分析，确保取得良好的层拉平分析效果。

地层沉积时的地貌特征和基准面升降决定了沉积体系的空间分配，参照沉积基准面变化趋势并选择最大洪泛面拉平层位更有利于沉积体系平面分布与纵向演化特征分析。在实际应用过程中，沿趋势面的层拉平可消除局部构造因素等引起的地震反射同相轴畸变现象，趋势层拉平往往可以取得更好的沉积分析结果（图3-30）。

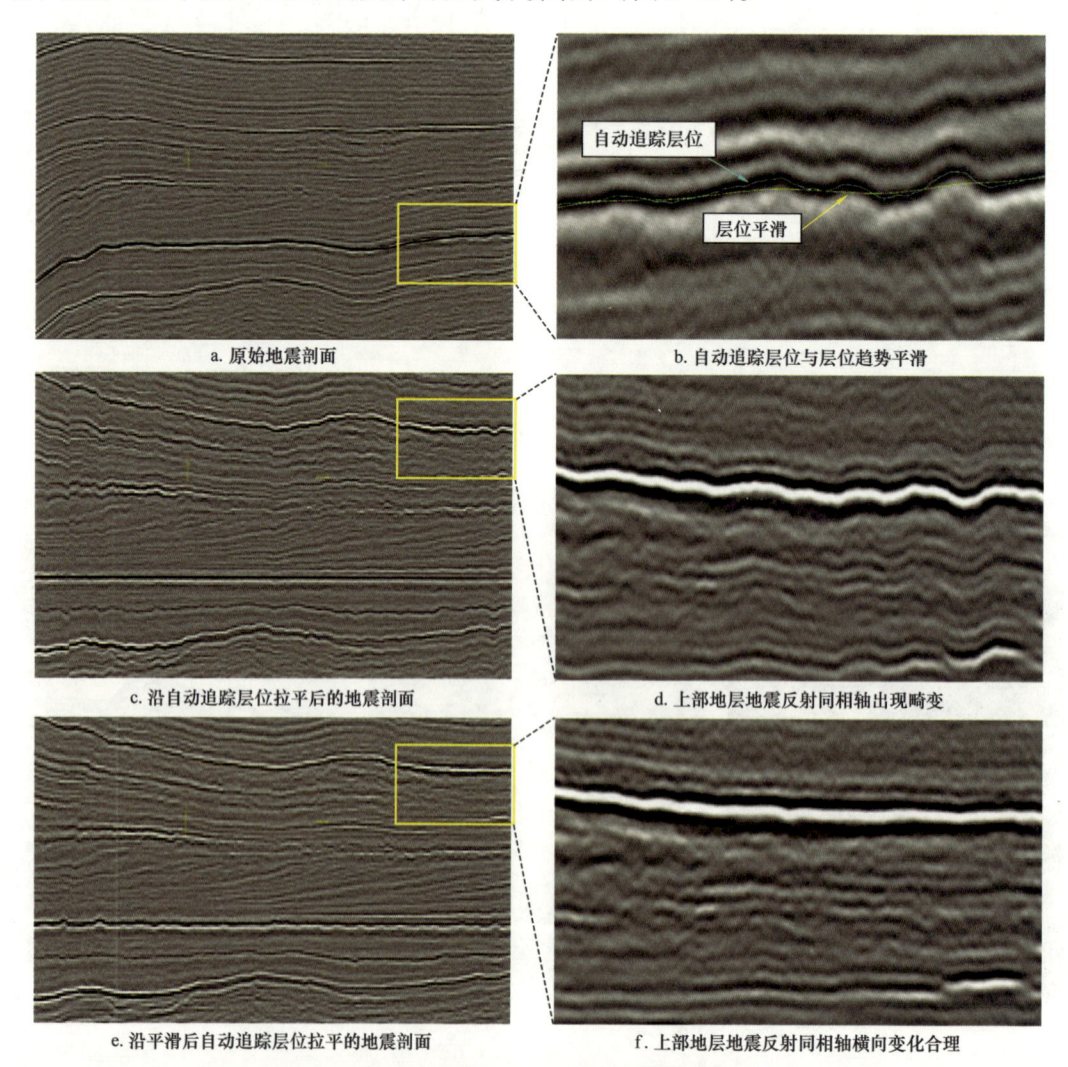

a. 原始地震剖面　　　　　　　　　　　　b. 自动追踪层位与层位趋势平滑

c. 沿自动追踪层位拉平后的地震剖面　　　d. 上部地层地震反射同相轴出现畸变

e. 沿平滑后自动追踪层位拉平的地震剖面　f. 上部地层地震反射同相轴横向变化合理

图3-30　层拉平与趋势层拉平效果对比

2）断层发育区地震地貌切片解释对策

断层是盆地沉积盖层中发育的一种普遍地质现象，也是地震切片分析过程中不可回避的问题。由于地震地貌切片主要参照地貌形态变化（断层本身就是构成地貌形态的一部分）制作切片并进行解释，在一定程度上已经综合考虑了断层对于切片分析效果的影响。但在实际切片制作和解释过程中，仍需要消除断层对切片分析效果的影响。

对成岩期后活动过程较为单一的断层，如果为正断层，则可通过层拉平去除断层的影响。从成图方面看，断层的断距垂向投影区存在地震属性提取空白带，该空白带不影响切片本身的解释，只要通过平移就可以进行合理的地质体空间归位。如果为逆断层，由于同一层位在断层断距垂向投影区的重复导致该区切片提取和解释不完整，这就需要针对断层上下盘分别制作切片，然后通过断距恢复进行统一解释。如果成岩期后断层活动过程复杂或断层在地震数据体中呈断裂带的形态出现，则往往出现相对较大的切片制作与解释空白带或层位重复带，这就需要按照地貌约束下的沉积体系发育规律进行合理的填充，以充分预测目的层段沉积体系的发育规模。对于同沉积断层，由于地震地貌切片综合考虑了地貌条件且该类断层断距不大，在实际切片制作和解释过程中，可以忽略其影响。

3）薄层地质体在地震数据中的可分辨性与可检测性关系

通过切片技术开展地质体解释时，地震资料中薄层地质体的可分辨性与可检测性是两个容易混淆的概念。分辨能力是指区分两个靠近物体的能力，度量分辨能力的强弱通常有两种方式：一是距离表示，分辨的垂向距离或横向范围越小，则分辨能力越强；二是时间表示，在地震时间剖面上，相邻地层时间间隔 Δt 越小，则分辨能力越强，可分辨的标准是能够同时分辨出一个地质体的顶面和底面。Rayleigh（1945）、Ricker（1953）、Widess（1973，1982）提出了不同准则的地震资料垂向分辨率（表3-3）。三种垂向分辨率准则并不存在本质性的差异（Knapp et al.，1990；凌云研究组，2004；云美厚，2005），其中 Rayleigh 准则和 Widess 第一准则分别用 $\lambda/4$ 和 $\lambda/8$ 作为垂向分辨率的极限，Ricker 准则则介于二者之间。

表3-3 地震波形垂向分辨率极限研究对比

垂向分辨率	Knapp 准则（1990）	Rayleigh 准则（1945）	Ricker 准则（1953）	Widess 第一准则（1973，1982）
波形垂向分辨率极限	$\lambda/2$	$\lambda/4$	$\lambda/4.6$	$\lambda/8$
分析原理	波形垂向分辨能力极限随地震脉冲的周期数而变，若地震脉冲延续时间为一个周期，则垂向分辨能力极限为 $\lambda/2$。若地震脉冲延续时间为 n 个周期，则垂向分辨能力极限为 n 个 $\lambda/2$	根据光学成像原理给出的光学分辨能力极限定义。地震勘探中沿用该准则，并定义两个物体的视觉波程差大于 $\lambda/2$ 时，这两个物体是可分辨的。对薄层而言，来自薄层顶、底界面反射波的 $\lambda/2$ 波程差，相当于 $\lambda/4$ 薄层厚度。因而，将 $\lambda/4$ 定义为垂向分辨能力的极限	当两个子波的到达时间差大于或等于子波主极值两侧的两个最大陡度点的时间间距时，这两个子波是可分辨的。这一时间间距相当于 Ricker 子波一阶时间导数中两个异号极值点的间距，约为子波主周期的 $1/2.3$，即 $\lambda/4.6$	在没有噪声或信噪比很高的情况下可以将 $\lambda/8$ 作为理论分辨能力极限，理想情况下根据振幅变化可以分辨任何厚度的地层，但一般定义 $\lambda/30$ 为可探测地层的极限厚度，它小于极限分辨能力

随着三维地震勘探技术的发展，地震资料水平分辨率和广义空间分辨率得到广泛应用，并检测出众多厚度小于地震垂向分辨率的地质体。从理论上讲，通过地震反演与岩性预测很难得到其准确厚度和位置，实际上它们是不可分辨的，仅通过切片技术能检测到该地质体的存在（李国发等，2011，2014；倪长宽等，2014）。因此，从地球物理角度看，通过切片分析开展地质体解释与预测时，地震资料中薄层地质体的可分辨性与可检测性是两个有差异的概念。从地质分析角度看，可检测性在一定程度上可以代替可分辨性，但仅表示可以检测并识别该地质体的地震属性特征，很难准确预测地质体的实际厚度。可以确定的是，该地质体的发育厚度小于地震资料可分辨的最小厚度且其位置不能准确预测。

总体来看，在地震资料地质解释过程中，资料品质是决定地震切片地质解释等结果的主要控制因素。资料品质优，数据驱动就可取得良好的地质解释效果；资料品质差，则很大程度上需依靠相应地质模型驱动，以得到较为科学、接近客观的地质分析与预测结果（图3-31）。

考虑古地貌背景的地震地貌切片是利用三维地震资料开展精细沉积体系研究的有效切片解释技术。地质体空间追踪法和小时窗透视法是地震地貌切片制作的有效方法。地震地貌切片具有对约束层位等时性要求低而适应性广，从古地貌角度出发易于被地质人员理解并且实用性强，采用将今论古对比分析方法而预测结果可靠的特点。通过在实际资料中的应用，证实了该概念的科学性、切片制作方法的合理性和分析结果的客观性。在实际应用中，应采用趋势层拉平技术分析古地貌变化特征，以取得良好的切片分析效果，并注意利用地震切片技术开展薄层目标识别和预测时区分可分辨性与可检测性之间的差异。

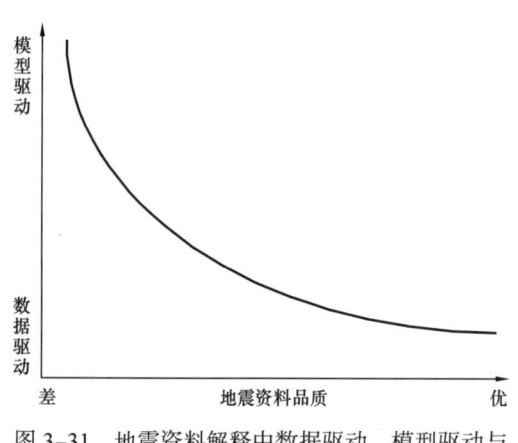

图3-31　地震资料解释中数据驱动、模型驱动与资料品质关系图

第四节　流体势分析

以油气运移期的古构造形态为边界条件，系统考虑沉积层序内部与流体运移有关的参数（储层厚度、孔隙度、渗透率、压力等），在划分流体运聚单元的基础上，依据流体从高势区向相对低势区运移的普遍规律，采用流体运移模拟系统模拟流体运移轨迹，以此来评价处于含油气沉积盆地斜坡带等非有利构造位置的岩性圈闭接受流体的能力，通过分析岩性圈闭在流体势场中的位置来综合评价其含油气性。通过实际应用，证实了该方法在岩性圈闭含油气性综合评价方面的辅助参考作用。

随着中国陆上岩性油气藏勘探工作的逐步深入，有关岩性油气藏形成的地质条件逐步明确，圈闭成藏条件分析逐步成为岩性油气藏勘探的核心。目前除了地质综合评价手段和发展相对不成熟的烃类检测评价技术外，分析岩性圈闭在含油气盆地中所处的流体势位置也是一种比较有效的辅助评价方法。岩性圈闭往往发育在洼陷斜坡带等非有利构造位置，这些位置圈闭的含油气性评价往往缺乏直接依据。总体来看，洼陷斜坡带等位置勘探程度仍很低，钻井资料较少，为岩性圈闭含油气性分析与深入地质综合评价带来困难。通过含油气盆地流体势分析，了解岩性圈闭在流体势场中的位置，判断其与流体运移轨迹之间的关系，确定其是否处于流体运移的优势路径或者优势指向区，以此来判断其接受运移流体的可能性，从定性的角度来判断其成藏的可能性，为岩性圈闭勘探提供辅助评价依据（杨占龙等，2004；朱红涛，2011）。

一、流体势分析原理

流体势分析方法属于数值模拟方法在油气勘探中的一种具体应用。含油气盆地地下流体势泛指地下流体（油气水）所具有的势能。在地层条件下，油、气、水具有各自的势，并在其作用下运移。地下流体的渗流是一个机械运动过程，流体总是由机械能高的位置流向低的部位。Hubbert（1940，1953）最早把流体势能概念引入石油地质勘探研究中。Dahlberg（1982）比较系统地论述了运用这一方法研究地下油气运移的方向与聚集位置。流体势是指单位质量流体所具有机械能的总和（$\varPhi=gZ+P/\rho$）。地层中某一点的流体势等于该点的压能与相对于某基准面的位能以及动能之和（Hubbert，1953），即该处单位流体（油、气或水）质点所具有的总机械能，相当于把单位质量的流体从某基准面举升到该点位置所做的功。地层流体运移受地下流体势分布（势场）控制，总是从高势区向低势区流动。在地表开放环境下，物体（包括密度大于空气的流体等）在重力作用下总是向低部位的势能稳定位置就位（两个能垒之间）（图3-32）。在地下，流体势的减少方向即为流体运移的方向（图3-33），封闭的低势区即为流体聚集的位置（两个能垒之间）。

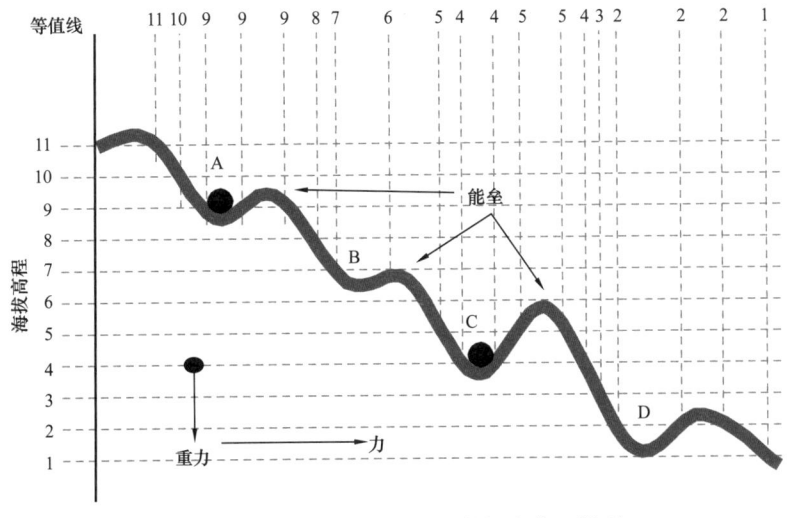

图3-32 地表物体势能与阻挡概念物理模型

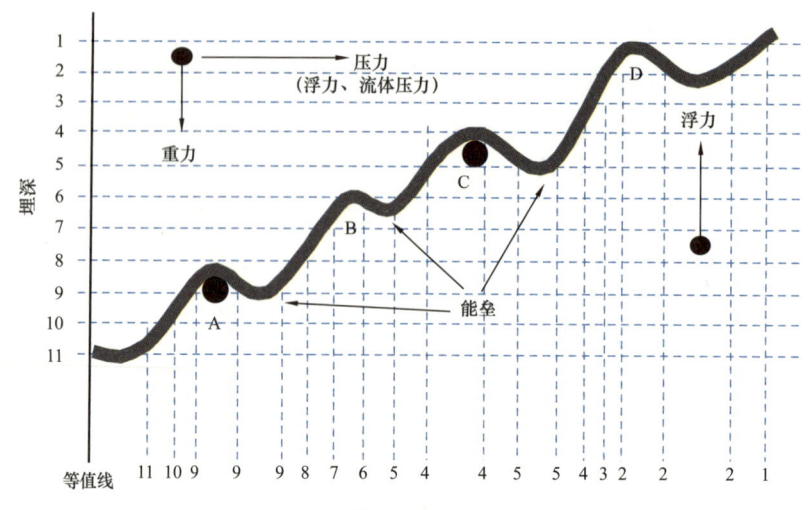

图 3-33 地下流体势能与阻挡概念物理模型

流体势分析的主要目的是：根据地质特征确定势分析的目的层（可以是砂岩储层、不整合面等）；求取目的层顶面的 Z、P 等参数，计算目的层流体势能（分别用 Φ_o、Φ_g、Φ_w 表示油势、气势、水势）；编制流体势平面等值线图，模拟流体运移轨迹，确定流体聚集位置。

流体势分析属于油气勘探研究中盆地模拟的一部分。不同流体（油、气、水）在各自势场作用下，各自的运动规律可表示为：

$$\Phi = gZ + \int_0^p \frac{dp}{\rho} + \frac{q^2}{2} \quad (gZ：位能；\int_0^p \frac{dp}{\rho}：压能；\frac{q^2}{2}：动能) \tag{3-1}$$

式中　Φ——流体势，m^2/s^2 或 J/kg；

　　　Z——测点相对于基准面的高程，m；

　　　g——重力加速度，一般取 $9.8m/s^2$；

　　　p——测点压力，Pa；

　　　ρ——流体密度，t/m^3；

　　　q——流速，m/s。

在静水环境或流体流动很缓慢（<1cm/s）时，$\frac{q^2}{2}$ 可以忽略不计，流体势变为单位质量流体的位能和压能之和：

$$\Phi = gZ + \int_0^p \frac{dp}{\rho} \tag{3-2}$$

其中：

$$水势：\Phi_w = gZ + \frac{p}{\rho_w} \tag{3-3}$$

$$油势：\Phi_o = gZ + \frac{p}{\rho_o} \tag{3-4}$$

气势： $\Phi_g = gZ + \dfrac{p}{\rho_g}$ （3-5）

以式（3-3）为例，除以 g，得到 $\dfrac{\Phi_w}{g}$，为总水头；$\dfrac{p}{g\rho}$，为测压水头；Z，为高程水头；总水头 = 测压水头 + 高程水头。

水势 Φ_w 可用总水头 h_w 来表示：

$$h_w = Z + \dfrac{p}{g\rho_w}$$ （3-6）

油、气类似：

$$h_o = Z + \dfrac{p}{g\rho_o}$$ （3-7）

$$h_g = Z + \dfrac{p}{g\rho_g}$$ （3-8）

则：p_1 点的水势 $\Phi_w = gZ_1 + \dfrac{p_1}{\rho_w} = gZ_1 + \dfrac{p_w h_1 g}{\rho_w} = g(Z_1 + h_1)$，用总水头表示：$\dfrac{\Phi_w}{g} = Z_1 + h_1$；$p_2$ 点的水势 $\Phi_w = gZ_2 + \dfrac{p_2}{\rho_w} = gZ_2 + \dfrac{p_w h_2 g}{\rho_w} = g(Z_2 + h_2)$，用总水头表示：$\dfrac{\Phi_w}{g} = Z_2 + h_2$（图 3-34）。

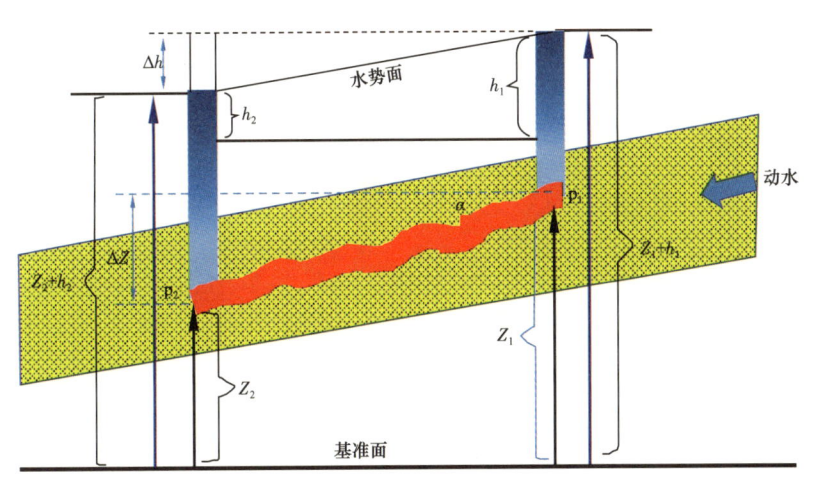

图 3-34 流体势计算示意图

势梯度与流体运移方向分析如下：

流体力场强度：单位质量流体所受的力 $E = -\text{grad}\Phi$，E 是力场强度，为向量；$\text{grad}\Phi$ 是流体势 Φ 的强度。

水、油、气在同一点的力场强度：

$$E_w = g - \dfrac{\text{grad}p}{\rho_w}$$ （3-9）

$$E_\text{o} = g - \frac{\text{grad}p}{\rho_\text{o}} \tag{3-10}$$

$$E_\text{g} = g - \frac{\text{grad}p}{\rho_\text{g}} \tag{3-11}$$

静水环境下，作用于单位质量水、油、气的力场强度（图 3-35）：

$$E_\text{w} = g - \frac{\text{grad}p}{\rho_\text{w}} = g - \frac{gp_\text{w}}{\rho_\text{w}} = 0 \tag{3-12}$$

$$E_\text{o} = g - \frac{\text{grad}p}{\rho_\text{o}} = g - \frac{gp_\text{w}}{\rho_\text{o}} = \frac{g(p_\text{w} - p_\text{o})}{\rho_\text{o}} \tag{3-13}$$

$$E_\text{g} = g - \frac{\text{grad}p}{\rho_\text{g}} = g - \frac{gp_\text{w}}{\rho_\text{g}} = \frac{g(p_\text{w} - p_\text{g})}{\rho_\text{o}} \tag{3-14}$$

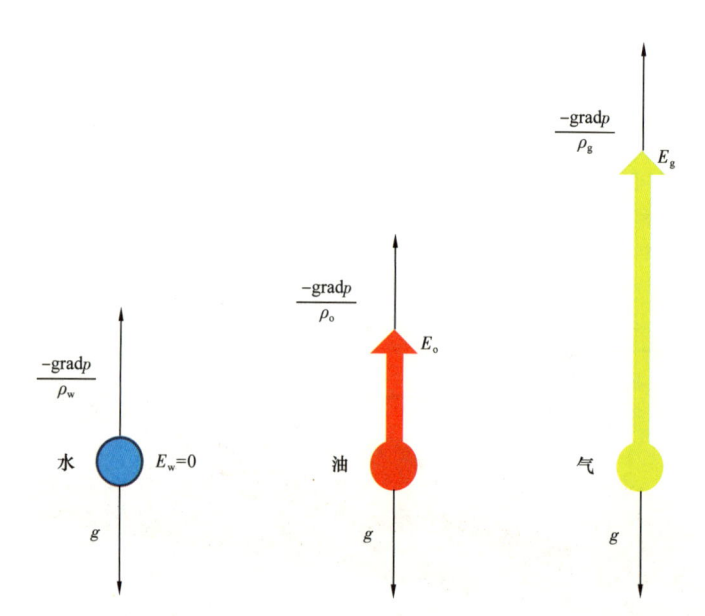

图 3-35　静水环境下分别作用于单位质量水、油、气的力场强度

动水环境下，作用于单位质量水、油、气的力场强度：

在动水环境中，作用于单位质量油、气的力，除重力 g 和浮力 $-\dfrac{gp_\text{w}}{\rho}$ 外，还有水动力 F_w。水、油、气的力场强度分别为（图 3-36）：

$$E_\text{w} = g - \frac{\text{grad}p}{\rho_\text{w}} + F_\text{w} \tag{3-15}$$

$$E_\text{o} = g - \frac{\text{grad}p}{\rho_\text{o}} + \frac{p_\text{w}}{\rho_\text{o}} F_\text{w} \tag{3-16}$$

$$E_o = g - \frac{\text{grad}p}{\rho_g} + \frac{p_w}{\rho_w}F_w \qquad (3-17)$$

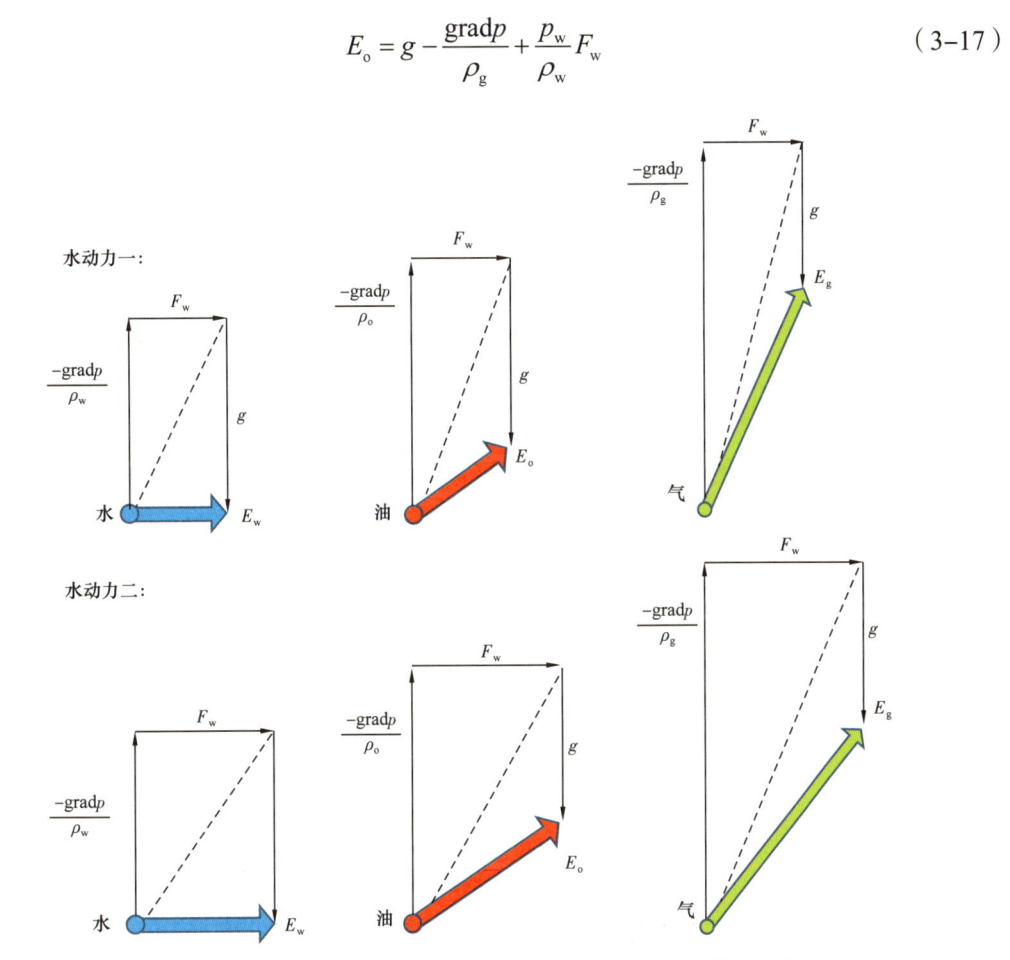

图 3-36 不同水动力条件下作用于单位质量水油气上各种力的向量分布及力场方向

表示单位质量的油和气所受水动力是单位质量水的 $\frac{p_w}{\rho_o}$ 倍和 $\frac{p_w}{\rho_g}$ 倍。

在一个相对封闭的研究区域内（平面有封闭边界或封闭断层、纵向受研究目的层顶底层位约束），在流体势能网格化基础上，考虑目的层顶底古构造形态（即高程）与孔隙度、渗透率、储集体厚度和压力平面变化等特征参数，综合计算得到每个网格单元所具有的流体势能，以此确定流体运聚单元的边界，划分油气运聚单元，按照流体从高势区向低势区运移的规律来模拟最佳流体运移轨迹（流线）（图3-37）。

流体势反映了水动力、浮力对地下流体运动状态的共同控制作用，流体势分析方法在油气运移理论研究和解决区域性油气运移趋势与分布方面具有重要意义，实际应用较为广泛。

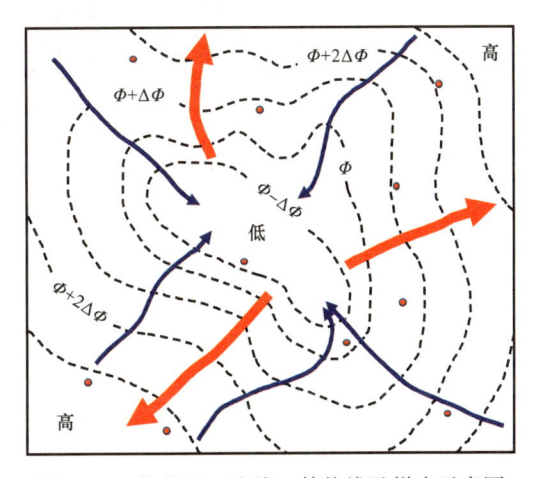

图 3-37 势能面、流线、等势线及梯度示意图

通过研究地下流体势空间分布模式，可以确定盆地流体系统构成，提高对油气运移规律的认识，明确有利油气聚集区带，提高钻探成功率。

二、流体势分析与评价

从实际应用角度来看，主要通过研究区埋藏史与生烃史等分析，确定主要油气生成与运聚时间；通过构造演化史与成藏期古构造恢复研究，确定油气运聚期古构造形态（特别是目的层顶面古构造形态，如果有详细的储层预测结果，尽量得到成藏期储层顶面的古构造形态）；结合流体势计算结果，整体考虑研究区范围内断层活动与封堵、储层及物性平面展布、成藏期压力平面变化趋势等划分油气运聚单元。在网格化参数计算的基础上，开展最短油气运移流线（路径）模拟成图。油气运移期古构造形态、油气运聚单元确定、沉积层序内部相关物理参数预测、网格化参数生成等是进行流体势综合分析的关键（图3-38）。

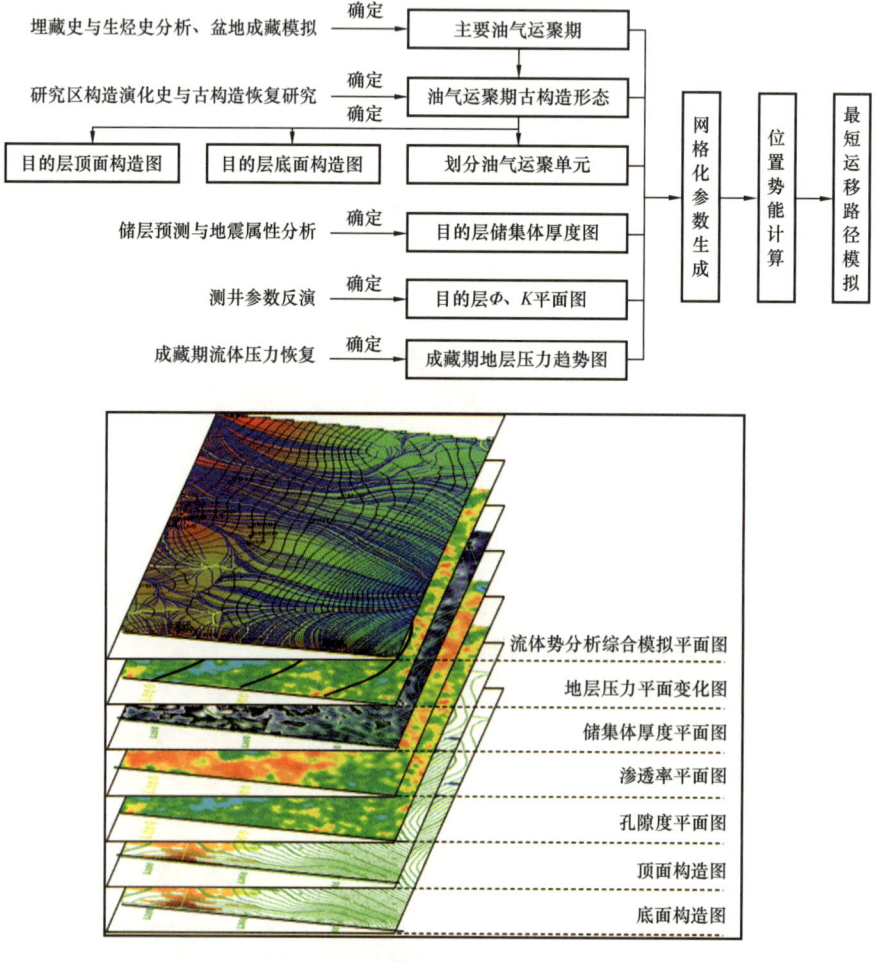

图3-38 流体势模拟流程与示意

模拟得到油气运聚单元划分、平面流体势展布、流体运移主次轨迹后，将识别出的岩性圈闭、构造形态等与之进行叠合，重点分析岩性圈闭在流体势场中的位置及其与主次流体运移轨迹之间的关系，判定待评价岩性圈闭接受油气聚集的可能性。对于有一定构造背景的岩性圈闭，评价其接受流体的能力相对比较简单；对于处于斜坡背景和凹陷腹部的岩性圈闭，需要同时考虑其上倾方向的封堵条件和底板条件，这就必须与地震反演的全岩性预测结果紧密结合进行。

三、应用效果

1. 实例一

$Eq3_4^1$ 层是江汉盆地新农—蚌湖地区主要勘探目的层之一。该区勘探程度较高，构造相对简单。新农地区位于蚌湖凹陷西斜坡，在潜江组沉积时期以东北部扇三角洲、西北部大型三角洲和南部小型三角洲沉积体系为主。目前在这些沉积体系的不同层系先后发现了多个岩性油气藏，且岩性圈闭面积较小。后期在高分辨率三维地震勘探数据的基础上，发现了一系列小型岩性圈闭群，主要分布在洼陷的斜坡带。如何有效分析这些圈闭接受流体的可能性和成藏的有效性，便成为后期目标评价的重点（王雪玲等，2006）。

$Eq3_4^1$ 层顶底在研究区分布有稳定展布的盐岩，对于储集体来说构成了良好的顶底板条件。在两套盐岩中间发育有烃源岩，烃源岩中发育的砂体构成良好的储集体。该层油气成藏具有典型的自生自储性质，很适合运用流体势分析系统来全面模拟油气运移过程。由于两套盐岩中间烃源岩的分布面积明显大于储集体面积，部分烃源岩生烃后排出的烃类不能有效进入储集体，因而在研究区部分地区形成了明显的油浸泥岩（也说明顶底盐岩具备良好的封闭条件）。通过流体势分析认为，已发现的油气藏主要处于低势区，而2号断层下盘和高场南部的岩性圈闭也处于低势区，为接受流体的有利位置（图3-39），结合流体势平面变化特征分析和流体运移轨迹模拟，认为这些圈闭是后续勘探的有利靶区。

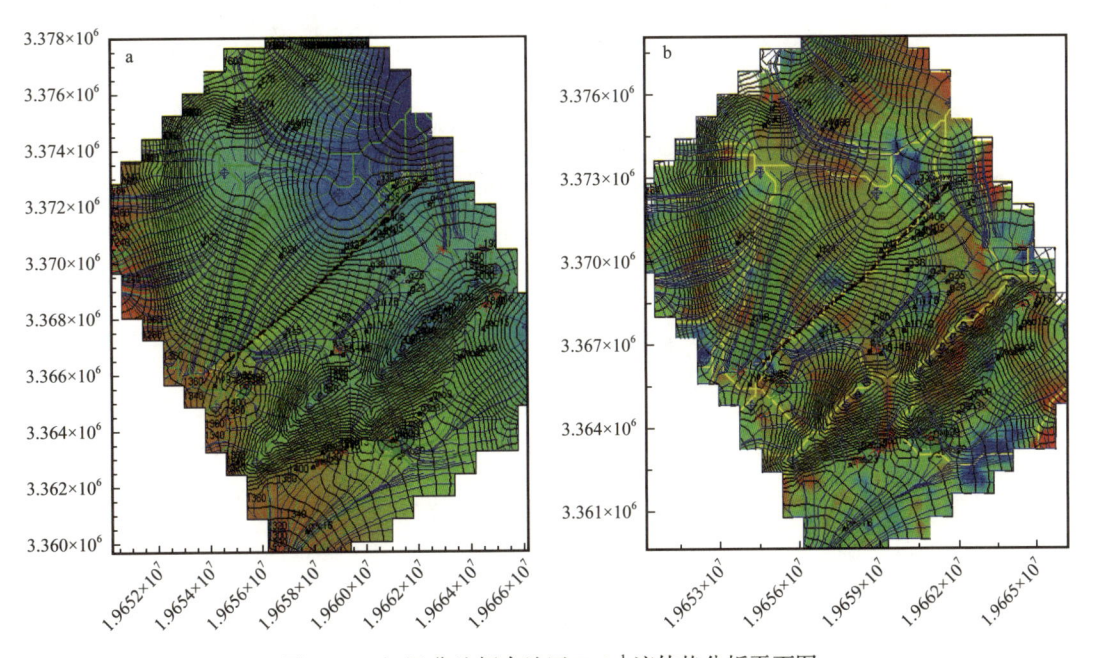

图 3-39 江汉盆地新农地区 $Eq3_4^1$ 流体势分析平面图

a. 以构造为背景；b. 以储集体为背景

2. 实例二

胜北洼陷侏罗系是吐哈盆地勘探程度最高的层系之一，该区构造油气藏已经得到很大程度的勘探，但剩余资源丰富，推测主要分布在岩性等隐蔽圈闭中。预测岩性油气藏有利勘探区带和识别、优选、描述、评价岩性圈闭，是当前勘探的关键。葡北构造带及其东斜坡是胜北洼陷西部中侏罗统岩性油气藏勘探的有利地区，目前已发现葡北1号低幅度构造油藏和葡北6号构造—岩性油藏。从胜北洼陷西部中侏罗统沉积体系分布来看，该区中侏罗统属西北物源的七泉湖—葡北辫状河三角洲前缘沉积体系，水下分流河道是有利的沉积微相类型。层序解释后的地震相分类分析结果表明，葡北构造带及其东斜坡发育数量多、但面积相对较小的岩性圈闭，组成一个典型的小岩性圈闭群分布区。中下侏罗统水西沟群煤系地层和中侏罗统七克台组湖相泥岩构成吐哈盆地最主要的烃源岩系。对于葡北及其东斜坡地区而言，由于处在台北主力生烃洼陷的西部，从沉积体系角度来看，七克台组处于西北物源的七泉湖辫状河三角洲前缘沉积体系，向东紧邻七克台组湖相泥岩，处于接受油气的有利位置。结合含油气检测和流体势分析，对葡北及其东斜坡地区发现的岩性圈闭进行了较为直观的评价，明确了岩性圈闭所处的流体势位置（图3-40）。油气从高势区向低势区运移，并可能在位于油气运移路径上的低势圈闭中聚集成藏，因而位于已发现油藏下倾方向低势区的圈闭是岩性油气藏勘探的有利目标。

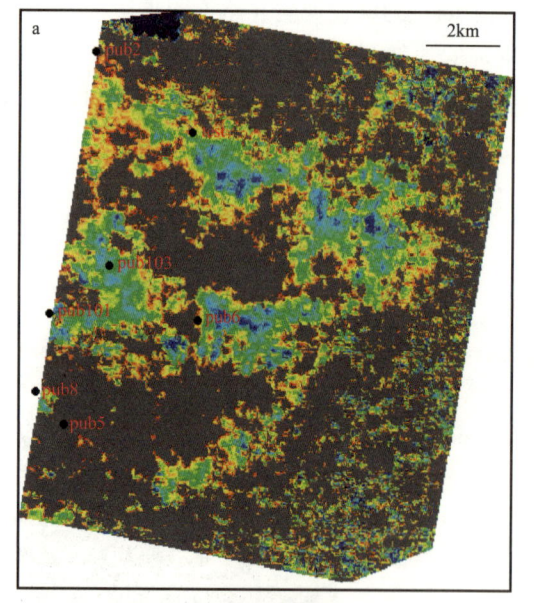

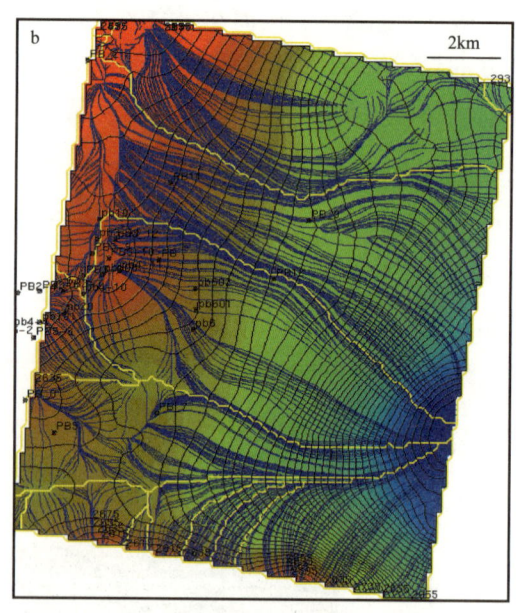

图3-40 吐哈盆地葡北地区七克台组（J_2q）含油气检测（a）与流体势分析（b）平面图

通过含油气盆地流体势分析，了解岩性圈闭在流体势场中的位置，判断其与流体运移轨迹之间的关系，确定其是否处于流体运移的优势路径或者优势指向区，以此来判断其接受运移流体的可能性，从定性角度判断其成藏可能性，为岩性圈闭勘探目标提供辅助评价依据（李日容，2006）。流体势模拟系统对于自生自储型油气成藏过程模拟效果较好。下生上储型和上生下储型由于纵向涉及层系较广、流体运移控制要素过于复杂而模拟效果差。流体势模拟是在含油气检测基础上，对目标含油气性进行直接评价的有效补充手段，在实际目标评价中具有良好的推广应用前景。

第五节 含油气性检测

在岩性圈闭识别的基础上，圈闭成藏条件分析是岩性圈闭评价的核心。目前，除了常规的地震相、地震属性分析等评价手段外，利用保幅纯波地震资料开展目的层含油气检测分析也是一种比较有效的评价方法。含油气检测为岩性圈闭综合评价提供了辅助评价依据（高建虎等，2004；李在光等，2005，2006；吴东胜等，2006）。通过针对勘探目的层的含油气检测研究，预测岩性圈闭的流体性质，判断岩性圈闭与烃源岩及输导体系之间的关系，预测岩性圈闭接受油气的可能性，从定性的角度判断岩性圈闭成藏的可能性并半定量描述油气的分布范围，为勘探阶段岩性圈闭评价提供依据。

以钻井油气层地震—地质综合分析为起点，以保幅纯波地震资料信息分解为基础，针对目标体，采用在小时窗范围内提取油气层地震动力学参数的方法开展含油气检测研究，根据地震多属性的综合变化共同确定含油气层系的空间分布范围，结合流体势分析为勘探阶段处于斜坡等部位的岩性圈闭综合评价提供辅助评价依据。通过在江汉盆地潜江凹陷、吐哈盆地台北凹陷等多个地区的实际应用，有效圈定了已知含油气层系分布范围并预测了有利含油气区块。实际应用证实了该方法在地震资料品质较好、分辨率较高、构造相对简单的较高勘探程度地区具有良好的适用性。应用表明，数据体的选择、含油气层位的精细标定、含油气检测试验（地震敏感属性优选、有效频段的选择）、时窗大小的确定、目标体顶底约束层位的解释等是利用保幅纯波地震资料直接开展含油气检测技术应用的关键。

一、含油气检测的基本原理

利用地震资料直接开展含油气预测主要是利用速度信息。孔隙岩石中 v_p 与岩石骨架孔隙率、孔隙中的流体性质等有关，当孔隙中含油特别是含气时纵波的速度会明显下降，它是利用地震资料预测油气的理论基础。当储层具有相同的岩性和孔隙度时，含气层的 v_p/v_s 小于非含气层，因此同一地层沿横向 v_p/v_s 下降，显示该段可能含气。

当储层岩石孔隙中含有石油或天然气时，在地震震源对油气层激发后，引起石油或天然气与岩石颗粒之间的相对运动，含油气后使储集体固有频率降低，油气与地震波低频共振使低频段能量加强；同时使地震波高频成分衰减、吸收，高频段能量减弱。因此，地震剖面上的含油气段表现出低频共振产生能量增强和高频能量吸收衰减特征，含油气饱和度越高，特征越明显。

含油气位置地震波能量较含水位置低，频率相对于含水位置也低；含油气位置吸收系数增大，而含水位置吸收系数小，在加权频谱剖面上含油气层位表现为低频加强、高频衰减、吸收系数高异常的特征（图3-41）。

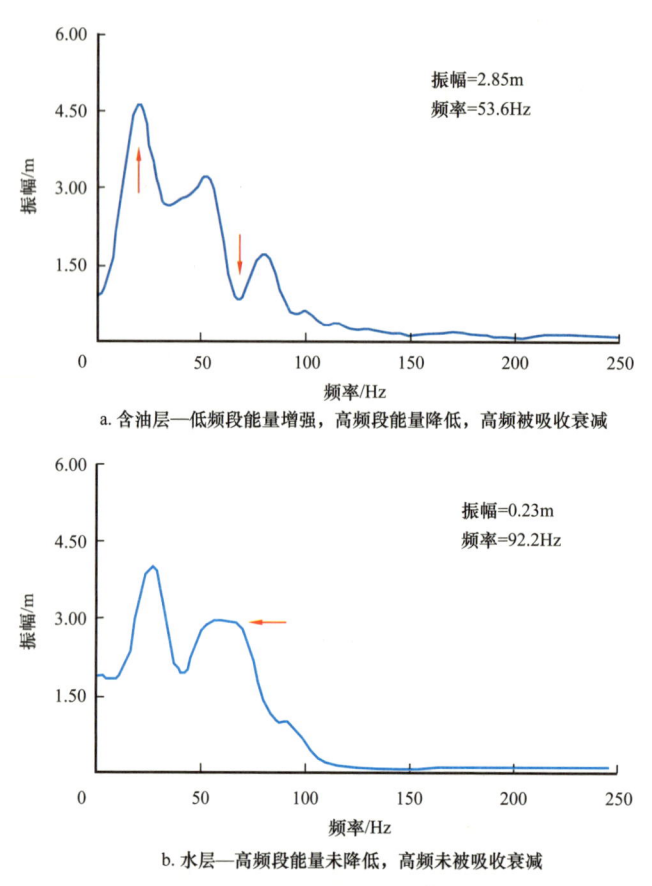

图 3-41 含油层（a）与水层（b）地震频谱变化特征

实际井点处提取的地震参数也表明，含油层位表现为整体频率偏低，其中低频能量较高，高频能量偏低，吸收系数明显高异常。含水层位表现为整体能量偏高，其中低频段能量偏低，高频段能量偏高，吸收系数低，但干层和含水层位区别困难，仅有的差别可能是干层低频能量偏高，而水层偏低。吸收系数在断层处也有明显高异常，但断层对频率是无选择性地吸收（低频和高频均吸收），而油层为选择性吸收（一般只吸收高频），因此油层部位频率整体偏低，表现为高频背景上的低值，总体表现为低频能量相对较高而高频能量相对偏低的特征（图 3-42）。也有学者通过紧邻目的层之上、之下相同岩性地层的频率差异来间接预测其间储集体的含油气性并取得了良好的应用效果。

油气检测的核心是利用地震信息分解原理从原始地震信息中筛选与含油气性相关的微弱参数来预测目标含油气性。

二、含油气检测分析过程

从实际应用的角度来看，利用地震信息直接开展含油气性检测就是在地震信息分解分析的基础上，首先系统分析研究区已知油气井含油气储层与非含油气储层（水、干层）的相关地震属性参数，找到二者因是否含油气而在属性参数上产生差异，揭示对于含油气敏感的相关属性参数；然后系统提取剖面或平面相关参数，分析剖面或平面参数变化特点与

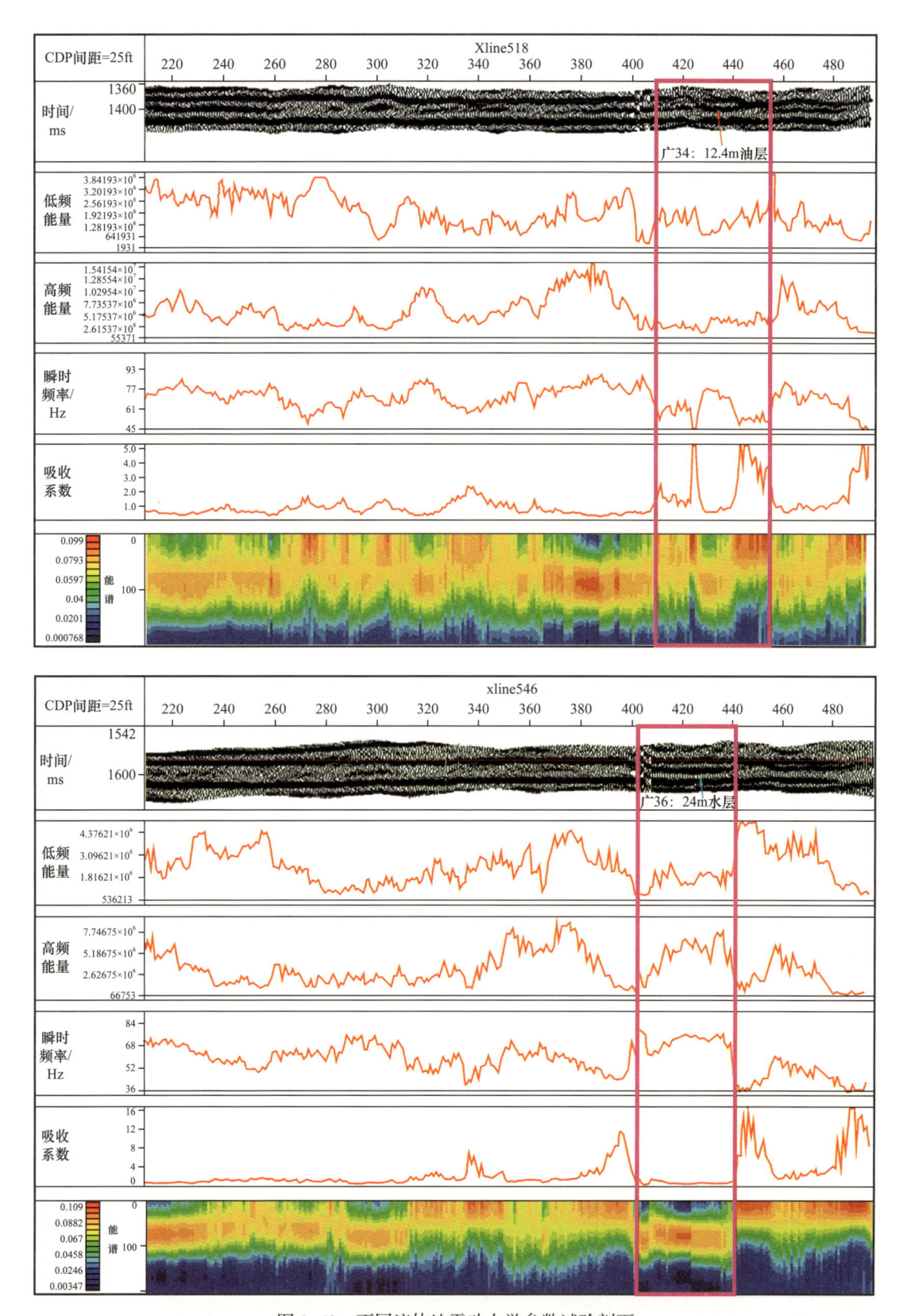

图 3-42　不同流体地震动力学参数试验剖面

平面展布规律，筛选与已知油气井含油气储层相类似的目标区，针对目标区分析其潜在揭示含油气性的敏感属性参数变化，从而判断目标的含油气性（图3-43）。

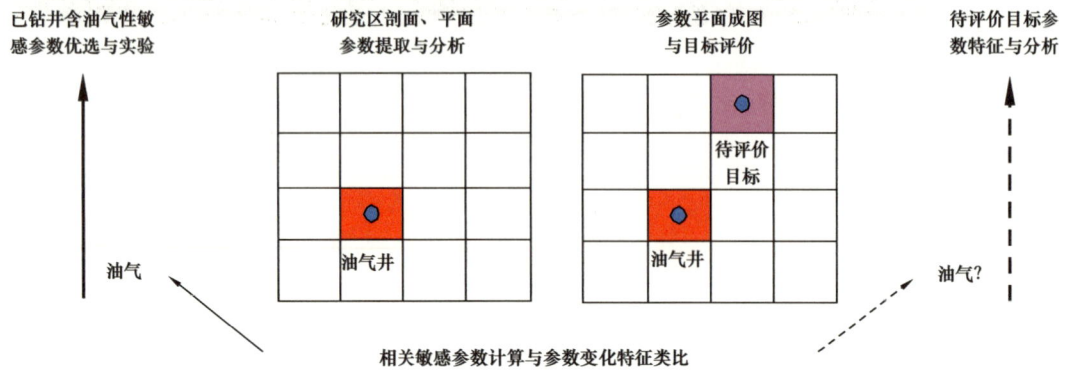

图3-43 含油气检测分析过程示意图

对储层含油气性敏感的地震信息有效频段选择与属性优选是利用地震信息分解进行含油气性检测的关键。最终的目的是在合适的地震频段范围内优选对含油气性相对敏感的地震属性，使选择频段内的相应地震属性能够有效区分油（气）层、水层和干层（泛指不含油气水的层位）等。比较有效的方法是在地震资料频谱特征分析基础上，通过反复试验，以在相关属性参数特征上明显区分油（气）层和其他层系（水、干层）为依据，具体低频段、高频段范围需根据实际工作反复分析来确定。

根据前人研究经验，下列属性可能与储层中含油气异常有关：如瞬时相位、瞬时相位余弦、瞬时真振幅、瞬时真振幅乘瞬时相位余弦、振幅加权瞬时频率、能量加权瞬时频率、反射强度、基于分贝的反射强度、反射强度中值滤波能量、反射强度基于分贝的能量、反射强度斜率、滤波反射强度乘瞬时相位余弦、平均振动能量、平均振动路径长度、绝对振幅之和、平均零交叉点、第一个谱峰值频率、第二个谱峰值频率、第三个谱峰值频率、最大波峰振幅、最大波谷振幅、特定能量与有限能量之比、振幅峰态、大于门槛值的采样部分、小于门槛值的采样部分、相邻峰值振幅比、自相关峰值振幅比、目标区顶底振幅比及目标区顶底频谱比等。这就需要根据研究区地震资料的现状反复试验并采用属性交会和多维非线性映射方法来进行分析确定。

三、应用效果

良好的地震资料品质、较高的分辨率、相对简单的构造和较高的勘探程度是有效开展含油气检测研究的基础，下面实例中的江汉盆地潜江凹陷和吐哈盆地台北凹陷具备上述条件。

1. 实例一

$Eq3_4^1$层是江汉盆地新农—蚌湖地区主要勘探目的层之一。该区勘探程度较高、构造相对简单，目前以岩性油气藏勘探为主。20世纪90年代初，采用小层对比和沉积相研究等方法，发现了较大型的广北、严河等岩性油藏。但受当时技术条件特别是地震资料分辨率的限制，对岩性油藏未进行深入研究。90年代后期的高分辨率地震勘探，为进一步开展岩性油气藏勘探奠定了良好的资料基础。

蚌湖地区位于江汉盆地潜江凹陷蚌湖东斜坡，$Eq3_4^1$层是研究区的主要勘探目的层系之一。目前在蚌湖向斜东西斜坡的不同层系已经先后发现了钟市、广北、广华、严河等油田，这些油田的油藏部分以岩性油气藏为主，且岩性圈闭面积相对较小，如何采用有效技术识别小岩性圈闭和评价岩性圈闭的含油气性是勘探需要解决的问题。

通过对$Eq3_4^1$层波形聚类分析和地震属性异常统计分析表明，严河$Eq3_4^1$层向东北上倾方向地震波形特征与已知油田区非常类似（图3-3），地震属性综合分析也显示出典型的低频、中强振幅、高吸收的含油气特征（图3-44）。结合其他研究成果在该含油气异常区部署了一口专门针对岩性圈闭的严5井，结果钻遇较厚油层，获得日产30t的高产油流，揭开了该区大规模岩性圈闭勘探的序幕。

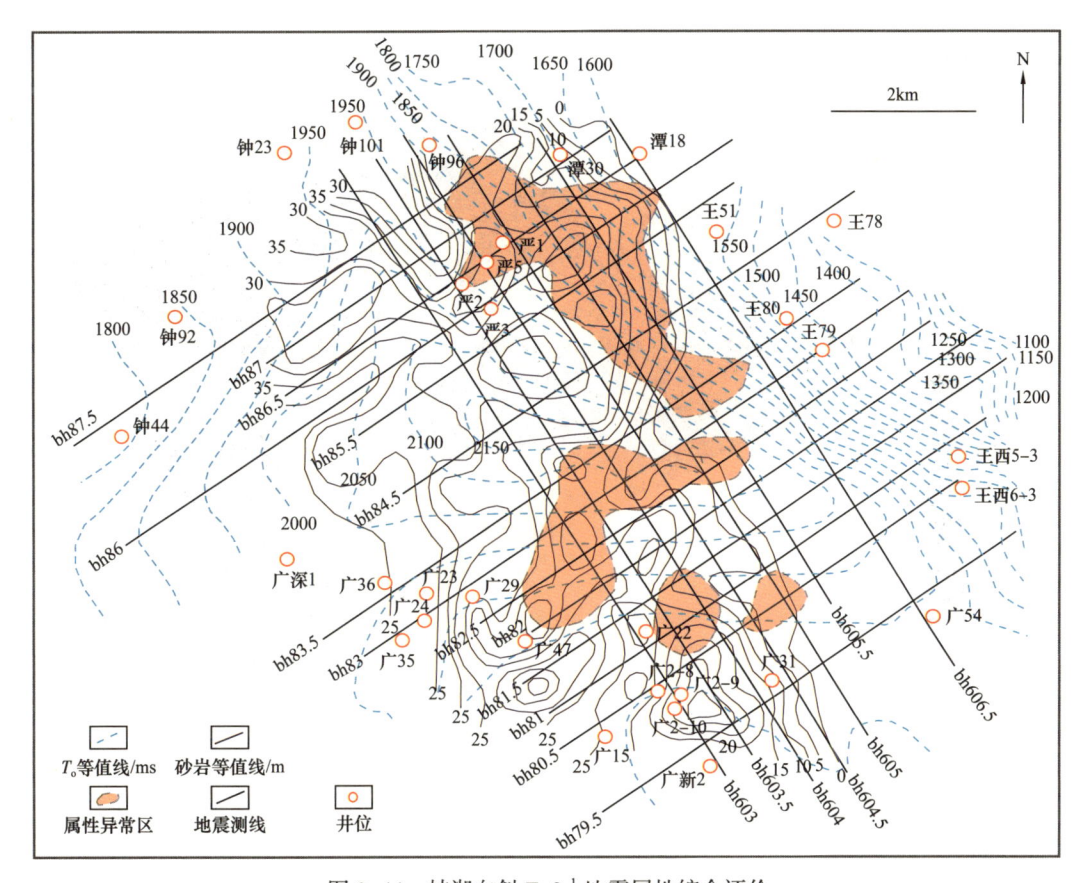

图3-44 蚌湖向斜$Eq3_4^1$地震属性综合评价

2. 实例二

胜北洼陷侏罗系是目前吐哈盆地勘探程度最高的层系之一，其中构造油气藏勘探程度较高，预测岩性油气藏有利勘探区带和岩性圈闭的含油气性是当前勘探的重点。胜北构造带上侏罗统喀拉扎组是中浅层次生油气藏勘探的重点，目前已在胜北3号构造发现浅层次生凝析气藏。从该区喀拉扎组沉积微相分析来看，气藏储层为北东物源冲积扇扇中辫流河道砂体沉积，通过对该气藏所属层组地震属性分析发现，在胜北构造带南翼发育规模更大的另一条辫流河道，该辫流河道砂体依附于胜北构造带南翼，与胜北3号、胜北4号近南北向平移断层配合形成向北侧向上倾尖灭岩性圈闭群。利用地震信息分解基础上的多属性含油气检测结果，一方面圈定了已知含油气层的分布范围，同时预测了可能含油气区。2005年在北部辫流河道西端预测有利区钻探的胜北16井新发现了喀拉扎组上气层（图3-45），扩展了喀拉扎组中气层，共新增天然气控制储量22.6×10^{8}m^3，使北部辫流河道储量规模进一步增大，同时预示了南部辫流河道的良好勘探前景，2008年在南部辫流河道钻探的胜北5井也取得了良好的勘探效果。在台北凹陷东部红台—疙瘩台地区预测的有利含油气区部署钻探的红台13井、疙11井和疙13井等先后也取得了良好勘探效果（图3-46）。

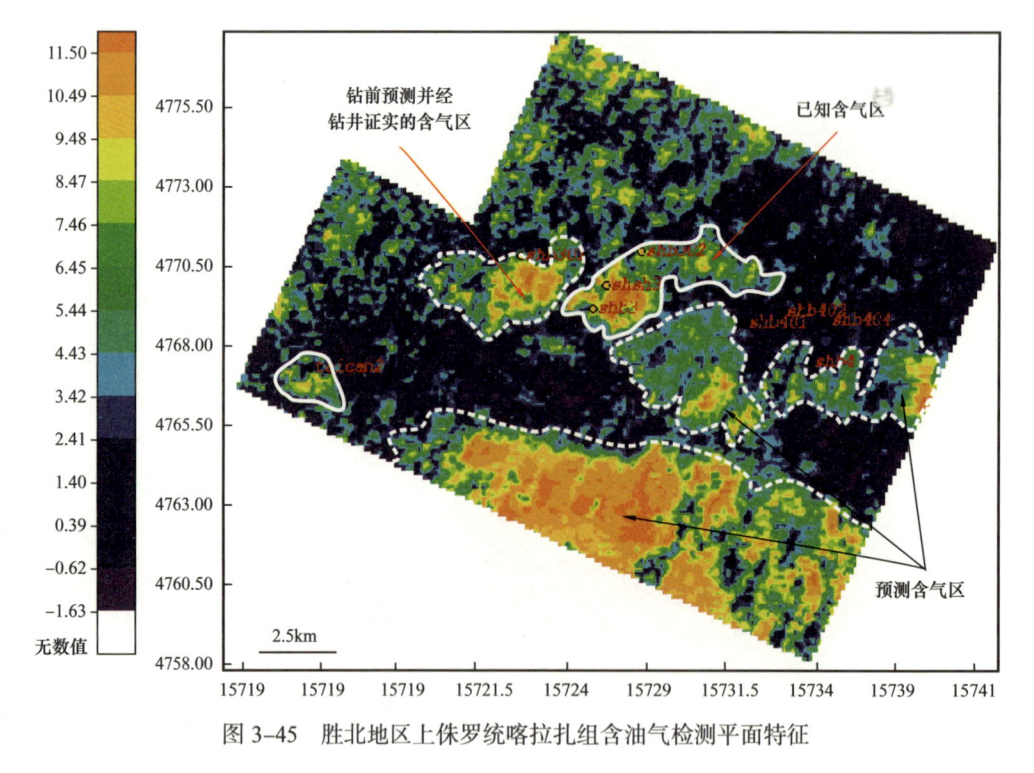

图3-45　胜北地区上侏罗统喀拉扎组含油气检测平面特征

利用以信息分解为基础的保幅纯波地震资料含油气检测技术，可以有效圈定已知含油气层系的范围，并预测可能的含油气区域，为勘探目标特别是位于洼陷腹部、斜坡带等非有利构造位置的岩性圈闭评价提供辅助评价依据。应用表明含油气层位的精细标定、含油气检测试验、地震敏感属性的优选、时窗大小的确定、目标体顶底约束层位的解释、有效频段的选择等是利用保幅纯波地震资料直接开展含油气检测技术应用的关键。利用地震资料开展含油气检测技术在勘探程度较高且地震资料品质较好、分辨率较高、构造相对简单的地区具有良好的适用性。

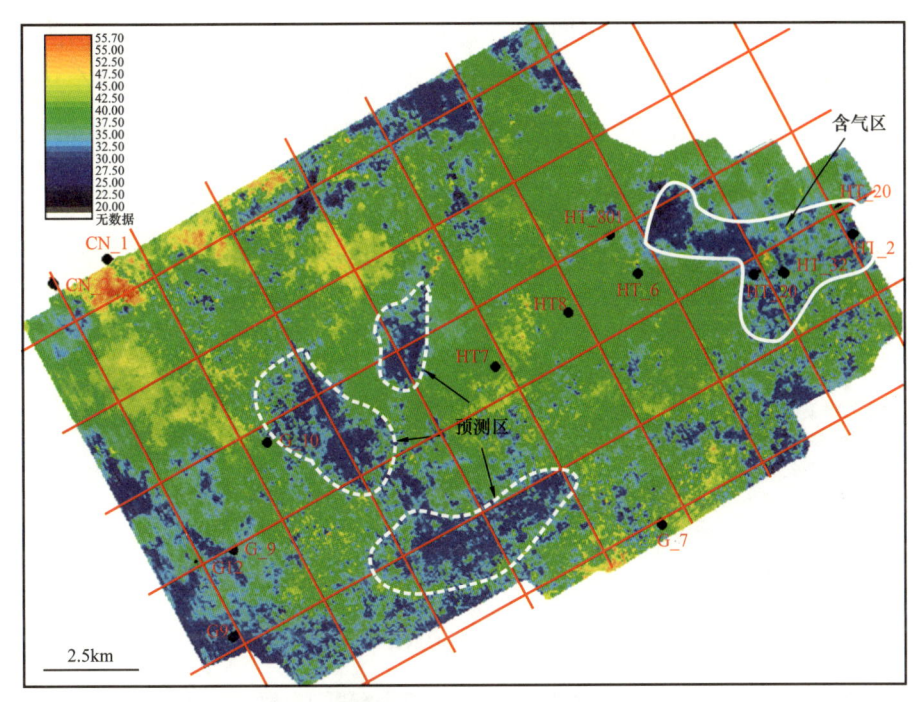

图 3-46　红台—疙瘩台地区红台 203 气层综合预测平面特征

第六节　三维可视化

　　随着油气勘探过程中构造形态描述、储层空间预测及圈闭描述等技术应用的发展，对应研究成果的显示方式也日益丰富起来。面对本身构成复杂、赋存状态隐蔽的油气藏，为强化对地质体和油气藏空间属性与分布特征的全面认识、进一步提高预测评价和钻探成功率，地质体构造形态及属性特征的三维显示逐渐成为常用的分析与评价手段。三维可视化技术是对各种复杂地质模型和三维地震数据体进行描述，并在三维空间以不同形式进行直观显示的方法。它不仅有利于研究者进一步理解相关地质现象的发生、发展与空间赋存状态，而且对于已有概念或模型可增强相关地质预测、分析与评价的科学性。

　　20 世纪 80 年代末开始，三维可视化技术在地震勘探应用中得到快速发展，出现了一批可视化应用软件。目前各种油气勘探软件都具有不同水平的三维可视化显示模块，充分说明了三维可视化技术在油气勘探应用中的重要性。

　　在地震资料的地质解释方面，三维可视化技术主要应用在数据体快速扫描、地震地质层位、地震属性、地震反射异常体显示、复杂地质体评价等方面，为勘探家整体认识地下地质体空间展布、地质背景分析、复杂地质体描述及勘探部署决策等提供直观显示方法。

一、地震数据体三维可视化

　　地震数据体三维可视化主要是指将地震数据体成图并进行旋转、平移、变比缩放等三维显示。由于地震数据体数据量大，为提高显示速度，目前主要采用切割、挖空等拟三维显示方式，实现对地震数据体的快速扫描与分析。地震数据体的三维快速扫描便于解释人员迅速从线、道、切片等角度观察整个数据体的地质特征变化，使解释人员在开展解释之前的很短时间内对地震数据体有一个整体的框架地质概念，有利于迅速得到解释方案和确定解释的关键点（图 3-47、图 3-48）。

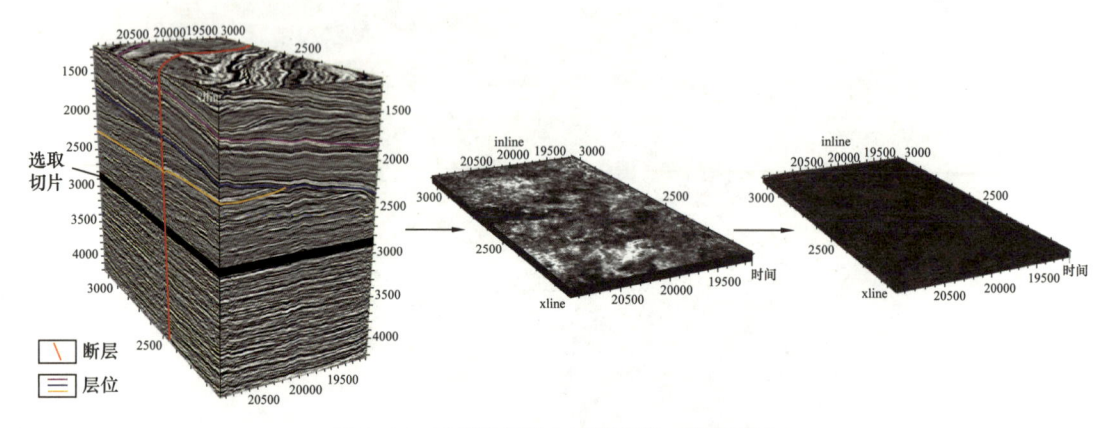

图 3-47 地震数据体与子数据体三维可视化

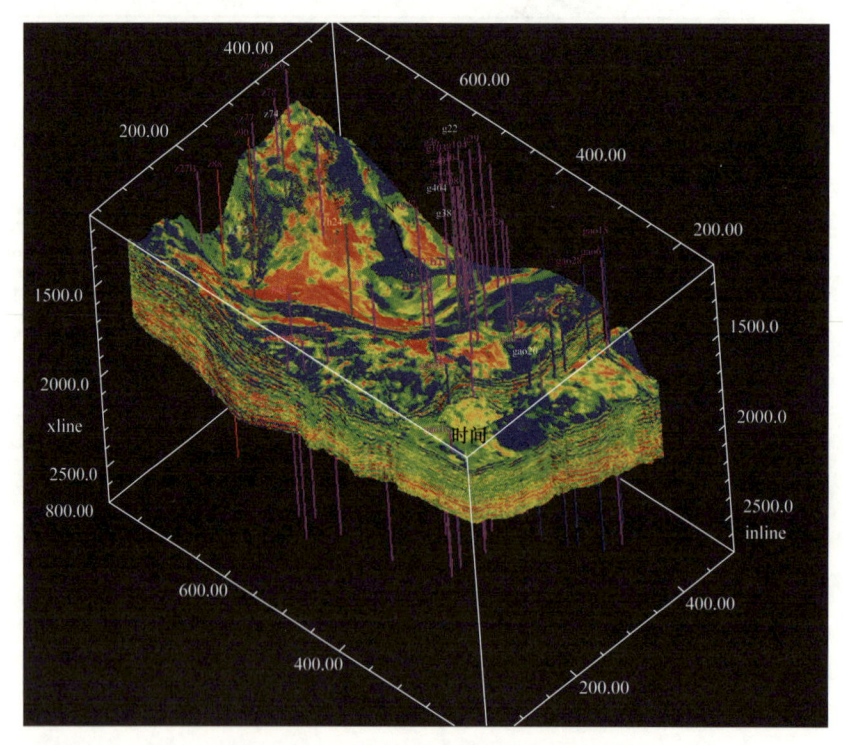

图 3-48 地震反演数据体三维可视化

二、反射层位及其属性三维可视化

传统地震资料解释提供反映勘探目的层构造形态的等值线平面图（即等 t_0 图）、各种岩性圈闭的储层厚度与物性变化平面等值线图、沿解释层面变化的地震属性参数平面变化图等。虽然这些传统图件客观、真实反映地下地层或目标的相应参数特征，但在对于相关信息的分析、解释与评价过程中，由于平面等值线描述空间层位的起伏变化直观性差、人为地把属于同一层或同一目标的形态与属性参数割裂开分别成图、各层之间的空间归位关系不清楚等，造成地质特征归纳难度增加，给地质人员开展地震资料解释分析带来不便。三维可视化显示技术能够根据给定的地震层位及其属性数据体建立三维图像，便于地质人员从不同角度、不同视域用更接近实际地质情景的方式去观察、描述、分析与评价地质目标（图3-49），提升地质解释人员对于地下地质体相关地质特征在同一视域的全面了解，增强对其地质特征的整体认识与分析。

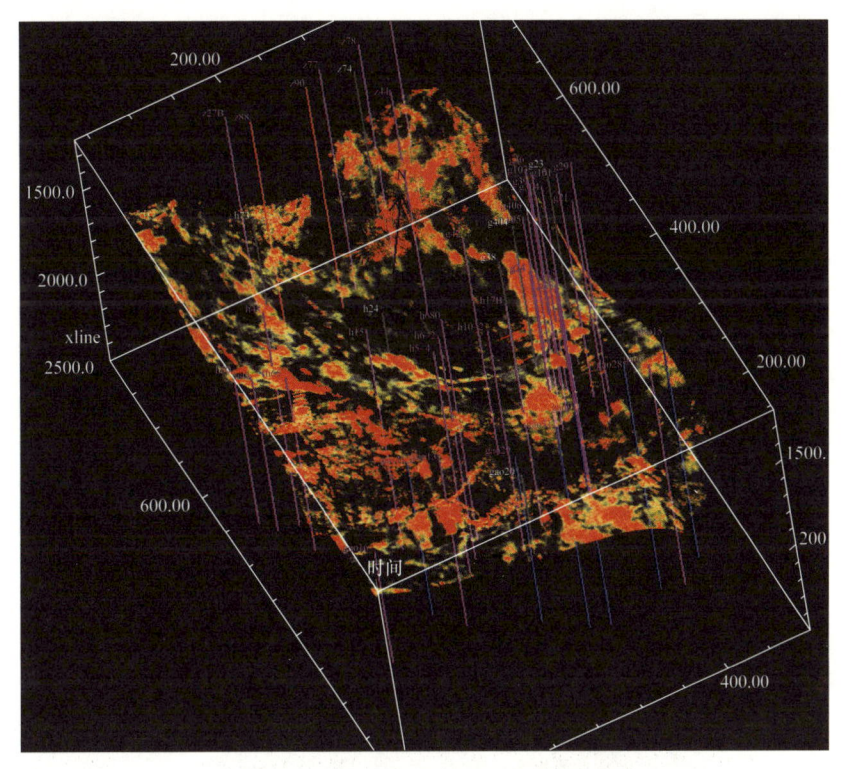

图3-49　地震层位及其属性的三维可视化

三、地震反射异常体三维可视化

通过对地震反射异常体在三维空间的追踪解释与显示，把单纯在地震剖面上呈离散"点"状态的地球物理现象在三维空间地质概念化，提升对地震反射异常体空间展布形态与属性特征的了解，加强在地震地貌学指导下，采用将今论古方式，明确地震反射异常体的空间归位并赋予其相应的地质含义。如在地震剖面上解释的一个地震反射变化异常"点"在面上表现为线性或带状分布的地质特征，则其有可能代表某一地质历史时期的一条河流沉积（图3-50）；在空间上刻画的一个扇状地质体，有可能代表三角洲沉积的一个朵叶，但其在二维地震剖面上难以直接认识到。观察同一地质体在不同角度或视域的变化，对地质体的认识会带来根本性变化，增强了对地震反射异常体地质含义的客观认识与科学分析。

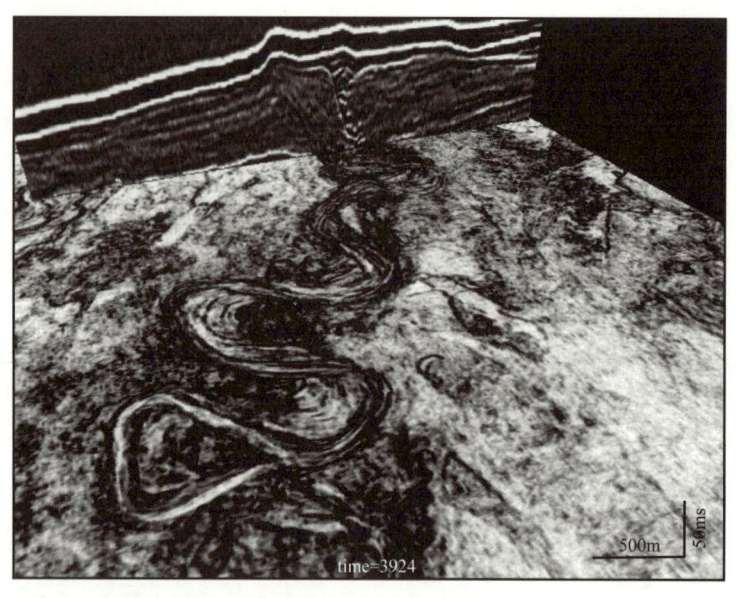

图 3-50　地震反射异常体空间追踪与三维显示（据 Posamentier，2018）

四、复杂地质体三维可视化

由于分析与表征复杂地质体的参数相对较多，将相关表征参数以不同方式（线、剖面、切片、子数据体）不同色标在三维空间同时显示，有利于从不同参数、不同视角整体分析、描述与评价复杂地质体或分析其演化与变迁（图 3-51、图 3-52）。

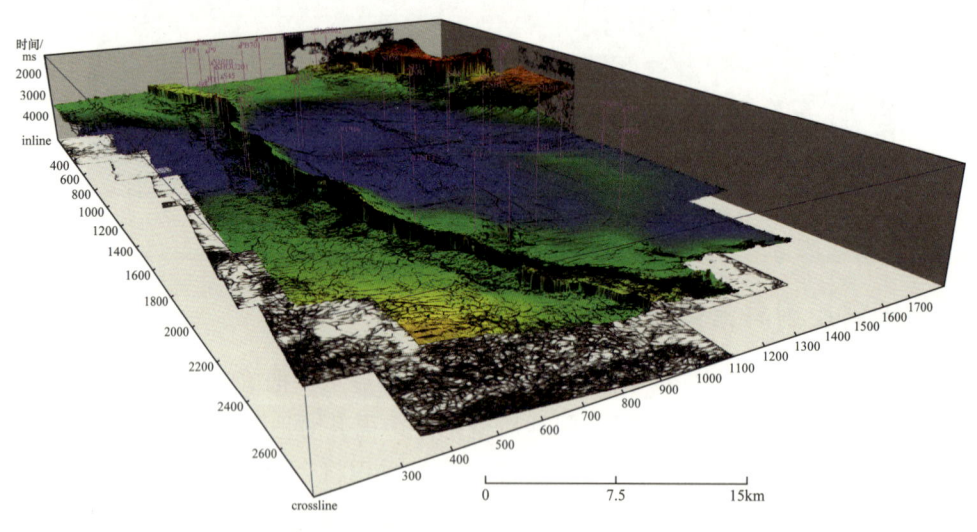

图 3-51　三维可视化分析复杂区裂缝发育与断裂体系的关系

五、勘探目标三维可视化

岩性圈闭勘探目标的三维可视化显示，有利于决策者直接观察岩性圈闭群中各圈闭之间的空间位置关系，结合地表情况选择最佳位置确定钻井井位，优化钻井轨迹（图 3-53），直接为勘探决策与部署服务。

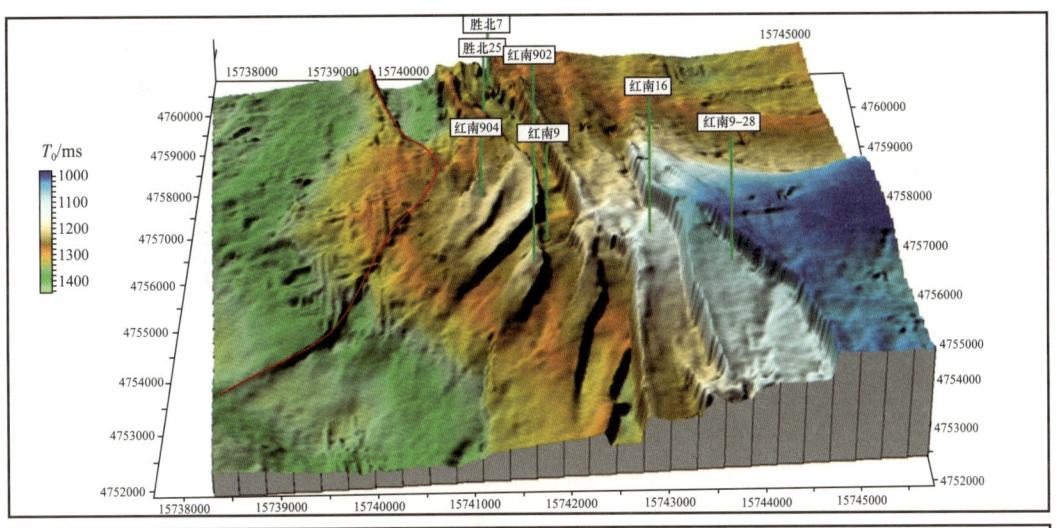

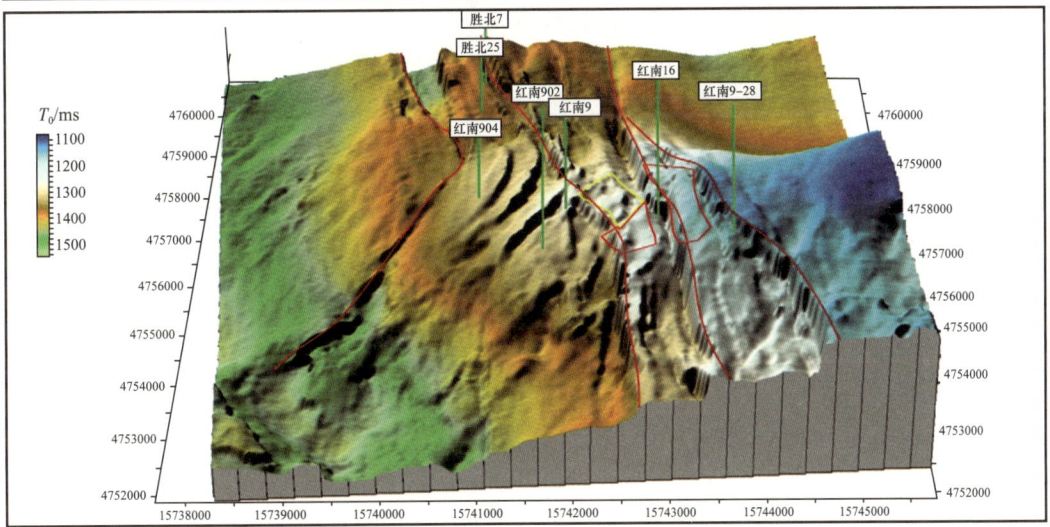

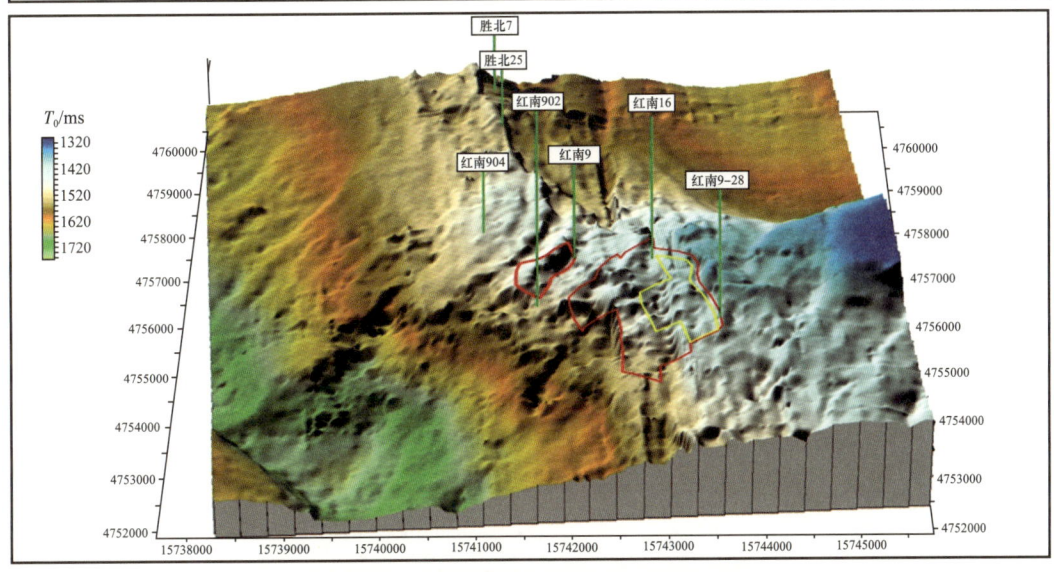

图 3-52 三维可视化分析复杂区构造演化

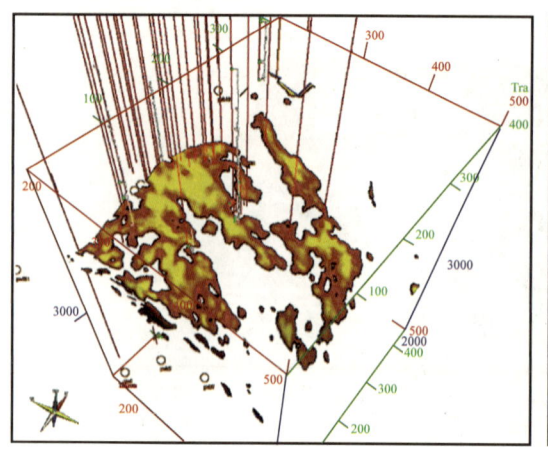

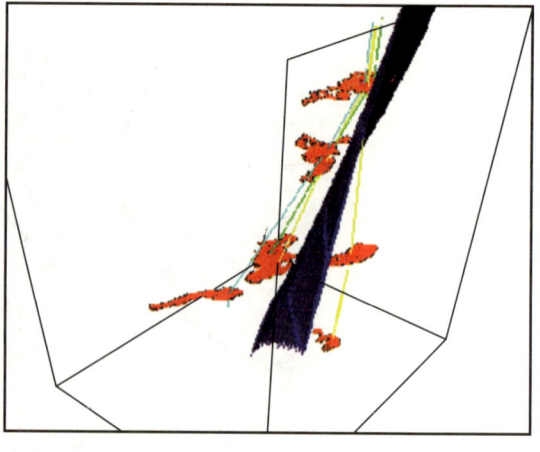

图 3-53　三维可视化协助确定钻井位置和钻井轨迹

地震解释与地质评价中的三维可视化技术是一种经济实用的视觉整体显示、分析与评价技术。与虚拟现实的高成本、对场地的高要求、需要的数据门类齐全相比，动态三维可视化价格低廉，更便于推广和普及，是三维可视化的发展趋势。

总之，层序地层和沉积微相研究基础上的地震信息多参数综合评价方法是识别、优选、描述与评价陆相湖盆岩性圈闭的有效方法，该方法及包括的技术体系适合陆相湖盆岩性圈闭发育与赋存特征，又结合盆地本身的地质特点，在陆相湖盆岩性油气藏勘探应用中值得借鉴和推广应用。

第四章 岩性圈闭勘探方法、技术应用的关键点

随着陆相盆地岩性油气藏勘探的逐步深化，勘探从常规向非常规转变，面临的技术问题也越来越多，但问题也更具体，为勘探方法研究与技术探索指明了方向。为使常规与非常规岩性油气藏勘探有序、高效、快速展开，需要深化研究陆相湖盆岩性圈闭的勘探特点，不断开展岩性圈闭地震解释与地质评价关键技术的探索，以充分挖掘地震所提供的地下地质信息，从不同参数角度准确识别、精细描述与系统评价岩性圈闭，高效指导不同类型的岩性油气藏勘探。

根据陆相盆地岩性圈闭边界条件复杂、形态不规则、赋存状态隐蔽、成藏条件复杂、运聚机理多样等发育特点和圈闭本身面积相对较小、储集体厚度较薄且成群分布的赋存特征，在高分辨率等地震勘探技术基础上，地震资料品质整体评价、合适的地震数据体选择是利用地震信息开展岩性圈闭油气藏勘探研究的首要工作。根据勘探对象在地震资料上的分辨情况进行层位—储层的精细标定、确定分析时窗的大小、开展目标顶底约束层位的合理追踪解释等是地震信息多参数综合分析方法应用的关键。而有关地震相分类、地震反演与储层预测、地震属性分析、流体势分析与含油气检测、三维可视化技术等则根据各自应用的侧重点不同，除了把握上述关键点外，在实际应用中也有相应的关键点需要把握，以确保技术实际应用的有效性。

第一节 模型正演与地震资料品质分析

岩性圈闭勘探需要什么样的地震资料？早期的岩性圈闭勘探主要在已有地震资料的基础上首先开展，那已有的地震资料是否可以满足盆地/区块岩性圈闭勘探的实际需求？这些都是勘探科研工作者首要关心的问题。要避免盲目利用现有地震资料开展岩性圈闭勘探研究并为勘探部署提供依据，那么如何得到适合于岩性圈闭勘探的地震资料？这是决策者更为关注的问题，因此，地震资料品质评价是岩性圈闭勘探研究首先需要开展的工作。

地震资料品质评价主要包括资料本身是否适合直接进行岩性圈闭勘探研究，以及已有资料满足岩性圈闭勘探研究的程度如何。具体评价内容主要有地震资料适合岩性圈闭勘探的品质状况及其对地下地质体的分辨能力两个方面。

频谱分析基础上的模型正演是评价地震资料是否适合岩性圈闭勘探的重要方法；盆地/区块地下地质体赋存特点的统计并与资料实际分辨率的对比分析，是地震资料分辨能力评价的主要途径；测井数据正演是实际地震资料揭示地下地质体空间赋存关系能力评价的关键途径。通过品质评价，可以明确已有地震资料分辨勘探目标的精细程度，分析研究得出评价结果的可靠性，同时指导后期以岩性圈闭勘探为目的的地震勘探技术发展及实际地震部署。

地震资料品质评价必须把资料本身与盆地或区块的具体地表、地质情况紧密结合进行。这里以相关探区实际地震资料为基础，进行资料品质分析评价。

一、频谱分析

针对一定地质目的的频谱分析是地震资料品质评价的有效方法。频谱表示一个复杂的震动信号，由许多简谐分量叠加而成，简谐分量及其各自的振幅、频率和初相构成复杂振动的频谱。频谱分析就是利用傅里叶变换对振动信号进行分解进而对它进行研究和处理的一种过程。地震波的频谱特征是地震波动力学的重要参数之一，主要研究地震波在运动过程中频谱、能量、波形等特征及其变化规律，它与地下地质体的地层结构、岩石类型及流体性质之间存在密切关系，为利用地震波动力学特征及其变化规律研究地下地层、岩性及油气提供了途径（徐怀大等，1990；陆基孟等，1993）。地震频谱主要通过资料的主频（ω_0）和频宽（带宽）（$\Delta\omega=\omega_2-\omega_1$）2个参数来表示。

在地震采集中，频谱分析的目的是掌握干扰波的出现规律，在野外采集时选择仪器上合适的滤波挡，将其"拒之门外"；在资料处理时，频谱分析的目的是有针对性地设计滤波器，滤除假频和干扰，提高资料信噪比；在地震资料解释并进行地质分析时，频谱分析的目的是评价地震资料包含的频谱、能量、波形特征及其变化规律等信息对地下地层结构、岩石类型及流体性质的分辨能力。特别是地震波的频率特性是系统对一个简谐信号通过系统后的振幅和相位改造的概念描述，一个系统的选择性和分辨能力是矛盾的，如果系统的频率选择性好，既通频带窄，那么信号通过系统后，频谱变窄，延续时间变长，就降低了分辨能力。

从中国陆上相关含油气盆地不同区块已有不同类型地震资料的频谱特征来看（图4-1），中国陆上由于地表条件与地下构造岩性复杂、低降速带厚度大、部分干旱地区潜水面深等原因，大多数不同类型的二维和三维地震资料频谱特征表现为：主频较低、频带较窄、低频成分缺乏或缺失。

如鄂尔多斯盆地庆城北三维（三叠系，2017年），ω_0=25Hz、$\Delta\omega$介于13~38Hz；吐哈盆地胜北宽方位三维（中下侏罗统，2011年），ω_0=29Hz、$\Delta\omega$介于24~37Hz；吐哈盆地火焰山三维（侏罗系，2007年），ω_0=18Hz、$\Delta\omega$介于11~24Hz；四川盆地卧龙河三维（二叠系—三叠系，2004年），ω_0=37Hz、$\Delta\omega$介于14~67Hz；吐哈盆地葡北三维（侏罗系，2002年），ω_0=33Hz、$\Delta\omega$介于15~67Hz，频谱主要表现为主频偏低（平均26Hz），频带窄，普遍缺失10Hz以下的低频成分。吐哈盆地低频二维（前侏罗系，2014年），ω_0=13Hz、$\Delta\omega$介于7~27Hz，它是专门针对盆地深层前侏罗系部署施工的低频二维勘探，有效保证了资料的部分低频成分，但总体来看，资料主频较低，频带窄，低频成分仍不完整。松辽盆地龙虎泡高密度三维（白垩系，2019年），ω_0=39Hz、$\Delta\omega$介于9~64Hz，该高密度三维资料主频较高，频带宽度适中，但保留的低频成分仍较少。江汉盆地新农地区高分辨率三维（古近系—新近系，2001年），ω_0=49Hz、$\Delta\omega$介于30~90Hz；广华西高分辨率三维（古近系—新近系，2000年），ω_0=49Hz、$\Delta\omega$介于30~238Hz，该区高分辨率三维地震勘探在国内开展较早，可能当时为了更突出地震勘探的高分辨率特征，资料主频较高，其中广华西高分辨率三维频带宽度异常宽，明确缺失 30Hz 以下的频率成分。总体分析，低频成分保留少或缺失低频是目前国内地震勘探的普遍现象。

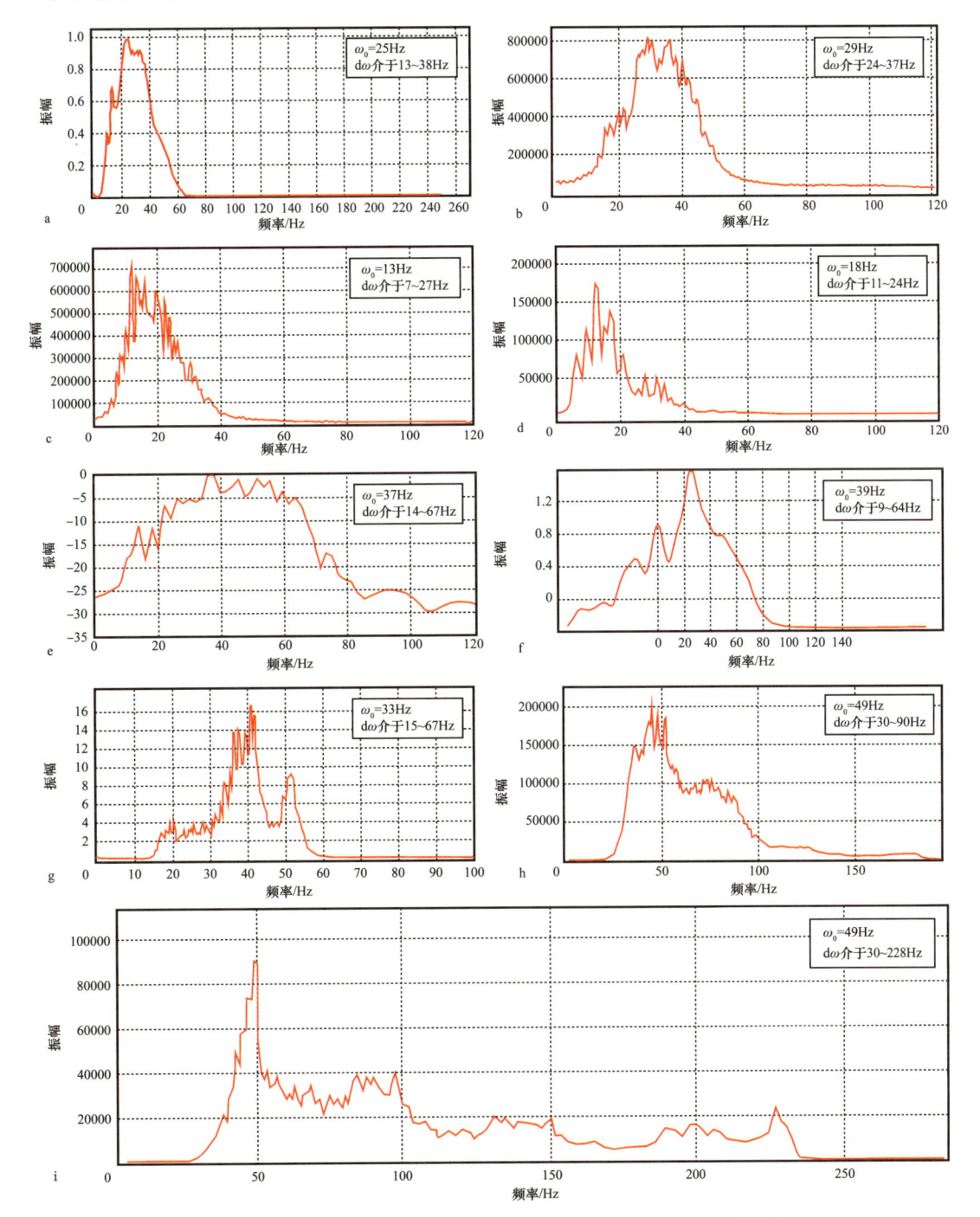

图 4-1 相关含油气盆地不同区块不同类型地震资料目的层频谱特征

a. 鄂尔多斯盆地庆城北三维（三叠系，2017 年）；b. 吐哈盆地胜北宽方位三维（中下侏罗统，2011 年）；c. 吐哈盆地低频二维（前侏罗系，2014 年）；d. 吐哈盆地火焰山三维（侏罗系，2007 年）；e. 四川盆地卧龙河三维（二三叠系，2004 年）；f. 松辽盆地龙虎泡高密度三维（白垩系，2017 年）；g. 吐哈盆地葡北三维（侏罗系，2002 年）；h. 江汉盆地新农地区高分辨率三维（古近系—新近系，2001 年）；i. 江汉盆地广华西高分辨率三维（古近系—新近系，2000 年）

从陆相湖盆岩性圈闭勘探对于地震资料的频谱要求来看，频带涉及的范围过宽，容易造成地质假象；而低频成分对于岩性圈闭勘探中的波阻抗反演及目标含油气性检测至关重要。地震资料的低频分量是确保地震波阻抗反演得到地下地质体绝对波阻抗值的关键背景因素（图4-2），它是表征地震反射长旋回背景的关键参数。具体表现在如果波阻抗反演得不到地下地质体的绝对波阻抗值，则通过实际测井资料确定的储集体波阻抗门槛值（如砂岩、泥岩波阻抗分界线）在过滤波阻抗反演数据体时，容易漏失部分储集体，从而人为丧失一部分勘探对象，给探区油气勘探带来损失；同时，在进行地震属性分析、目标含油气检测评价时也会影响评价预期。因此采集并保留地震资料低频成分的地震勘探技术（包括采集和处理）仍需有效攻关。

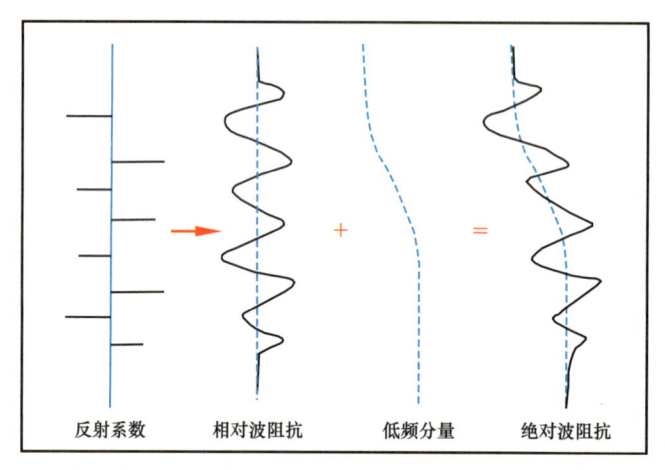

图4-2 相对波阻抗、绝对波阻抗与低频成分的关系

二、地质模型正演

地质模型正演根据维数可划分为一维、二维和多维等几种类型。一维模型是模拟地下水平地层在零偏移距下的单道地震记录（岩石物性只在垂向上发生变化），最常用的一维模型是人工合成地震记录，合成记录解释的目的是建立地震反射和主要地质界面之间的对应关系，确认主要反射同相轴的地质属性；同时可以用来确定地震垂直分辨率的下限，地层垂向分辨率约为主波长的1/4，即调谐厚度。当地层厚度超过调谐厚度时，地层的顶、底界可以借助波峰、波谷的垂直距离来确定；当厚度小于调谐厚度时，只能通过研究振幅的大小来确定地层厚度。二维模型有两类，一是构造模型，用来研究某一反射界面的几何形态；二是地层模型，用来研究某一反射的相位和振幅特征。二维模型可以用来识别砂体、礁、河道及其他特殊地质体，进行层位定性和定量对比，确定岩体或油藏的真实边界，研究油层性质变化，判断油藏开发效率等。

模型正演与地震资料品质分析的关系是分析地震资料品质，明确目前已有地震资料的分辨率；指导有关地震勘探对于观测系统和地震采集的要求，明确由于勘探对象变化而引起的勘探目标对于地震资料品质的实际需求。同时模型正演还可以分析有无与油气藏有关的地震异常、异常的地震反射特征、引起异常的原因、检测异常所需的最小带宽、可否采用某种新的采集方法检测已知的异常和圈闭、噪声特别是侧面波的存在对异常检测有何影响等。通过模型正演可以看出，地震资料的解释精度与地层的厚度、地层组合、岩性、物性、侧向分布、子波类型、频率、子波在空间的变化、数据采集方式、采样密度及资料处理方法之间有着密切的关系。模型的意义不仅在于其本身，也在于它揭示了形成地震反射的众多客观与主观因素的内在联系。

通过模型正演结果来分析已有地震资料实际达到的分辨率是任何一个地区开展岩性油气藏勘探目标评价的首要工作。对于构造形态比较简单且储层厚度比较大的勘探目标，较低分辨率的地震资料就可以满足实际勘探需求，但对于形态岩性比较复杂（包括两个方面的含义：一是目标本身的形态比较复杂；二是目标本身的形态比较简单，但由于与邻近其他地质体形态等属性比较类似，因而难以从众多的地质体中很好地区分出来，从而加大了该目标的识别与评价难度）、构造位置比较特殊、目标面积较小、岩相变化迅速的勘探目标，就需要更高分辨率的地震资料，因而高分辨率地震勘探成为目前岩性油气藏勘探的重要手段之一。

通过已有地震资料品质的综合分析，首先可以明确已有地震资料反映地下地质体的精细程度，从而有效评价已提出或待提出勘探目标的可靠程度。对于岩性油气藏勘探来说，可以帮助确定目前勘探阶段落实岩性圈闭的基本资料标准；同时，模型正演通过对实际已钻目标的具体分析，可以确定岩性勘探目标对于地震资料品质的具体要求，帮助确定后期地震勘探对于采集参数的相关基本要求。

如2005年前，台北凹陷西部的三维地震采样率以4ms为主，仅在部分地区（如红南—连木沁三维连片区）为2ms采样。通过地震资料频谱统计，该区地震资料主频分布在20~34Hz之间。对于岩性圈闭来说，砂岩透镜体和砂体上倾尖灭是勘探需要识别的重要目标，因此，地震资料到底可以识别多大厚度的储集体是模型正演的重点，它主要来回答已有地震资料通过地震波形分析、波阻抗反演等识别储集体的具体有效厚度。

地质模型正演通过改变主频（34Hz、43Hz、55Hz、75Hz）、采样率（4ms、2ms、1ms、0.5ms）、周期等参数（图4-3），采用垂直入射方法（Vertical Incidence），分别来模拟砂岩透镜体、砂体上倾尖灭和不同厚度砂体叠置（均为砂泥岩性组合）3种情况在不同参数情况下的地震波形反射与变化特征，以明确砂岩透镜体和砂体上倾尖灭在不同地震资料情况下的波形表现特征和在台北凹陷当时地震资料情况下地震可以直接分辨多大厚度的砂体。

模拟结果认为，对于砂岩透镜体来说，10m的单砂体在主频55Hz、采样率为1ms时才可以很好地通过地震波形变化反映出来；对于砂岩上倾尖灭来说，10m的单砂体在主频为43Hz、采样率为2ms时地层尖灭点便可以清晰地通过地震波形变化反映出来；对于不同厚度砂体叠置来说，本次模拟分别叠置了4m、8m、12m、16m和0~35m的尖灭砂体来作为原始地质模型。从模拟结果来看，对于台北凹陷以主频34Hz、采样率4ms的地震资料来说，只有厚度大于12m的单砂体在地震波形上才有一定程度的反映，对于厚度小于12m的单砂体，地震波形反映微弱，而对于厚度大于24m的单砂体，因出现旁瓣又使波形变化特征复杂化。

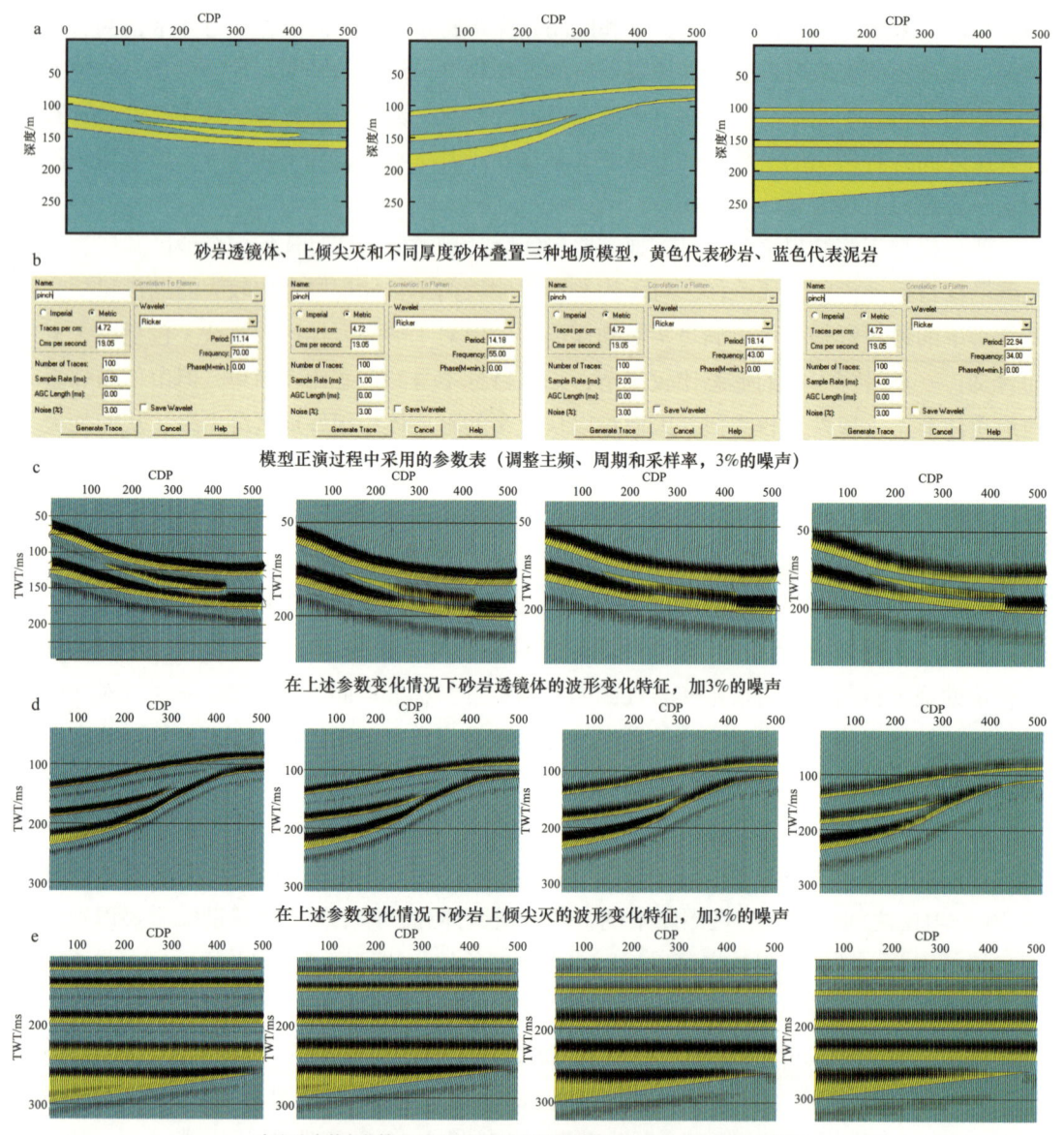

图 4-3 模型正演与台北凹陷葡北地区地震资料品质分析

a. 地质模型；b. 参数表；c 至 e. 砂岩透镜体、砂岩上倾尖灭、砂体叠置的波形变化特征，从左到右分别为（34Hz，4ms）、（43Hz，2ms）、（55Hz，1ms）和（75Hz，0.5ms）

通过对葡北地区主要钻井（葡北 5、葡北 6、葡北 7、葡北 101、葡北 102、葡北 103 井和葡 4 井）目的层三间房组（J_2s）和七克台组（J_2q）砂层厚度统计及垂向分布可以看出（图 4-4），薄、多、散是葡北地区砂体分布的主要特征，其中 4m 以下的单砂体占到总砂体层数的 61.5%，4~8m 的单砂体占 16.2%，8~12m 的单砂体占 5.4%，而厚度大于 12m 的单砂体仅占 16.9%。厚度大于 12m 的单砂体厚度变化范围也比较大，最大单砂体厚度在葡北 103 井三间房组，厚度为 44.9m（厚度太大的单砂体在复杂构造变形盆地中往往由于侧向封堵性差而不能形成聚集油气的有效圈闭）。从葡北地区主要产油层段的砂体厚度来看，产油砂体以12m以下为主。从分辨率的角度认为：葡北地区当时的地震资料难以满足岩性油气藏勘探对于地震资料品质的实际需要，针对葡北地区的岩性圈闭勘探需要部署高分辨三维地震，以便为后期岩性油气藏勘探奠定良好的地震资料基础。

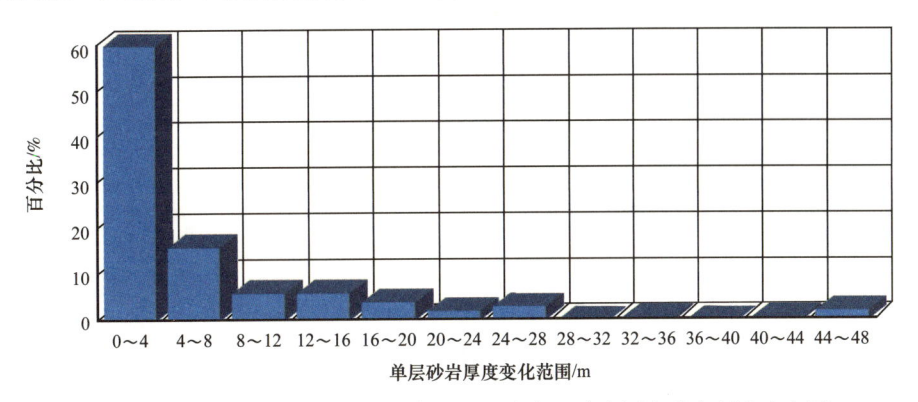

图4-4 葡北地区主要钻井三间房组和七克台组砂岩厚度分布频率直方图

以地震资料频谱分析为基础的模型正演可以进行地震资料品质分析与评价，一方面对已有地震资料分辨地下地质体的能力和精度进行摸底，另一方面可以根据地下地质体的实际反射结构，确定后期地震勘探部署对于地震主频、频带宽度、低频成分和采样率的具体要求。对于葡北地区而言，采样率1ms、主频保持在55Hz、频带宽度达到8～120Hz，理论上就可以满足岩性圈闭勘探的实际需要。

在高分辨率地震勘探部署中，应根据实际需求进行适当的震源激发，不能一味追求地震的高分辨率而忽略资料的信噪比，因为地震的主频过高，往往会造成很多地质假象。同时需要努力保持一定程度的低频成分。

三、测井正演

测井正演以实际测井数据为基础，结合所在工区地震资料频谱特征，可以很好地确定地震层位标定结果、确定储集体解释方案并明确当前地震资料识别目标体的精细程度。反过来，结合勘探目标的具体特点，也可分析有效揭示目标需要的地震频谱特征或资料品质。同时，井间测井数据正演还可以预测井间储集体的变化关系（图4-5），分析局部地区储集体的发育规律，指导实际勘探开发部署。

从技术研究的角度，应该注意模型正演得到的地震模型与实际地震剖面之间还是存在一定的差异，主要因为：（1）通常波阻抗的变化随着深度的增加而减小，反射系数也随深度的增加而减小，但模拟这种变化相当困难；（2）选用的地震子波波形与地下真实子波未必完全相似，因为真实子波的形态随着深度、地区、岩性的不同而变化（时间和空间变化），此外，参与模拟的密度参数很难获得，因而由密度和速度得到的波阻抗值也与实际波阻抗有一定差异，其结果必然影响最终的波形形态；（3）模型的地层界面是有限的，而且界面上下岩性分明，界面基本平坦、横向延伸范围不小于一个菲涅尔带，而实际地层界面数远远多于模型中的界面数；界面上下的岩性变化常常是过渡的，地层的横向延伸可能小于一个菲涅尔带，并沿界面出现众多的急剧变化，而设计模型前需要对实际地层进行简

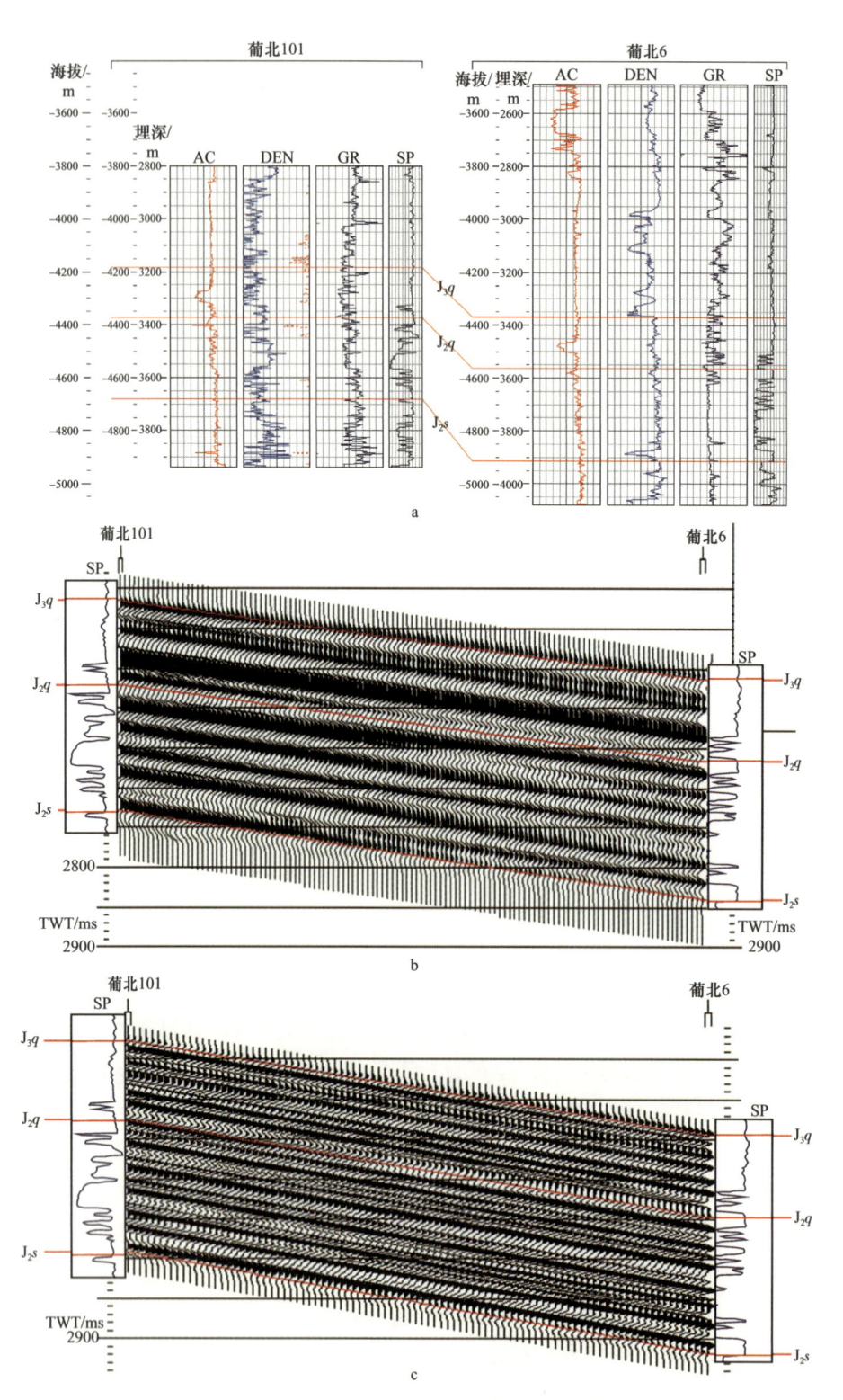

图 4-5 不同参数约束下井间测井数据正演

a. 吐哈盆地葡北 101 与葡北 6 井测井结果，主要包括七克台组和三间房组；b. 井间测井数据正演结果，模拟结果说明七克台组层位标定位置，模拟参数 ω_0=34Hz、采样率 =4ms；c. 高频模拟结果，模拟参数 ω_0=55Hz、采样率 =1ms。对比看出，常规三维和高分辨率三维地震识别地下目标的精细差异，同时可以分析井间砂层的对接关系化,其模拟结果必然使模型中的地震响应与实际地震响应间存在一定差异;(4)地震模型一般不包括噪声或其他没有直接地质意义的干扰波,而这些在实际地震剖面中是无法排除的;(5)从数学上讲,条件和参数差别很大的不同地质模型在波形的叠加和干扰影响下,也可以得到相同或者相似的地质模型(聂荔等,2002),因此,地震模型不是复杂地质现象的唯一解。虽然存在上述不足,但模型正演仍不失为地震解释的重要工具,特别在解释钻井比较多的局部地区的局部层段时,如果有模型配合常会得到很好的效果。

第二节 综合评价方法应用的关键点

层序地层和以不同级别层序为单元的沉积微相研究从宏观地质角度确定了有利于岩性油气藏发育的纵向层系和平面位置,从空间角度锁定岩性油气藏勘探的有利靶区。而地震信息综合评价的主要目的是识别、优选、描述与评价岩性圈闭,以落实具体的勘探目标,为勘探部署提供直接决策依据,因而利用地震信息多参数进行岩性圈闭综合评价的过程就显得更为精细和具体。为了更好地利用三维地震信息,精细描述地下地质体形态、岩性、物性、流体等特征,必须在地质体与地震资料能够分辨地质体特征之间找到结合点,达到对地下地质体准确的识别、精细的描述和客观的评价。通过实际应用,认为地震数据体的选择、层位—储层的精细标定、分析时窗大小的确定、目标体顶底约束层位的解释等是利用地震信息识别、优选、描述与评价岩性圈闭方法应用的关键。

一、地震数据体的选择

针对陆相含油气盆地岩性圈闭储集体厚度薄、圈闭面积较小且成群分布的特点,为了有效地识别、刻画、描述、优选与评价勘探目标,寻找最佳的勘探切入点或进一步扩大已有勘探成果,开展高分辨率、高密度三维地震部署或对地震资料进行"三高"处理是提高岩性圈闭落实程度的基础。

保幅纯波地震资料是利用地震信息开展岩性圈闭勘探的基础资料,保幅处理很好地保证了地下地质体反射波的振幅、频率、相位等原始特征;纯波数据避免了为构造解释等目的人为地对原始波形进行改造。为保证地震参数是地下地质体地质特征的真实反映,以提高地震参数分析的可信度,提取地震参数时应利用信噪比高、品质优的小面元地震数据等。频谱特征(采样率、主频、频带宽度、低频成分的保留、高频成分的可信度等)是地震资料品质评价的关键,保真保幅处理是提高岩性圈闭评价可信度的关键。在实际工作中,需要开展模型正演等系统评价地震资料品质。

二、层位—储层的精细标定

层位—储层的精细标定是预测储集体及其含油气性的首要工作,准确的层位标定和追踪是所有后续工作的基础。地震参数分析过程中的层位标定较之常规构造解释中的层位标定要求更高,不但要准确标定层位,还要精细标定储集体,以便准确选定目标体开展针对性的地震参数分析研究。传统的层位标定方法与地震参数分析对于储层标定精度的高要求有差距,"第一步粗标定目的层位,第二步精细标定储层位"的两步标定法在实际应用中效果较好，可对储集体（包括含油气层）等进行精细标定。对于陆相砂泥岩薄互层勘探目的层来说，地震参数分析时层位—储层的精细标定更为重要，以保证提取的地震参数是目的层本身真实地震参数的反映，同时要求地震资料具备较高分辨率，能够达到对于研究目的层的分辨与识别。

三、地震参数分析时窗大小的确定

分析时窗大小的确定应根据地震反射波的视周期 T 和研究区地质体的规模而定。当计算时窗过小（小于 $T/2$）时，由于分析时窗视野窄，看不到一个完整的波峰或波谷，因此提取或计算出的某些地震参数并不真实；当计算时窗过大（大于 $3T/2$）时，多个反射同相轴同时出现，降低了对目的层的分辨率，或因时窗内包含的地质体数量或类型过多，使提取的地震属性等参数具有多解性或所代表的地质含义多而难以具体确定。时窗大小的选择应在研究对象相关特征参数统计分析的基础上对应确定（图 4-6）。

图 4-6 地震参数分析时窗大小的确定

实际工作中应遵循的原则是：在地震资料纵向分辨率和研究区储层单层厚度统计分析基础上，如果地震分辨率达到识别单砂层的精度，应以单砂层对应的地震反射同相轴宽度为时窗大小选择依据；如果地震分辨率达不到识别单砂层的精度，应以砂组对应的地震同相轴为时窗大小选择依据。可变时窗由于在时窗范围内对研究目标的完整包容更适用于地震参数的提取与分析研究（图 4-7）。

图 4-7 可变时窗进行地震参数分析

四、目标体顶底约束层位的解释

在层位—储层标定后，以层序为边界，通过等时地层格架控制，对目的层开展小时窗的地震参数提取与分析。时窗顶底约束层位应具有明确的层序概念，以便其中包容的地质体具有相应的地质含义。在地震资料品质较好的地区，尽可能地利用三维自动追踪解释技术（保证同一层位具有相同的相位）开展约束层位解释，以保证小时窗范围内地震反射波形特征和地质体的完整性，避免人为手工解释导致的地震波形变异而使提取的地震参数出现扭曲或误差。从视觉效果来看，有时自动追踪解释并不如手动解释的层位平滑美观，但却是地震反射波形横向变化的真实体现，可能是地下地质体岩性、物性、含油气性、沉积组构等属性特征微弱变化的实际反映。从两种追踪结果提取的沿层瞬时频率和最大波峰振幅可以看出（图4-8），自动追踪的相位比较稳定，手动解释的瞬时相位跳跃点（或段）比较多，而提取的最大波峰振幅与自动追踪解释结果存在系统差异。

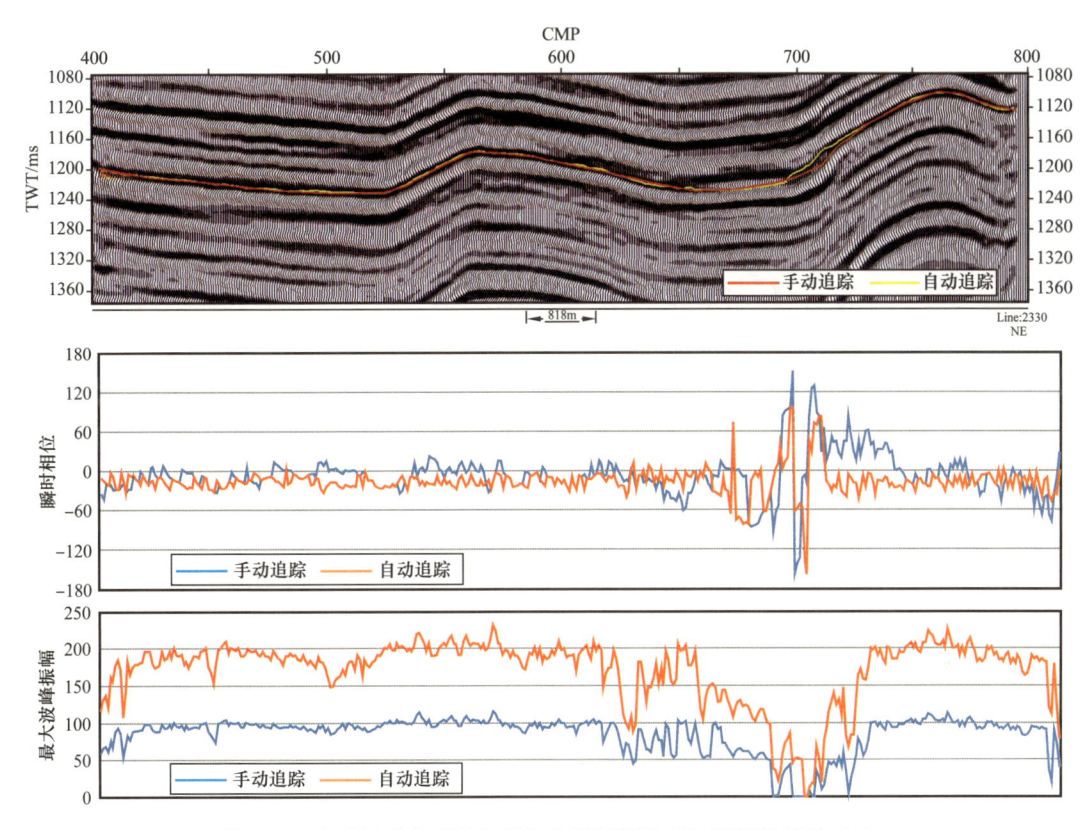

图 4-8　自动追踪与手动解释层位沿层提取的地震属性差异对比

陆相盆地岩性圈闭边界条件复杂、形态不规则、赋存状态隐蔽、成藏条件复杂、油气运聚机理多样，决定了三维高分辨率地震勘探是开展岩性油气藏勘探的主要技术。在具体地震解释过程中，地震数据体的选择、层位—储层的精细标定、分析时窗大小的确定、目标体顶底约束层位的解释是地震信息多参数综合分析方法识别、优选、描述与评价岩性圈闭有效应用的关键点。

第三节　岩性圈闭评价技术应用的关键点

利用地震参数评价岩性圈闭的地震相分类、地震反演与储层预测、地震属性分析、流体势分析与含油气检测、三维可视化等具体技术已经广泛应用于岩性圈闭识别、优选、描述与评价和岩性油气藏勘探全过程。这些技术除了掌握上述综合评价方法应用的关键点外，还应随技术应用地质目的的变化，把握它们在实际中有效应用的关键点。

一、地震相分类技术

地震相分类分析包括由粗到细的纯波数据基础上的单纯波形、测井标定和多属性叠合地震相分类。以层序为边界，在等时地层格架控制下针对研究目的层进行小时窗的地震相分类研究，同时结合研究区沉积微相研究结果、已知钻井位置处地震相类型的标定，可以快速逼近有利勘探目标，从宏观上明确后续目标评价的重点。根据研究区沉积微相研究结果选定合适的波形分类数目是有效开展地震相分类研究的关键。根据研究区地质、钻井等沉积微相研究结果，明确所涉及的沉积微相类型，依据沉积微相平面组合模式和纵向演化规律，选择相应数目（一般为奇数）开展地震相分类研究更切合研究区的实际。实际工作中应重视波形分类结果中有意义地震信号的再分类研究，强调对有意义地震信号横向变化的分析，重点分析地震信号细节变化所代表的地质含义。

二、地震反演与储层预测

在精细层位—储层标定的基础上，以层序为边界建立地质模型，进行波阻抗反演、测井参数反演等，同时结合非常规储层预测技术（地震振幅与储集体厚度关系研究、波形分析、波形分类、子波反褶积、道积分等）系统进行储层预测，明确有利目标的岩性和物性。测井资料的环境校正与归一化、选择合理的反演方法、对反演结果进行分析评价是地震反演与储层预测的关键。

1. 测井资料环境校正与归一化

测井资料环境校正与归一化的主要目的是解决不同时期、不同仪器、不同野外刻度条件（测井前钻井液浸泡时间长短不一致、曲线基线不统一和曲线单位不同）、不同施工单位等非地质因素引起的测井结果变化。如果研究区内沉积环境相对一致，则采用泥岩等测井结果随环境变化不大且分布比较广的标志层，用直方图法进行目的层段归一化校正（图 4-9），归一化前井点初始波阻抗模型与归一化后标准波阻抗模型对比是评价归一化效果的有效方法（图 4-10）；如果研究区目的层沉积环境变化较大，如从淡水向咸水过渡，则往往采用趋势面等方法进行环境校正，以确保测井解释、反演结果预测岩性及目标含油气性评价的准确性。

2. 反演方法的合理选择

地震反演是利用地表观测的地震资料，以已知地质规律和钻井、测井资料为约束，对地下岩层空间结构和物理参数进行成像（求解）的过程。随着勘探程度的深化，应采用适合工区地质特点、勘探程度和资料实际的反演方法进行岩性、物性预测，同时应根据地震、测井资料的特点与品质，加强测井曲线重构和非常规储层预测技术的应用。总体来看，波阻抗反演是高分辨率地震资料处理的最终表达方式，地震反演是储层预测的核心技术；地震属性反演是储层预测的关键技术；测井地震联合是反演的必由之路，适用性和针对性是反演取得成效的基础。

图 4-9 测井资料归一化前后对比

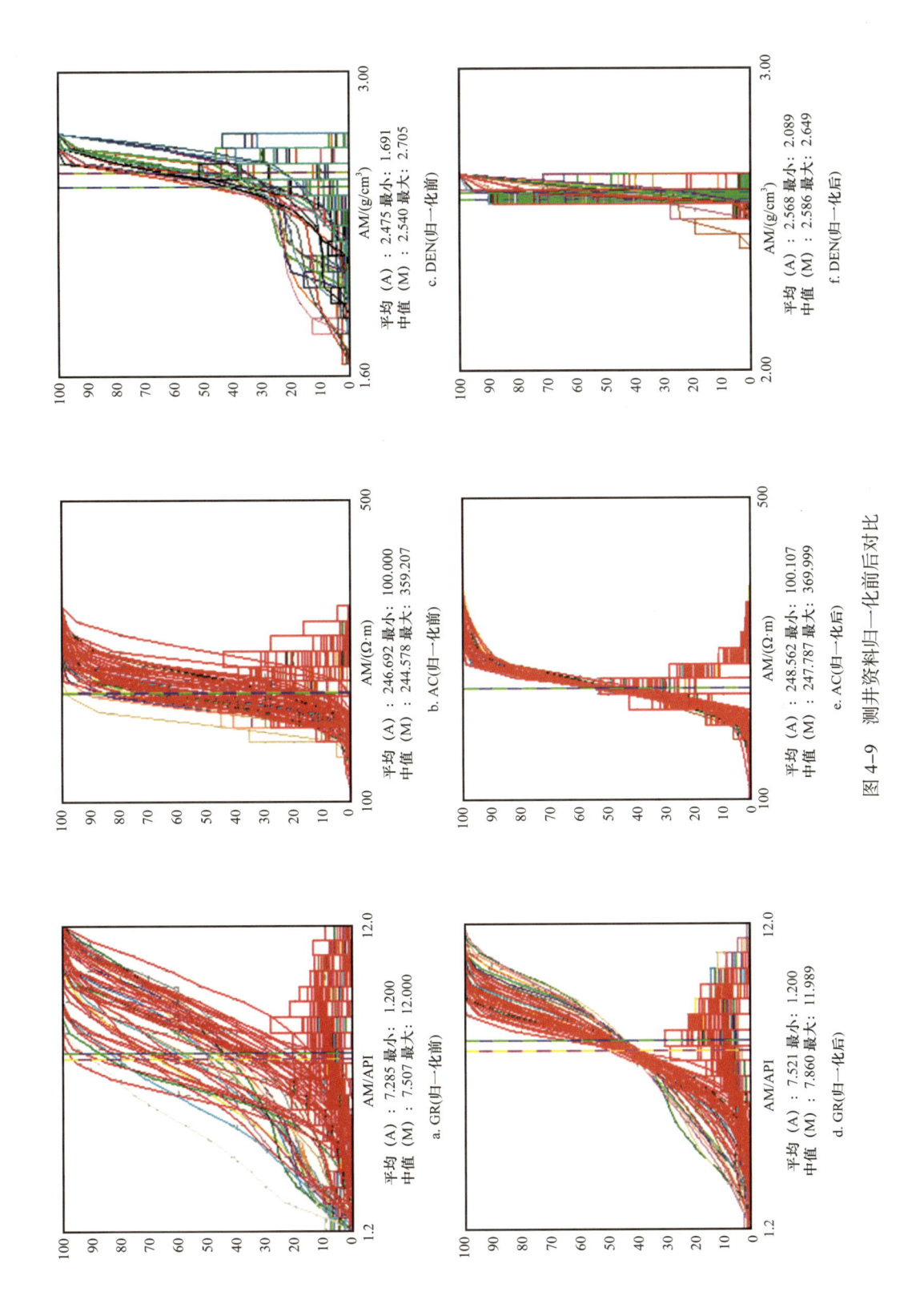

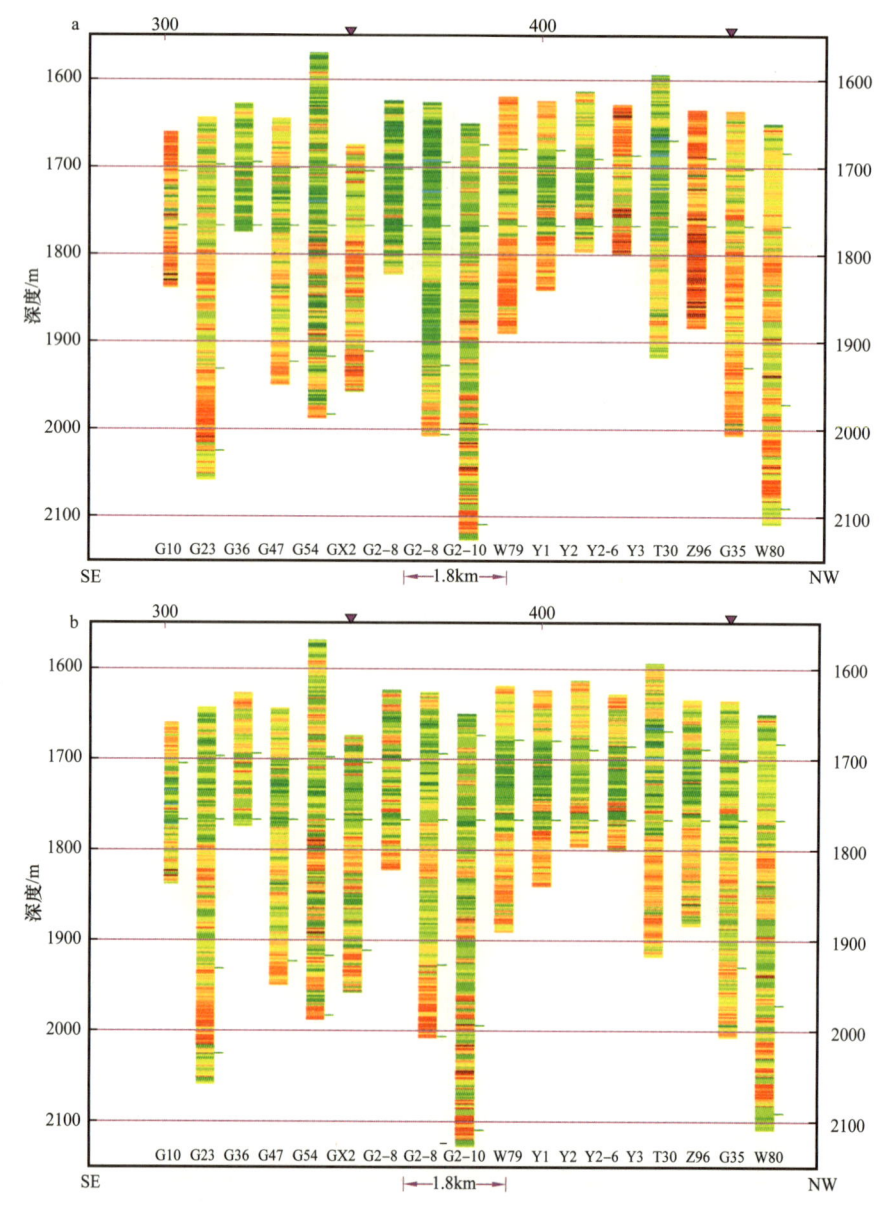

图 4-10 波阻抗初始模型（a.归一化前）与标准模型（b.归一化后）结果对比

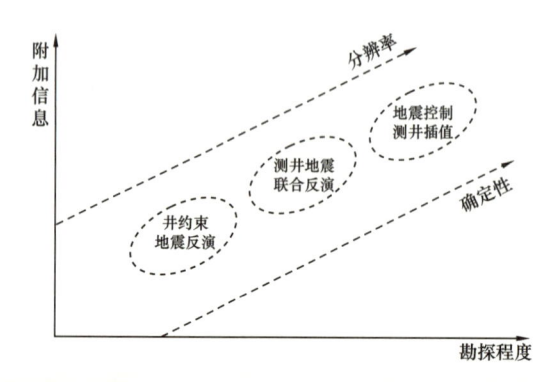

图 4-11 勘探程度与反演方法选择

随着勘探程度的深入，钻井数量逐渐增多，测井地震联合分辨薄层的能力逐步提高；随着附加信息的增多，反演结果的确定性逐步提高，解决实际问题的能力逐步增强（图 4-11）。地质、地震、测井一体化是反演成功的关键。

在实际应用中，应根据研究区勘探程度与资料基础（地震、钻测井、地质认识程度等）选择合理、适用的反演方法（表 4-1）。

表 4-1 常用地震反演方法对比

反演方法	技术特点	适用条件	优点	缺点	关键点	主要步骤
递推反演	基于反射系数递推计算地层波阻抗（速度），关键在于从地震记录中估算地层反射系数，得到与已知钻井最佳吻合的波阻抗信息。测井资料主要起标定和质量控制作用	适用于地震资料品质好、钻井资料较少的情况。主要应用于勘探初期	忠于地震资料。能够明显反映岩相、岩性的空间变化，在岩性相对稳定的条件下，能较好反映储层的物性变化	缺低频、少高频，分辨率低，较难满足薄储层研究的需要	地震资料品质是基础，井震对比是关键	宽频带、高保真叠前处理；地震反褶积（地层反褶积、频率域反褶积）；相位校正；引入低频信息；测井质量监控与参数调整
基于模型的反演	以测井资料丰富的高频信息和完整的低频成分补充地震资料带宽的不足，可获得高分辨率地层波阻抗信息	适用于钻井资料比较稳定或沉积连续情况	分辨率高，可解释性强。地震与测井有机结合，突破传统意义上地震分辨率的限制，理论上可以获得与测井资料相同的分辨率	断层适应性差，有多解性（取决于初始模型与实际地质情况的吻合程度），钻井越多，结果越可靠	测井—地震联合反演	初始模型分析；迭代过程反演结果对比；子波提取、精细层位对比解释，反演参数优选，可靠性检验
地震属性反演	由叠前或叠后地震数据经数学变换而导出的有关地震波几何形态、运动学特征和统计特征（根据提取方法分为瞬时、单道、多道时窗属性、面属性、体属性等）	适用于钻井数量多、地震类型全、高信噪比、高保真度、高分辨率资料情况	分辨率高，地质含义清楚	要求地质研究深入、各项资料完整	地震控制下的测井内插与外推	取决于假设条件与实际地质情况的吻合程度，地震资料的品质、已有钻井、测井资料的典型性及地质认识的客观性

— 143 —

3. 反演结果评价

在岩性解释过程中，可以将波阻抗剖面与地震波形进行叠合，一方面检验反演结果的准确性，另一方面通过反演得到的波阻抗等信息，分析引起地震波形横向变化的地质原因，两者结合，分析地质体横向变化特征（图4-12），反过来也可以分析地震波形横向变化可能代表的实际地质含义。在储层预测得到砂体平面分布后，与构造图叠合，确定岩性圈闭的闭合范围，落实岩性圈闭的具体位置。在遇到特殊岩性体时，可通过正演模拟验证解释结果的正确性。

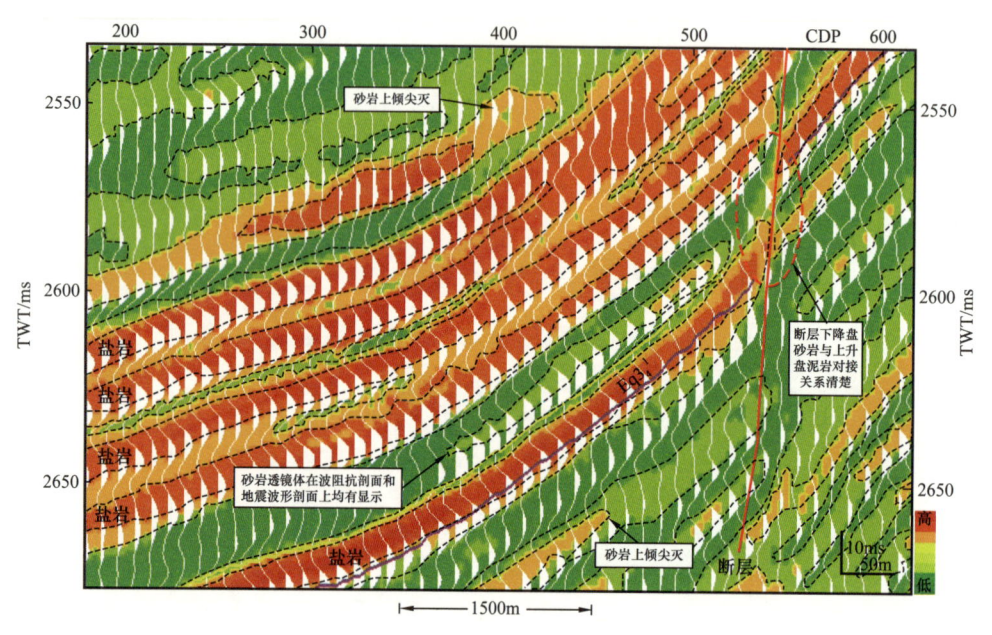

图4-12　波阻抗与地震波形叠合验证储层预测结果并分析引起波形横向变化的地质原因

三、地震属性分析技术

地震属性分析一方面验证储层预测的可靠性，另一方面初步预测目标的含油气性，属性分析已经广泛应用于实际勘探目标评价过程，但地震属性种类繁多，多数地震属性物理意义较为明确，然而缺乏具体的地质含义，给利用地震属性指导油气勘探带来困难。实际工作中，地震属性的优选、地质含义的分析与解释等是地震属性应用的关键。

1. 地震属性优选

地震属性优选是应用的基础，优选属性的标准和目的是得到不同属性之间本身相关性差但对同一地质体具有良好表述相关性的不同类地震属性。地震属性间的两两交会是分析属性相关性的最好方法，多维非线性映射是连接属性交会、平面与剖面并进行综合分析的最好桥梁（黄云峰等，2006）。在利用属性进行目标评价时应避免采用同一大类的不同地震属性对同一地质体进行相关性描述，如果本身之间相关性差的不同类属性对同一目标具有良好的表述相关性，且它们是从不同侧面对同一目标进行刻画，则目标评价的可靠程度相对更高。

2. 地震属性地质含义的分析与解释

确定地震属性的地质含义是地震属性应用的关键。如在沉积相研究方面，根据已知钻井区地震属性所属的沉积微相类型，结合钻井沉积微相平面研究结果，依据沉积微相平面组合模式，确定周围地区地震属性所属的沉积微相类型。同时，系统利用平面地震属性为沉积（微）相边界的确定提供依据，使地震属性分析结果包含更多实际地质含义。利用地震属性进行储层物性分析、流体性质预测、裂缝发育特征分析等方面亦是如此。在实际应用过程中，应加强地震属性平面图的钻井标定与平面地质解释。

3. 非常规地震数据体地震属性的应用

非常规地震数据体也提供了大量有用的信息。如波阻抗数据体、测井参数反演数据体、相干数据体、分频数据体、波形分类数据体等。在这些数据体中可以根据具体目标评价的需要提取相关的属性信息，更为直观地进行目标评价，如利用沿层波阻抗可以了解储集体等在平面的展布规律，利用沿层相干体可以了解断层等地质现象在平面的展布格局，利用波形分类可以很好地确定沉积微相等的平面分布特点。

4. 多维非线性映射

地震属性映射可以使属性在地震剖面、属性平面图及交会图上进行归类相互映射显示，既可以在地震剖面或平面图上圈定具有已知地质含义的区域向属性交会图进行映射，在属性交会图中得出相关属性所表示的地质意义，进行属性地质意义的标定，也可以选定单个或多种属性值范围向地震剖面或属性平面图映射，直接显示选定属性范围值区域的剖面或平面位置。还可进一步直接根据地震属性的基本地质含义，圈定出油气敏感范围，把交会图中圈定的范围直接映射到属性平面图和/或地震剖面图上，直观指示相关地质含义在剖面与平面上的位置。多维非线性映射是连接属性平面与地震剖面综合分析的最好桥梁。

在地震属性实际应用过程中，地震属性优化、统计关系建立和进行预测三者是相互关联的。地震属性优化是应用前提，统计关系建立是过程，而利用属性进行预测是最终目的。

四、流体势分析技术

流体势分析是从视平面的角度研究不同时期流体运移特点，明确预测目标所处的流体势位置，判断岩性圈闭与流体运移轨迹之间的关系，确定岩性圈闭是否处于流体运移的优势路径或者流体运移的优势指向区，判断岩性圈闭接受流体的可能性，从定性的角度判断岩性圈闭成藏的可能性，为岩性圈闭勘探提供辅助评价依据。流体势分析主要采用古构造（包括断裂分布）、砂体厚度、孔隙度平面变化、渗透率平面变化、生烃强度和压力梯度等作为约束条件来模拟分析流体势变化特点，实际应用过程中有以下关键点。

1. 油气主要运移期构造形态的确定

目的层古构造形态是流体势分析的主要边界条件，而烃源岩主要排烃期的古构造形态在很大程度上确定了流体势场的空间分布。通过埋藏史和烃源岩成熟演化史等分析，明确烃源岩主要生排烃期，以此为基础，对研究目的层进行层拉平，结合古构造恢复，确定主要生排烃期的古构造形态。

2. 油气运聚单元的确定

油气运聚单元是盆地中被油气运移分割脊所围限的具有相似油气运移和聚集特征的独立三维石油地质单元（图4-13），具有共同的油气生成、运移和聚集特征，也是具有成因联系的一组油气藏、远景圈闭及为其提供烃源的有效烃灶的集合体。它是有效烃源岩、优势运移通道、有效储层、有效盖层、有效圈闭等要素和油气生成、油气运聚、圈闭演化等成藏作用在时间和空间上的有机组合。其主要特点是一个运聚单元中的流体只能在本单元内流动。油气运聚单元主要根据盆地油气运移聚集特征来划分，油气运聚单元边界是流体势高势面所确定的油气运移分割脊（与地表的分水岭类似，但为镜像关系）或在油气运移过程中起分割作用的其他地质体，如封闭性断裂等。

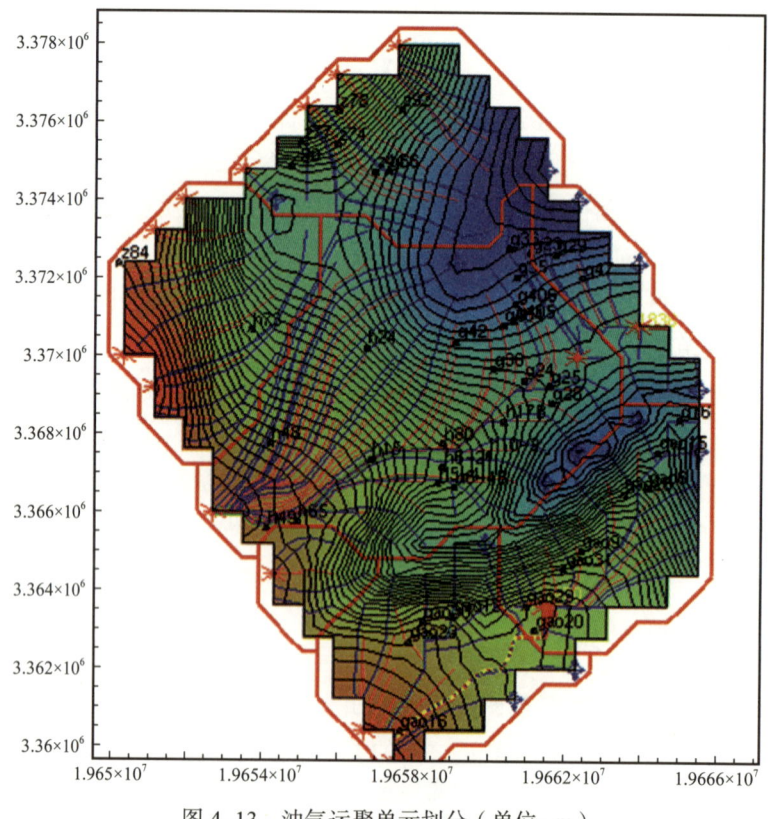

图4-13 油气运聚单元划分（单位：m）

油气运聚单元分析主要包括有效烃源岩规模及其演化历史、油气输导体系类型和分布、圈闭类型及其有效性、运移聚集特征等，它们是决定运聚单元油气丰度的主要因素。

油气运聚单元分析可以比油气系统分析对勘探目标作出更直接的评价，可以作为油气勘探目标评价的直接依据。柳广弟等（2003）曾系统讨论了有关油气运聚单元的划分原则及边界确定方法。流体势分析软件在相关参数输入后可自动划分油气运聚单元，但往往需要人工定义其中断层的性质（封闭还是开启）、油气运聚量等。付广等（2001）系统讨论了断层对流体势空间分布的影响及其研究方法，在实际应用中具有良好的参考价值。

3. 层序内部相关物理参数的确定

输导层的厚度、孔隙度、渗透率、压力（或者压力梯度）等平面变化特征是在古构造形态确定后决定流体运移趋势的主要控制参数。目的层顶底面古构造形态（即高程）可通过研究区地震数据体目的层顶底的构造解释并进行层拉平后得到空间连续变化的数据；输导层的厚度（或储集体厚度）、孔隙度、渗透率等参数可通过测井、分析化验、储层预测等过程综合分析获得平面连续变化的数据。而有关流体密度和地层压力目前仅可从勘探区内有限的井筒获得离散的数据。Fillipone（1979）通过对比钻井、测井获得的岩层密度、孔隙度、压力等参数与地震测井速度之间的相互关系提出了直接利用层速度计算流体压力的算法，彭存仓等（2003）对该模型进行了修改并进行了孤东地区地层压力计算，同时建立了相应的预测模型，其公式为

$$p_f = [(v_{max}-v_i)/(v_{max}-v_{min})] \times D \times G_p \times \rho_s \qquad (4-1)$$

式中　p_f——地层压力，MPa；

　　　v_i——第 i 层层速度，m/s；

　　　D——埋深，m；

　　　G_p——常数（地层在某一矿化度条件下的地层水压力梯度）；

　　　ρ_s——地层平均密度，g/cm^3，可通过平均速度或盆地沉降模拟得到；

　　　v_{max}——孔隙度接近 0 时的岩石波速，m/s；

　　　v_{min}——刚性接近于 0 时的岩石波速，m/s。

在实际工作中，可结合研究区钻井揭示的地层压力并结合该预测模型对地层压力平面变化特征进行分析，以得到较为可靠的且平面连续变化的地层压力数据。

4. 网格化参数的生成

对目的层顶底的古构造形态、储层厚度、孔隙度、渗透率、压力等相关参数在统一网格约束下进行网格化参数的生成是模拟流体运移轨迹的主要数据准备。根据流体势分析软件对于数据体的要求，所有相关参数必须具备统一的网格参数，保证研究区每个单元格内有相关的参数参与计算。这就需要根据研究区所有参数的分布特点选择合适的网格大小和网格化方法，以满足全区流体势能计算和流体运移轨迹模拟的需要。

五、含油气检测技术

地震信息分解基础上的含油气检测技术是目前相对比较成熟的利用地震资料直接进行含油气检测的技术方法。它主要是在已知区（含油、含水、干层）地震响应特点分析的基

础上，来外推预测目标是否具有与含油气区相同或相类似的地震响应特点。该预测方法的前提是：在同一研究区同一层位相同沉积相类型控制下储集体中，相类似的地震响应特征并不代表都含油气，但含油气的不同部位其地震响应特征应该类似。虽然有些地震信息对砂层中的含油气性比较敏感，但并不是所有属性都如此。为此，需首先对所有地震属性进行特征参数压缩处理，其目的是将相关的、多余的信息压缩，降低样本特征参数的维数。

在信息压缩过程中要取保熵性、保能量性、去相关性和能量集中性。这样优选出部分敏感参数，再通过与已知油气区对比分析，判断哪些信息在已知油气区可以较好地反映油气的存在，然后再建立井上含油厚度、含油丰度与所优选参数组合的映射关系，最终将这些参数信息定量地转化为含油厚度和含油丰度平面预测图。根据预测图可对岩性圈闭的含油气性进行定量预测。此外，还可采用其他方法进行含油气预测，如地震多信息综合聚类分析、吸收系数分析、已知地震模型控制下的特殊地震属性分析等（李在光等，2006）。

1. 有效频段选择和地震敏感属性优选

主要目的是在合适的地震频段范围内优选对含油气性相对敏感的地震属性，使选择频段内的相应地震属性能够有效区分油（气）层、水层和干层（泛指不含油、气、水的层位）等。含油气检测相关属性参数的提取必须是针对不同的频率段，但如何区分低频段和高频段没有明确的方法，只有在地震资料频谱分析基础上，通过反复试验，以尽可能在相关属性参数特征上明显区分油（气）层和其他层系（水、干层）为依据，如在江汉新农高分辨率三维地震区确定的低频段为8~20Hz、高频段为80Hz以上；吐哈盆地胜北洼陷常规三维地震区确定的低频段范围为8~25Hz，高频段为55Hz以上。

2. 针对目标体直接开展检测研究

所针对的研究目标应很具体，实际工作中应先从剖面属性中找出可能的含油气目标体的分布位置，然后开展针对这些目标的平面属性分析研究，避免针对大的地层组、层序或层段等跨度较大、纵向上包含的地质体类型过多的目标体进行油气检测研究，这主要是因为地震资料包含的油气信息微弱，如果检测对象过大、其中包含的地质体过多，则结果往往冲淡了应有的效果，给油气检测带来误差。

六、三维可视化技术

三维可视化可直观了解预测目标在空间的分布位置和范围，加深对地下地质体三维空间分布形态的全面认识，协助确定钻井位置，优化钻井轨迹。综合其他研究结果，即已知油区油气成藏条件分析、构造研究、沉积相研究、地层岩性油气水对比、储层预测平面及纵向展布、油气检测结果等，提出井位部署建议。该技术应用的关键点是优选种子点及确定显示目标相关参数的阈值（大量的原始资料统计是确定阈值的基础），并以尽量直观的方位、角度对不同的表征参数进行展示。

把握上述方法与技术应用的关键点，采用地震信息多参数综合分析方法，对江汉盆地潜江凹陷古近系—新近系潜江组、吐哈盆地台北凹陷侏罗系相关区块进行了岩性圈闭识别、优选、描述与评价，实际应用取得了良好的研究与勘探效果，证实了把握上述关键点对于利用地震资料开展岩性圈闭地震解释与地质评价的适用性和实用性。

总之，把握岩性圈闭识别、描述、优选与评价方法及相关技术在陆相湖盆岩性油气藏勘探应用中的关键点，对于快速找准工作切入点、提升工作效率、得到客观的分析结果及有效指导油气勘探部署具有重要意义。

第五章　综合应用实例

以江汉盆地潜江凹陷古近系—新近系潜江组、吐哈盆地台北凹陷上侏罗统喀拉扎组为例，简要说明层序地层和沉积微相研究基础上的地震信息多参数综合评价方法及相关技术在岩性油气藏勘探中的应用及其效果。

第一节　江汉盆地潜江凹陷古近系—新近系

江汉盆地周缘表现为继承性西北高、东南低的古地貌格局，沉积物源以西北向为主。潜江凹陷发育白垩系、古近系、新近系和第四系。研究目的层段为古近系上始新统潜江组潜三段。从白垩纪到古近纪—新近纪，由于华夏山系和南岭山系先后大幅度隆升，构成影响古气候的屏障，造成本区白垩纪至古近纪早期为亚热带干旱气候，古近纪中晚期变为干旱与潮湿交替的气候环境。沉积物来源和水动力、水介质的周期性变化造成沉积剖面具有明显的旋回性和韵律性，蒸发类膏岩发育。其中中、上始新统和渐新统厚度为2000～7000m，上始新统潜江组厚度为800～4200m，岩性为灰、深灰色泥岩、钙芒硝泥岩、盐岩夹油浸泥岩、泥膏岩和粉砂岩等，属于典型的欠填充湖盆。泥岩、膏岩、砂岩交互发育的沉积背景决定了该区是进行岩性圈闭油气藏勘探的有利地区。为此，江汉油田先后在蚌湖、广华、新农等地区在国内率先开展了二维、三维高分辨率地震勘探，为岩性油气藏勘探奠定了良好的地震资料基础。

以新农三维地震区为例，通过采用层序地层和沉积微相研究基础上的地震信息多参数综合评价方法进行了岩性油气藏勘探目标研究。层序地层格架建立，快速优选了有利勘探层系，沉积微相研究落实了有利储集体类型与平面分布位置，地震信息多参数综合分析方法识别、优选、描述和评价了一批有利岩性圈闭，提供了钻探目标，岩性油气藏勘探取得了良好效果。

一、层序格架控制下的沉积微相研究

通过岩心观察与取样分析，利用测井资料对相关钻井进行了单井高分辨率层序地层划分，建立了多条骨架和辅助剖面，通过地震、测井的高分辨率连井层序对比，识别了潜江凹陷潜江组不同沉积环境下的层序界面并进行了层序划分，明确了各级层序界面标志及其地质含义。通过井资料检验，利用地震资料对比、追踪、闭合，分析层序内部沉积变化规律，以此为基础建立了潜江凹陷潜江组层序地层格架（图5-1），为纵向细分单元的沉积微相研究奠定了层序地层研究基础。通过层序格架建立和地震横向追踪对比发现，层序内部向构造高部位尖灭的低位体系域砂体是岩性油气藏勘探的有利目标。重点围绕这些目标

层开展岩性圈闭识别、描述与评价研究。如新农地区 Eq3$_4^1$（属于 SⅢ5）为岩性圈闭发育的有利层系。

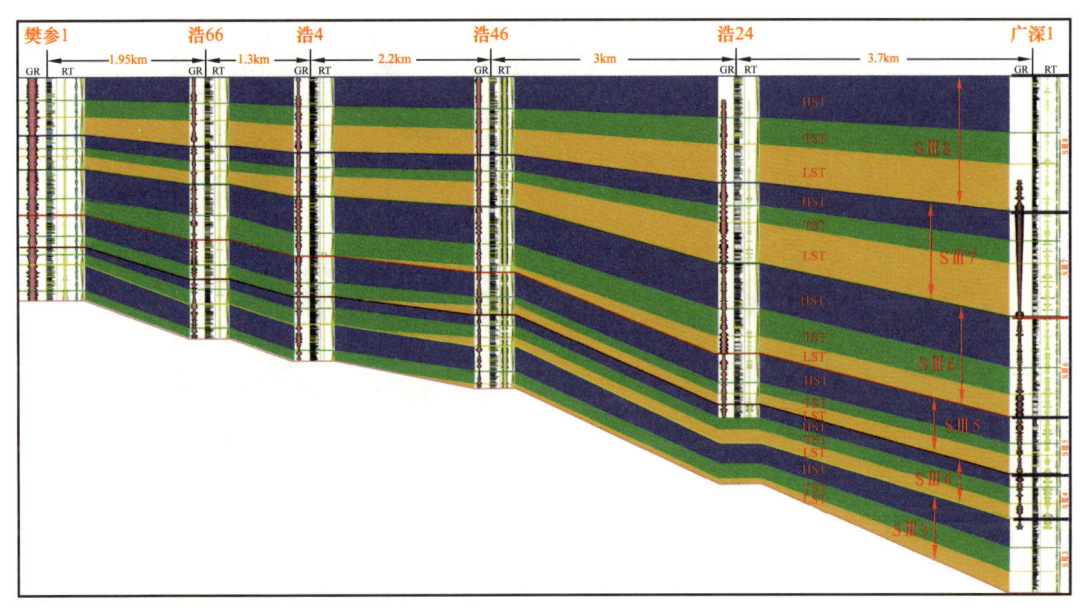

图 5-1　潜江凹陷新农地区层序地层对比剖面

通过钻井岩心观察，结合测井曲线变化、分析化验等，从岩性组合、沉积组构（层理等）、粒度概率曲线、测井曲线等方面系统建立了研究区沉积微相划分标准；系统利用井资料建立了研究区扇三角洲分流河道—河口坝—席状砂和前三角洲泥（图 5-2）、三角洲分流河道—远沙坝和浅湖泥滩、三角洲前缘河口坝和席状砂、滨浅湖滩砂—泥滩、滨浅湖沙坝—滩砂与泥滩—含膏泥滩、浅湖泥滩—滩砂和泥盐滩、浅湖泥盐滩、较深湖含膏泥滩—浅湖泥膏盐滩和泥盐滩、浅湖滩砂与较深湖浊积外扇、较深湖含膏泥滩和浊积外扇、深湖泥滩—较深湖含膏盐泥滩和浊积外扇 11 种沉积微相组合模式，明确了目的层纵向沉积微相组合模式并分析了侧向变化特点。总体来看，潜江组时期湖盆边缘相不发育，研究区至少存在北部和北西方向 2 个物源补给途径，有三个三角洲（包括扇三角洲）发育时期（自下而上为潜 4$_3$ 至潜 4$_2$，潜 4$_1^下$ 至潜 3$_4$，潜 3$_3$ 至潜 3$_2$），沙坝微相主要分布于三角洲发育的浩口—高场地区，泥盐滩微相主要分布在广华、高场 2 个地区的三个湖浸时期，浊积外扇微相沉积于最大湖侵期和湖水最深的地区。分流河道、河口坝等是有利于储集体发育的主要沉积微相类型（图 5-2）。

以此为基础，在层序格架控制下，进一步细分单元，开展平面沉积微相研究，明确沉积微平面变化规律和纵向演化特征。以对应于 SⅢ5 层序内的 Eq3$_4^1$ 为例，新农地区主要发育北部的扇三角洲沉积体系、西北及南部物源的河流—三角洲—河口坝沉积体系（图 5-3），沉积体系继承发育的特点明显，但沉积体系内沉积微相由于局部构造活动影响具有一定程度的横向迁移。沉积微相研究明确了有利于岩性圈闭发育的平面位置。层序地层与沉积微相相结合，为后续利用地震信息多参数综合识别、描述、优选与评价岩性圈闭确定了空间靶区位置，即针对广华北、浩口东南及高场地区。

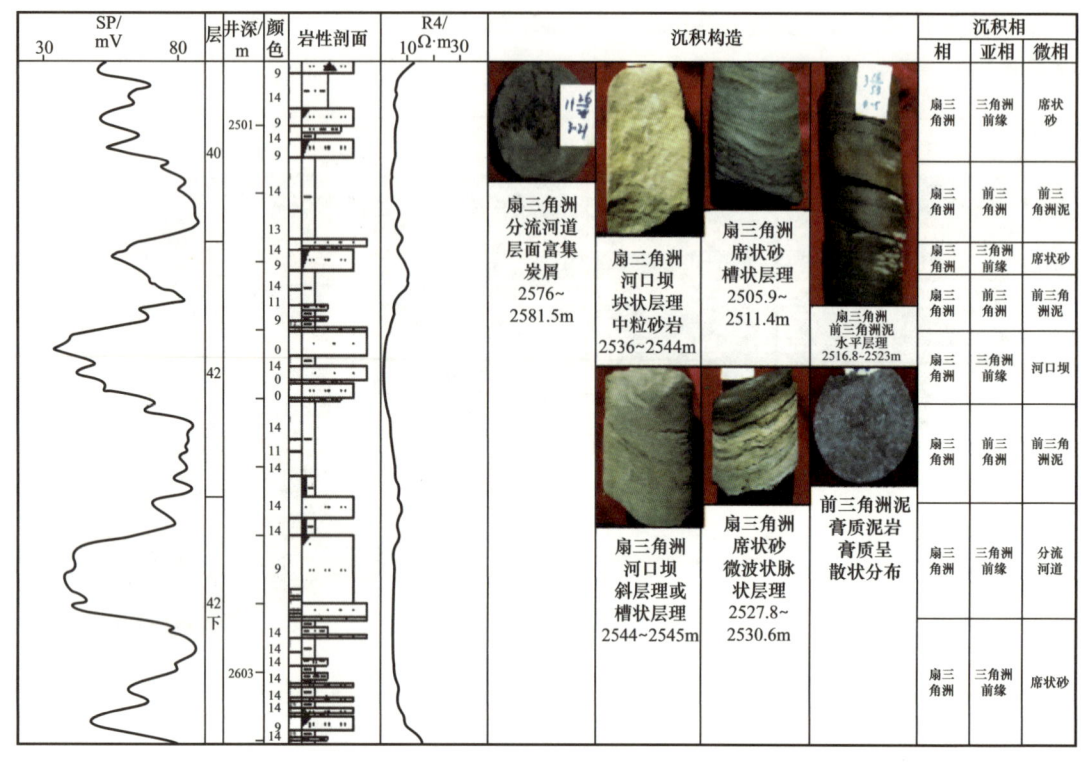

图 5-2　分流河道、河口坝、席状砂和前三角洲泥微相组合模式

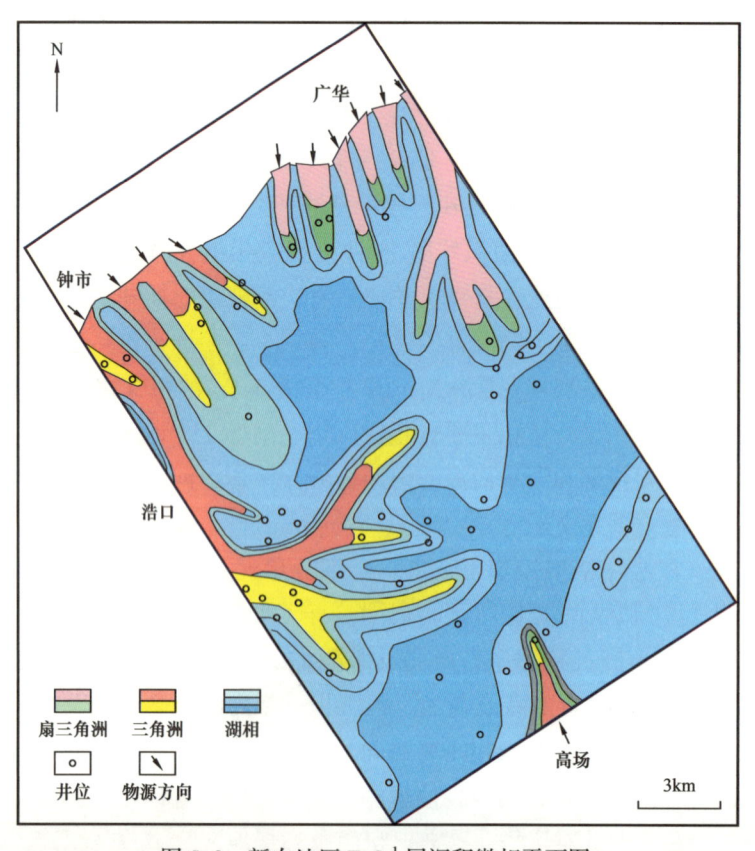

图 5-3　新农地区 Eq3$_4^1$ 层沉积微相平面图

二、地震信息多参数综合分析识别、描述、优选、评价岩性圈闭

以对应于 SⅢ5 层序内的 $Eq3_4^1$ 为例，利用纯波形、测井标定和地震属性叠合的地震相进行类比，迅速逼近有利勘探目标区（见图 3-2）；通过多种方法的波阻抗反演和测井参数反演确定目标体岩性；通过类比和模型正演，用地震属性进一步验证储层预测的可靠性，并初步判别目标的含油气性（见图 3-14）；在流体势分析基础上（见图 3-39），用地震信息分解方法对目标进行含油气检测；三维可视化追踪确定目标的空间展布位置和范围，确定有利勘探目标（图 5-4）。在工区中部优选的属于河口坝微相类型的岩性圈闭取得了良好勘探效果。

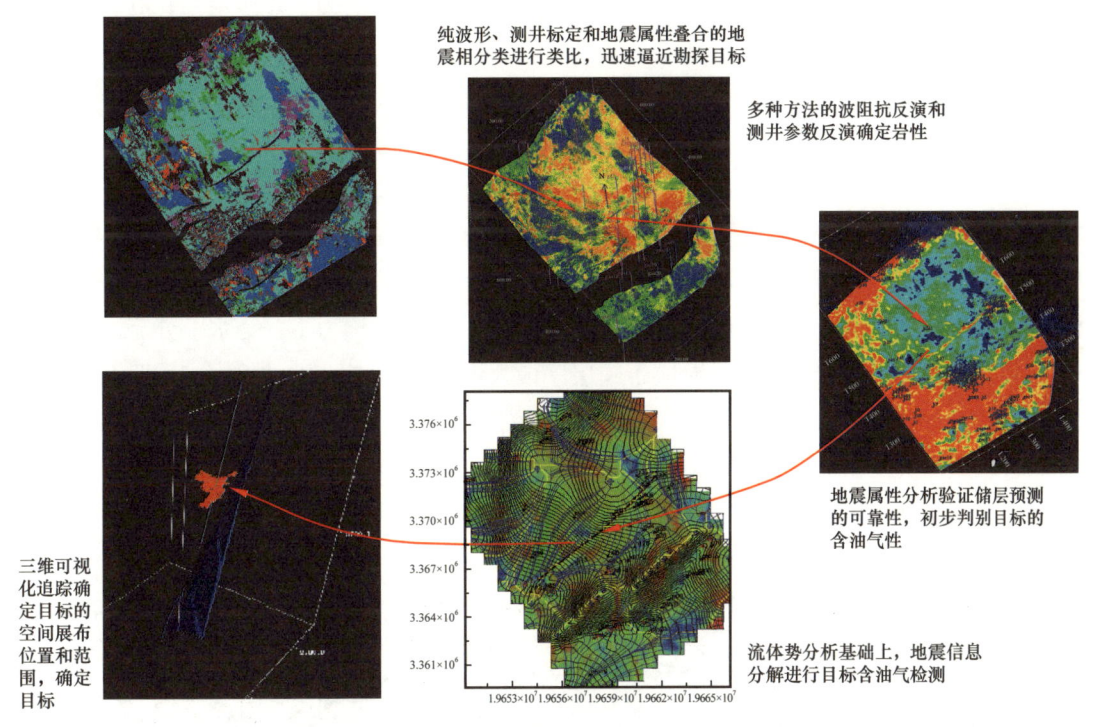

图 5-4 地震信息多参数综合分析识别、描述、优选与评价岩性圈闭

第二节 吐哈盆地台北凹陷上侏罗统

吐哈盆地是一个东西向狭长的含油气盆地。盆地主体台北凹陷发育侏罗系、白垩系和古近系—新近系，研究目的层段为台北凹陷西部胜北洼陷的上侏罗统喀拉扎组。从早侏罗世到晚侏罗世，由于北部博格达造山带的阶段隆升与南部觉罗塔格造山带的逐步剥蚀夷平，盆内侏罗系主要发育北部近物源的冲积扇—湖泊沉积体系、南部和西北部沿盆地长轴的辫状河三角洲—湖泊沉积体系。侏罗系早期湿润、沉积地貌平缓，以准平原化沉积背景下的河泛平原及湖相沼泽沉积为主，为煤系、暗色泥岩烃源岩主要发育期，是源内油气勘探的主要层系；中侏罗世，南北构造挤压而盆内差异隆升明显、物源供给充足、沉积地貌分异大，以辫状河三角洲—湖泊沉积为主，为储集体集中发育期，油气藏及油气显示丰

-153-

富，是吐哈盆地早期勘探开发的主要目的层系；晚侏罗世，盆地绝大部分地区遭受剥蚀，因而发育范围相对局限，主要发育在凹陷西部的胜北洼陷，由于构造格局的显著变化和炎热干旱的气候环境，以南北双向物源的冲积扇—冲积平原—局部湖泊（膏盐湖）沉积环境为主，烃源岩不发育，其中的砂岩储集体是次生油气藏勘探的主要领域。整体来看，侏罗系的吐哈盆地经历了过填充—平衡填充与欠填充沉积演化过程。

胜北洼陷是吐哈盆地勘探程度最高的三个富油气洼陷之一。盆地南北挤压形成的南北向走滑断裂沟通上侏罗统与中—下侏罗统水西沟群烃源岩系等，在洼陷内喀拉扎组发现了胜北3号和红南—连木沁等浅层次生油气藏，部分油气藏/层具有典型的岩性油气藏特点。这些发现证实了胜北洼陷上侏罗统喀拉扎组的油气勘探潜力，也坚定了在胜北洼陷开展浅层次生岩性油气藏勘探的决心。

一、层序格架控制下的沉积微相研究

台北凹陷侏罗系可划分为1个超层序、7个三级层序（见图2-9、图5-5）。SC1—SC5是烃源岩发育的主要层系，以煤系地层和湖相泥岩为主。研究区煤系、泥岩等地震反射清晰，以平行、亚平行、连续—中强振幅反射为主，全区可以连续追踪；SC6—SC8是储集体集中发育层段，地震反射以亚平行、半连续、中弱振幅为主，是水下分流河道等类型储集体发育的关键层段；SC9对应于超层序最大洪泛期，与SC1一起构成侏罗系生储盖组合中良好的区域顶、底板条件；对应于上侏罗统齐古组和喀拉扎组的SC10—SC11主要分布在胜北洼陷东部，向西逐渐减薄尖灭；SC12—SC14（白垩系—古近系—新近系）与下伏层序均呈明显的角度不整合接触，在局部地区呈披覆形态覆盖在侏罗系之上。

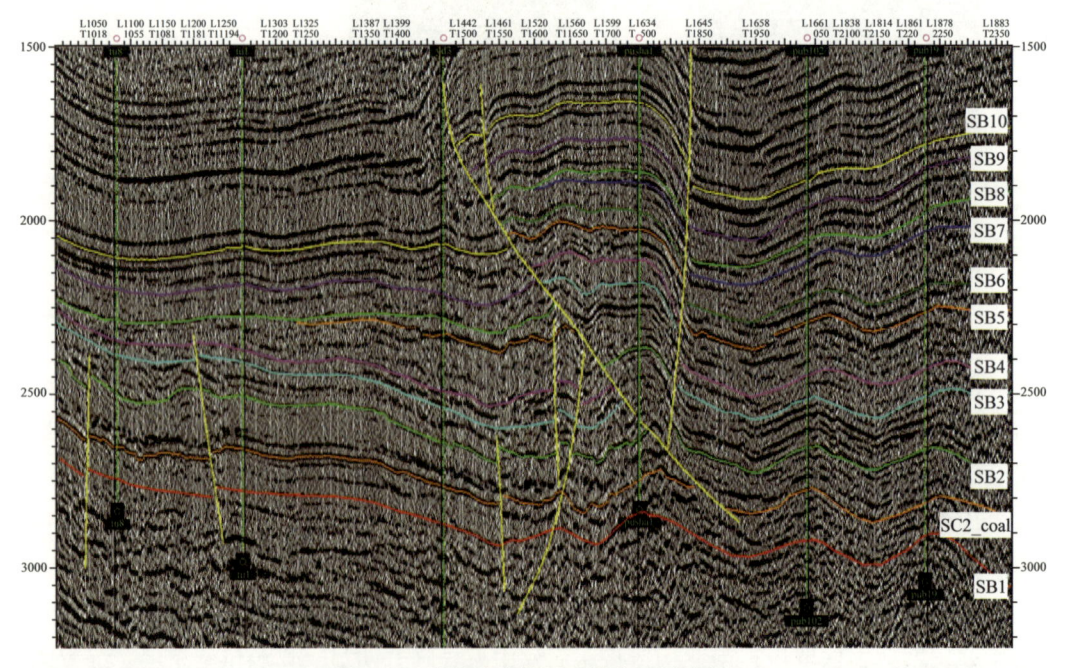

图5-5 胜北洼陷侏罗系层序地层格架

从沉积环境与古气候分析，研究区 SQ7 的气候条件继承了 SQ6 时期的炎热干旱特征，洼陷水体退出，整个胜北洼陷被一套强氧化的红色沉积覆盖。此时燕山Ⅱ幕逆冲褶皱导致博格达山再次隆升，地形转为北高南低，与物源相对匮乏、主要发育红色泥岩夹薄层砂岩的泛滥平原 SQ6 沉积期相比，SQ7 沉积期来自博格达山的物源供应量迅速增加，从而使工区北部冲积扇发育且扇体发育完整，从北东往南西依次为扇根、扇中、扇缘到洪泛平原，呈良好的条带状分布。此时南部的火焰山断裂带也开始反转，继而抬升剥蚀，西部的葡北构造带也在南北区域挤压应力下抬升，工区周缘均处于整体抬升阶段，受此影响，葡北地区、北部山前带、神北和胜南地区、火焰山构造带及红西 5 井区等地区该套沉积均被剥蚀殆尽。SQ7 重矿物分区表明此时工区发育北东和南东双向主物源，但以北东物源为主。与 SQ5、SQ4 和 SQ3 时期的南物源和西物源为主明显不同，胜北洼陷 SQ7 时期是一个区域性的沉积物源转换期，从此开始南部物源逐渐萎缩，北东部物源迅速增强，北东部物源变为主物源，并且物源供应量充足，工区被分别来自北东和南东方向的冲积扇沉积体覆盖（见图 2-18）。扇中辫流河道砂体是有利储集体发育的沉积微相类型（见图 2-15），与古鼻隆构造背景斜交砂体，有利于形成侧向上倾尖灭岩性圈闭（见图 2-18）。

二、地震信息多参数综合分析识别、描述、优选、评价岩性圈闭

利用地震波形分类并与已知含油气井类比，迅速逼近有利勘探目标区；通过波阻抗反演确定目标体岩性；通过地震属性分析、映射等验证储层预测的可靠性，并判别目标的含油气性（图 5-6）；开展流体势分析，判断目标所处的流体势位置，分析接受流体的能力（图 5-7）；用地震信息分解方法对目标进行含油气检测（见图 3-45）；三维可视化追踪确定目标的空间展布位置和范围，确定有利勘探目标（图 5-8）。2 号走滑断裂下盘低部位部署的胜北 16 井岩性圈闭在喀拉扎组取得了良好的勘探效果。

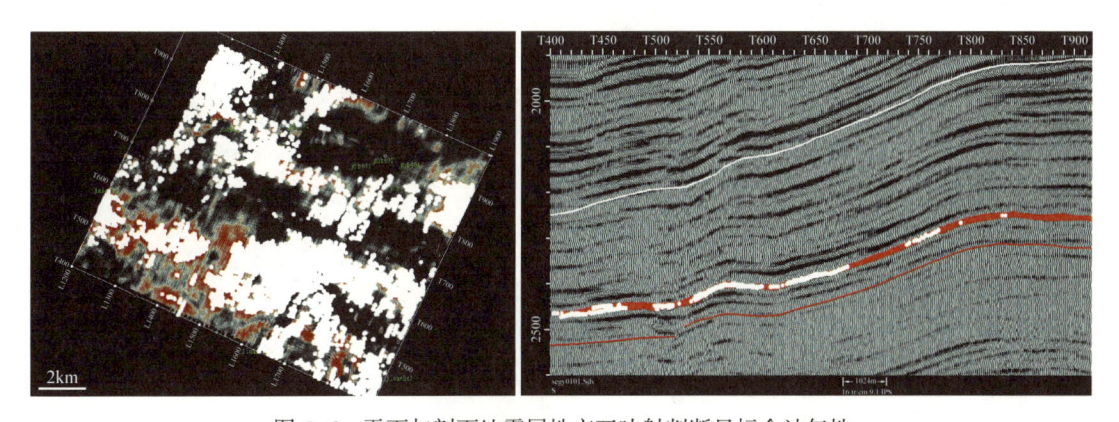

图 5-6 平面与剖面地震属性交互映射判断目标含油气性

在江汉盆地潜江凹陷和吐哈盆地台北凹陷的实际应用过程和勘探成效表明，等时层序格架下的沉积微相研究是进行岩性油气藏勘探的基础，是岩性油气藏宏观有利勘探区带优选与评价的有效方法。以层序为边界，等时地层格架控制下的地震信息多参数综合评价方法是岩性圈闭识别、描述、优选与评价的有效手段，地震相分析、储层预测、地震属性分

- 155 -

析、流体势分析、含油气性检测、三维可视化等技术构成有利区带内具体岩性圈闭落实与评价的主要技术。总体来说，层序地层与等时格架下的沉积微相研究构成陆相湖盆岩性油气藏勘探的 2 项核心地质综合评价技术，地震方法的储层预测和目标含油气性评价构成岩性油气藏勘探的 2 项核心地球物理综合研究技术。

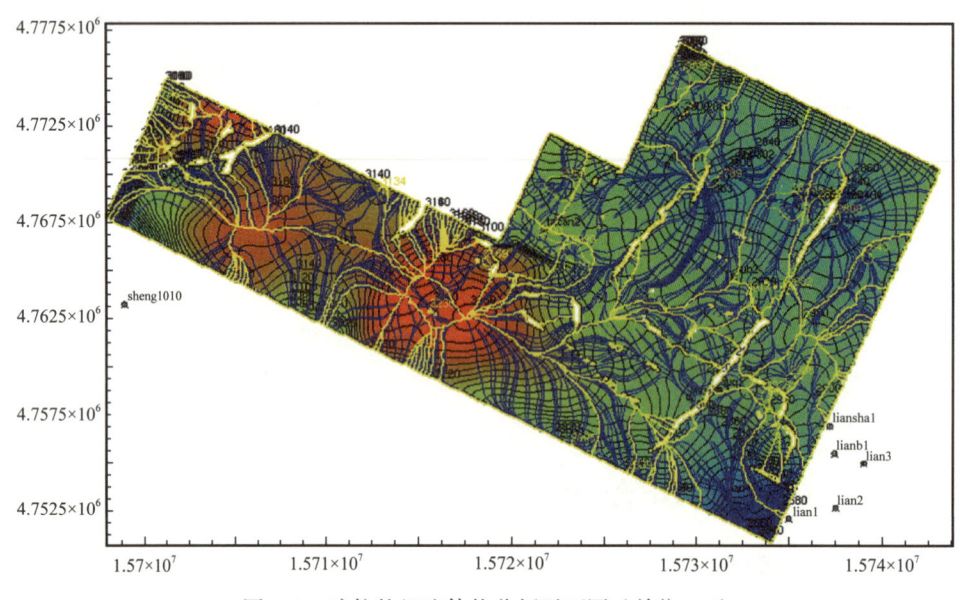

图 5-7　喀拉扎组流体势分析平面图（单位：m）

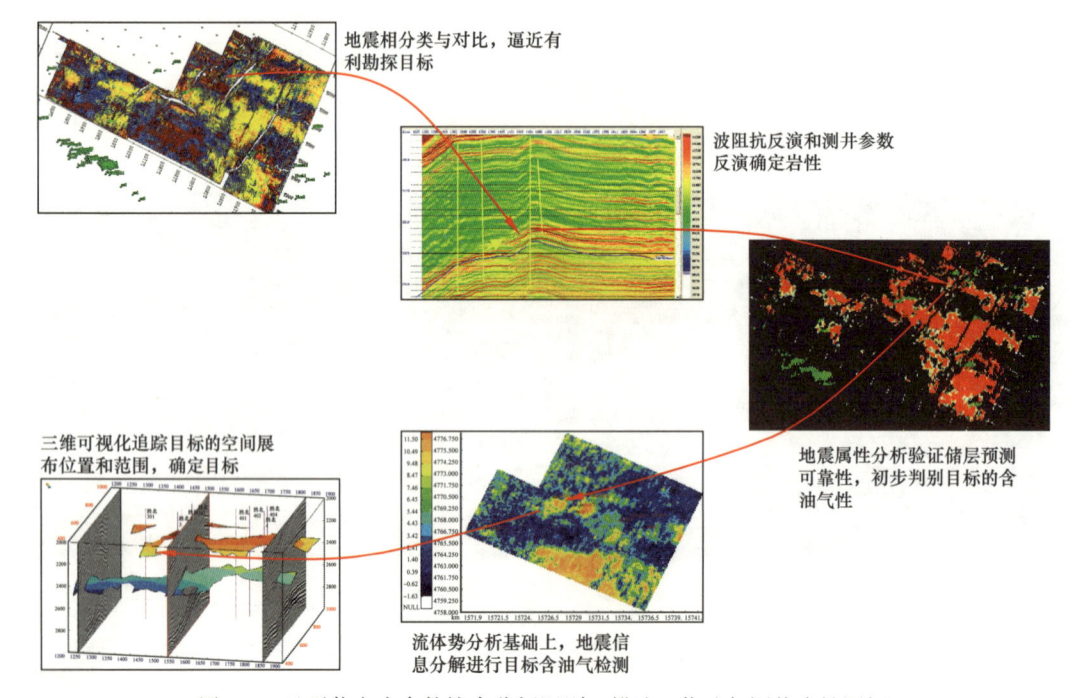

图 5-8　地震信息多参数综合分析识别、描述、优选与评价岩性圈闭

— 156 —

第六章 技术发展方向

随着陆相湖盆岩性油气藏（常规）勘探的深入开展及以源内等为主非常规油气勘探的大规模展开，对岩性油气藏发育地质背景的宏观评价和具体圈闭目标的精细落实提出越来越多的地质问题与技术要求，岩性油气藏勘探方法研究和技术探索仍任重道远。

第一节 技术攻关方向分析

针对目前陆相湖盆岩性圈闭识别准确度低、圈闭描述存在误差、圈闭有效性评价不系统等导致勘探成功率不高的问题，分析了当前阶段岩性油气藏区带、圈闭的评价方法与技术的局限性，综合考虑陆相湖盆岩性圈闭边界条件复杂、形态不规则、赋存状态隐蔽、成藏条件复杂、油气运聚机理多样的发育与赋存地质特征，认为输导条件、封堵条件和含油气性等有效性评价是岩性油气藏区带、圈闭评价的核心。其中在岩性油气藏区带、圈闭发育地质背景分析方面的井震匹配全方位隐性层序界面识别与地震高频层序格架建立；在区带与圈闭有效性评价方面结合断层、不整合面、输导层和古地貌等要素的输导体系统评价、圈闭顶底板和侧向封堵性整体评价、以含油气饱和度预测为依据的烃类检测等；在陆相湖盆地质特征对于评价技术的针对性需求方面的地震反演全岩性预测、有效储集体边界检测与刻画、煤系等特殊岩性体的去强反射或振幅补偿等勘探相关技术是未来一段时期岩性油气藏区带、圈闭评价需要攻关的方向。

国内自 20 世纪 70—80 年代引入隐蔽油气藏的勘探思路到 90 年代后期大规模岩性油气藏勘探开展以来，不同类型岩性圈闭油气藏勘探方法与技术一直是大家广泛讨论的热点，特别是有关利用地震、测井等地球物理信息开展岩性圈闭油气藏勘探的技术讨论经久不息，这一方面说明了岩性圈闭油气藏的多样性和油气藏勘探本身的复杂性，同时表明岩性圈闭勘探仍有许多需要进一步深入探讨的地质和技术难题。

截至目前，岩性圈闭油气藏勘探主要经历了早期在构造圈闭钻探过程中的偶尔发现阶段和当前主要以岩性圈闭为目标的有意识勘探阶段，即以发现的岩性圈闭为主要勘探目的层进行钻探。有意识勘探阶段是岩性圈闭油气藏勘探地质理论和技术发展的主要时期，其中地震储层预测与层序地层学研究构成岩性油气藏勘探的两项核心技术（贾承造等，2004）。经过"十五"至"十三五"的持续攻关研究，先后系统创建了"构造—层序成藏组合"模式和岩性圈闭分类新方案，提出了岩性圈闭形成的"六线四面"控制要素并分析了陆相坳陷、断陷、前陆和海相克拉通等 4 类盆地油气富集规律，提出了中低丰度岩性地层油气藏大面积成藏地质理论和系统的勘探程序与技术系列（贾承造等，2007）；提出了连续型油气聚集和大油气区地质理论，分析大面积岩性地层油气藏、连续型油气藏、地层油气藏与火山岩油气藏的形成主控因素与油气分布规律，构建了"构造—沉积坡折"模式等，形成并完善区带、圈闭与火山岩勘探评价方法、核心技术及区带评价规范等（邹才能等，2010）；提出了"源上"大面积成藏、"源内"致密油聚集的常规与非常规有序聚集的规律认识，分析坳陷湖盆岩性大油区分布规律，构建"构造—岩相古地理"模式，系统开展大比例尺工业编图并进行大油气区评价，深化薄储层预测与致密油"甜点"预测等关键技术研究（邹才能等，2010）；强化远源次生油气藏、大型地层油气藏成藏分布规律认识，探索四类盆地油气分布规律，突出区带定量评价与圈闭有效性评价关键技术研究（袁选俊，2021）等。岩性油气藏富集规律与勘探技术研究取得阶段性进展，有效促进了中国陆上含油气盆地岩性圈闭油气藏勘探的快速发展。

随着勘探的逐步深入，陆相湖盆岩性圈闭及油气藏赋存状态的复杂性也逐步显现出来，从已有技术的应用效果来看，陆相湖盆中岩性圈闭识别的准确度仍较低、圈闭描述有误差、圈闭有效性评价不系统等导致岩性油气藏整体勘探成功率不是很高。究其原因主要在于目前阶段岩性油气藏区带评价与圈闭优选衔接不紧密，区带与圈闭评价单要素分析居多，系统评价偏少；定性评价居多，定量评价偏少；有利要素评价居多，风险因素考虑偏少，没有从岩性圈闭赋存的整体地质背景来系统分析与评价圈闭的有效性，无疑给岩性圈闭勘探带来较多的不确定性。陆相湖盆岩性圈闭油气藏勘探实践认为有效性评价是岩性油气藏区带、圈闭评价的核心。在岩性油气藏发育地质背景研究方面，应加强在地震隐性层序界面识别以建立适合于层圈闭勘探的高精度层序地层格架，系统开展以高频层序为单元的精细沉积微相研究等技术攻关；在区带、圈闭有效性方面，应加强结合断层、不整合面、输导层和构造脊等要素的输导体系构型与有效性评价，以含油气饱和度预测为主的烃类检测，源内、源外、源上等不同类型岩性圈闭成藏要素构型与有效性评价等技术攻关；为适应陆相湖盆岩性圈闭小而多、发育煤系等特殊岩性体的特点，应开展地震反演的全岩性预测，有效储集体边界检测与精细刻画、煤系等特殊岩性体的去强反射或振幅补偿等技术的攻关（图6-1）。为系统评价陆相湖盆岩性圈闭成藏要素奠定基础，逐步提升岩性圈闭评价的可靠性，有效提高陆相湖盆岩性圈闭的勘探成功率。

一、已有勘探方法与技术系列特点

从目前陆相湖盆岩性油气藏区带、圈闭地质背景分析方法与地球物理评价技术应用情况来看，主要存在以下不足之处。

1. 单要素分析居多，系统评价偏少

相比于构造圈闭，岩性圈闭由于聚集成藏对相关地质条件要求的苛刻性，油气成藏各要素对评价的系统性要求更高。源内、源外、源上岩性圈闭对于生、储、盖、圈、运、保的成藏要素均需整体考虑但侧重点不同。目前阶段的岩性圈闭评价方法对于油气成藏各要素基本都有分析，但最终的综合评价仍以单因素为主，缺乏考虑六大要素的整体系统评价，因为一项成藏要素的高风险均可导致岩性圈闭勘探的完全失利。

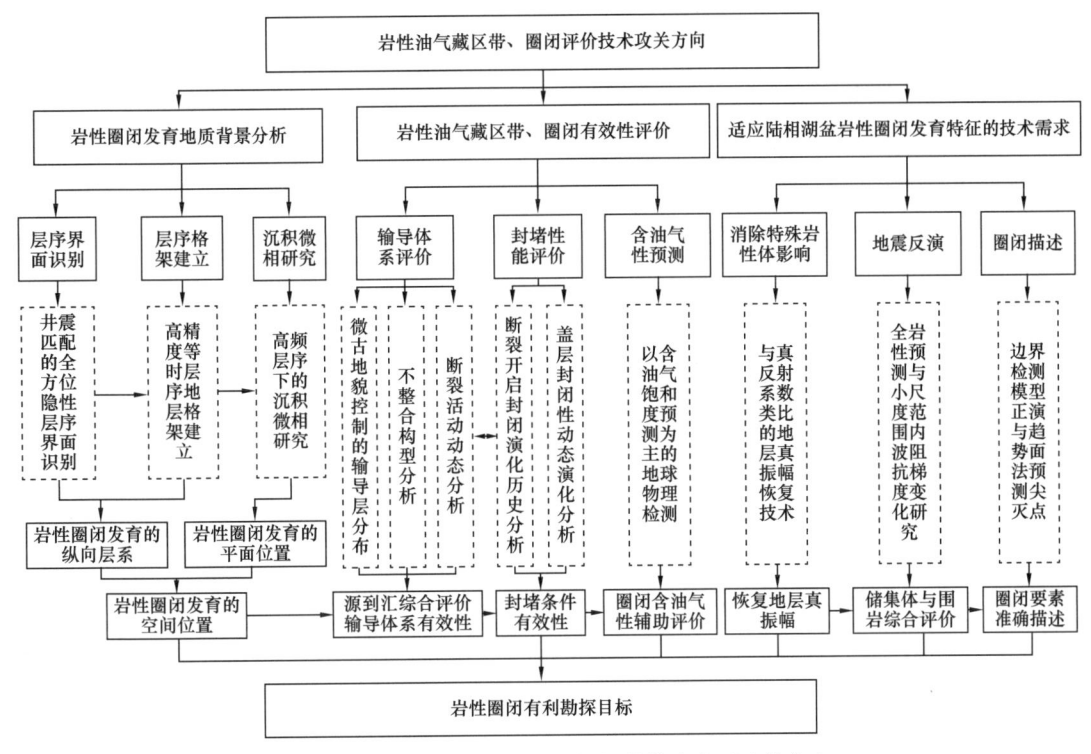

图 6-1 岩性油气藏区带、圈闭评价技术主要攻关方向
虚线框为需要深化或攻关的研究或技术，后框图同

2.定性评价居多，定量评价偏少

除储层预测和顶底板具备一定的定量评价外，有关包括输导条件、封堵条件和含油气性检测等在内的岩性圈闭评价的核心仍以定性分析为主，缺乏关于源内、源外、源上岩性圈闭输导体系空间构型与有效性定量研究；岩性圈闭的空间封堵条件（顶底板、侧向封堵）分析不完善；需要加强以含油气饱和度为主的储集体含油气性地球物理检测技术攻关。

3.有利要素评价居多，风险因素考虑偏少

在目前的岩性圈闭成藏要素评价过程中，主要偏重于所识别圈闭的有利成藏要素，虽然强调成藏要素风险分析的重要性，但整体的风险要素缺乏量化评价标准且往往一带而过。岩性圈闭的系统性评价决定了油气成藏要素分析适用于"一票否决制"。

二、陆相湖盆岩性油气藏勘探技术攻关方向分析

等时层序格架下的精细沉积微相研究是陆相湖盆岩性油气藏区带、圈闭发育地质背景评价的基础，测井、地震、测试等地球物理技术是岩性圈闭识别、描述、优选与评价的关键。近期，在岩性圈闭发育地质背景与圈闭评价核心技术等方面需要开展攻关研究，以进一步提高岩性圈闭识别的准确性、圈闭描述的精度，提升岩性圈闭有效性评价的可靠性，进而提高岩性油气藏的勘探成功率。

1. 岩性圈闭发育地质背景方面

等时地层格架建立和层序格架内的沉积微相研究是岩性圈闭油气藏勘探的基础工作，等时地层格架的建立与层系演化分析从纵向上明确了岩性圈闭发育的主要层系，等时地层格架内的沉积微相研究从横向上明确了有利于岩性圈闭发育的平面位置，二者的有效结合可以快速锁定岩性圈闭发育的空间位置。识别地震上更高级别层序界面和建立高频等时地层格架是岩性油气藏勘探地质背景研究方面需要进一步攻关的技术，从而为测井、录井标定下的更小层序单元内精细沉积微相研究奠定基础。

1）井震匹配的全方位隐性层序界面识别

目前，地震特别是高精度三维地震已经广泛应用于盆地沉积盖层等时层序地层格架的建立。由于地震资料纵向分辨率的限制，建立的层序地层格架以三级层序为主且可靠性高，个别资料品质好的地震工区可以达到识别四级层序的标准。由于四级层序主要对应于陆相湖盆砂泥岩薄互层组合中的砂组，四级层序地层格架仍难以满足以层圈闭（单砂体）分析为主的岩性圈闭勘探的实际需求。为了从空间角度开展单砂体的分布预测研究，则需要更高级别层序地层格架约束。

由于测井资料具有较高的纵向分辨率，通过测井资料和地震井旁道耦合可以有效开展时频分析，从而识别井旁道更高级别的（隐性发育）层序界面并得到层序纵向演化过程；然后通过井旁道逐道外推到整个地震数据体，可以识别整个地震数据体更高级别层序界面和层序演化，得到地震层序或地震沉积旋回数据体；通过对该数据体的解释可以建立高级别的层序地层界面，进而得到与岩性圈闭赋存关系更为密切的高级别等时层序地层格架。

通过纵向高分辨率测井和横向高分辨率地震资料的有效耦合匹配，进一步探索在地震层序数据体或地震旋回数据体上识别并横向追踪隐性层序界面。井震时频匹配是识别地震数据体中隐性层序界面的主要技术，该方法的技术应用仍需要进一步的探索和完善，以逐步提高盆地沉积盖层层序演化的划分与研究精度，为高频层序内沉积微相分析准确厘定研究单元，并逐步细化研究单元。

2）高精度等时层序地层格架建立与精细沉积微相研究

在三维地震工区，通过隐性层序界面的识别可以有效建立精度达到五级且可靠程度高的全三维具有连续数据分布特征的等时层序地层格架。以该层序地层格架为纵向划分单元，针对每个层序单元通过"三相"联合解释开展精细沉积微相研究，从而得到五级层序内沉积微相平面变化。纵向层序分析和平面沉积微相研究相结合，快速锁定有利于岩性圈闭发育的空间位置。

3）岩性圈闭发育地质背景分析

以湖相泥岩烃源岩为基础的岩性圈闭成藏地质背景、机理、过程相对清楚，但是其他类型烃源岩，如西部陆相湖盆内煤系烃源岩广泛发育，其源内岩性圈闭成藏随着勘探程度的深入也显示出其自身的复杂性，关于其成藏背景、成藏机理、成藏过程、岩性圈闭发育特征等仍需深入探索。

2. 区带与圈闭有效性评价方面

有效性分析是岩性油气藏区带、圈闭评价的核心，内容主要包括输导条件、封堵条件和含油气性评价等方面。

1）结合断层、不整合面、输导层和古地貌等要素的输导体系系统评价

输导体系是岩性油气藏运移条件研究的内容，是指油气从源岩运移到储集体所有介质和通道的总和。其中从源岩到储集体之间的势能差是决定输导体系构成的内在因素，断层、不整合面、输导层及古地貌等是油气运移的主要表现形式。构成输导体系内在结构的差异决定了源内、源外、源上、源下等不同类型油气藏对于输导要素有不同要求且不同要素输导油气的时间周期具有长期持续、阶段或幕式发育的变化特征。

断层的输导能力与断层性质、活动性、两盘岩性与产状对接关系、非渗透物质充填、断面应力特征、断面构造形态等密切相关（图6-2、图6-3），只有断层活动时期才对油气起到输导作用，断层输导油气具有幕式高效的输导特点，即在断裂活动的开启期，断裂短时高效输导流体，在断裂停止的封闭期，往往构成有利的封堵条件，因此，断裂活动的动态分析是判断其输导性能的技术发展方向。

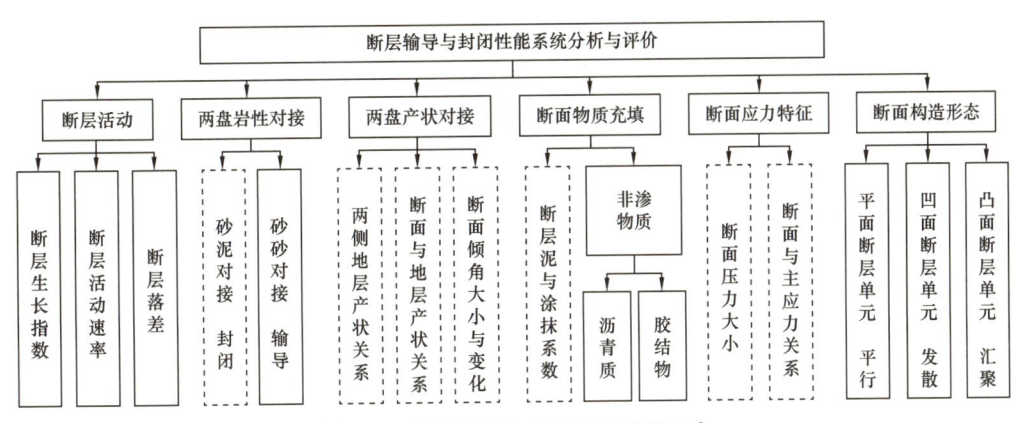

图6-2 断层输导与封闭性能分析要素

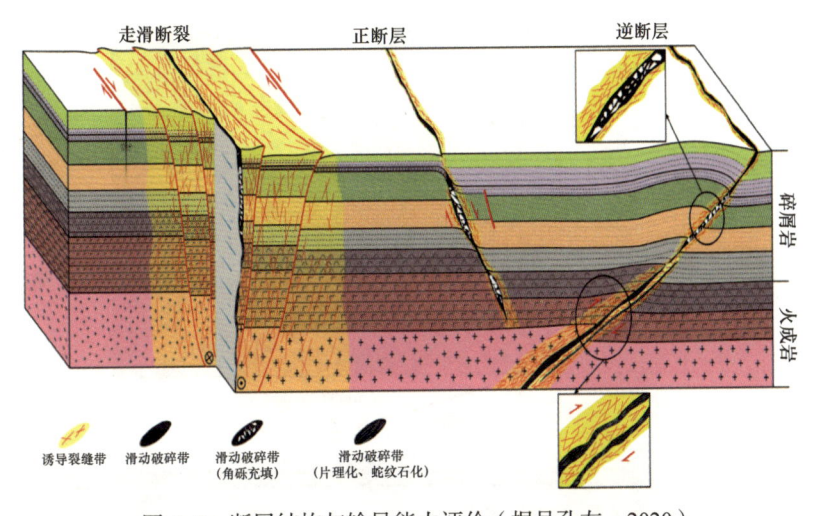

图6-3 断层结构与输导能力评价（据吴孔友，2020）

不整合通常分布范围广、渗透性好，是油气长距离侧向运移的通道。不整合输导油气的能力主要受油气密度和黏度、运移动力、不整合结构体厚度、渗透率、横向连通性、遮挡层发育程度等因素控制（图6-4）。盆地规模的区域性不整合面是油气侧向长距离输导的重要通道。在盆地演化过程中，不整合面的输导能力变化不强烈，虽因溶蚀、成岩胶结等因素影响其孔渗性，进而影响到其输导能力，但仍具有持续输导油气的能力。不整合对于源外圈闭油气成藏贡献作用明显。不整合构型分析及其输导规律是攻关的主要技术方向（图6-5）。

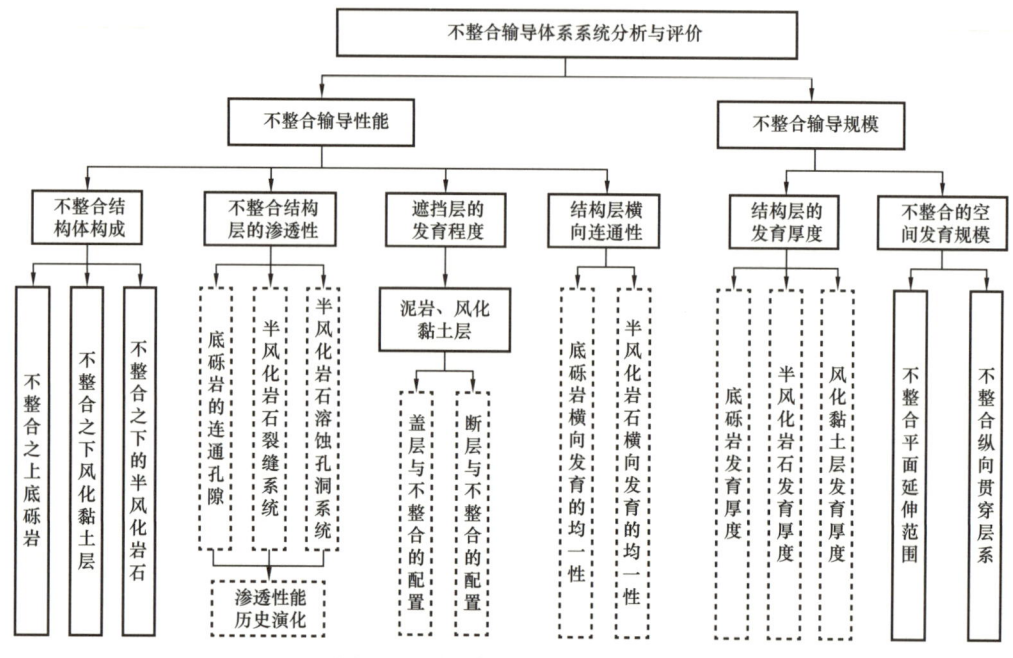

图6-4 不整合输导性能分析要素

图6-5 不整合结构体组成（据吴孔友，2020）

输导层指盖层之下具有一定厚度且微观上具有孔隙空间和渗透能力的输导体的总和，决定了油气侧向运移的方向及油气藏的空间分布，它受沉积相控制作用明显。其本身输导性能、厚度与空间分布对油气藏形成与分布有重要影响（图6-6）。在构造变化区域，有效砂岩输导层的顶面形态控制了油气优势运移路径。结合成藏期微古地貌变化的砂体空间分布是砂岩输导体系研究的攻关方向。

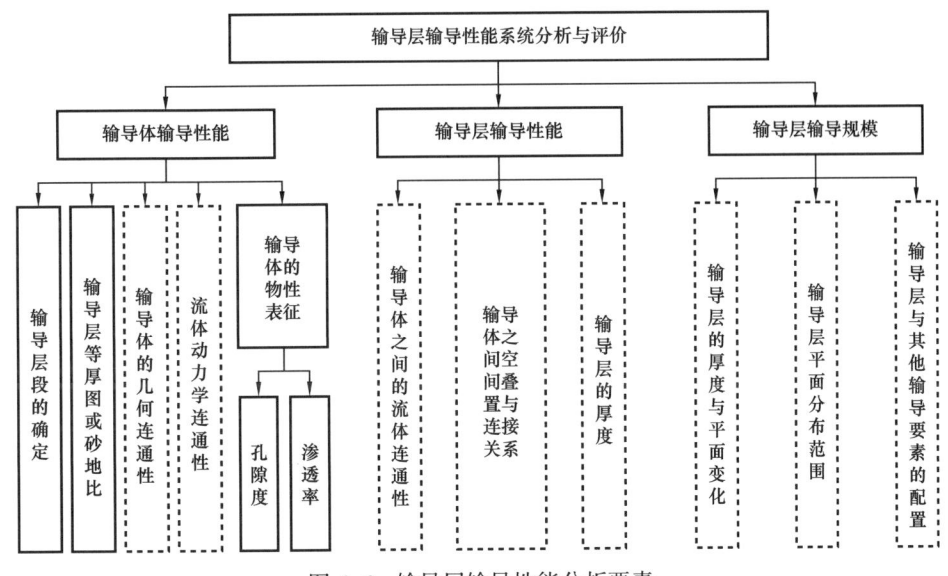

图6-6 输导层输导性能分析要素

总体分析认为，大规模油气运聚成藏期的输导体系对油气藏的形成与分布具有绝对控制作用，输导体系的研究必须考虑输导要素的动态性、两面性、复杂性和综合性（付广等，2010）。结合断层、不整合面、输导层和古地貌等要素的系统评价是输导体系研究的攻关方向。

2）岩性油气藏区带、圈闭顶底板和侧向封堵性整体评价

区带、圈闭的封堵条件是岩性油气藏成藏要素中保存条件分析的内容。封堵条件主要包括储集体的顶底板和侧向封堵两个方面。其中顶底板的封堵条件主要从具备封堵性能岩性体的平面连续性和本身的突破压力两个方面来评价；侧向封堵主要包括不同岩性体的侧向对接关系分析或断层的封闭性。盖层条件差和侧向不封堵是岩性圈闭预探失利的主要原因之一。

通过已知油气藏直接盖层厚度与充满系数关系研究发现，充满系数与泥岩厚度之间不是简单的线性对应关系，而是与泥岩厚度下限值呈正相关关系，即相同充满系数的油气藏所需的盖层厚度不是一个确定值，而是等于或大于某个临界值，由此可确定出泥岩厚度封堵油气的临界条件，并将盖层能够封盖油气的最小厚度值称为有效临界值。盖层临界厚度由浅到深具有减小的趋势。盖层垂向封闭性评价指标及封盖下限影响盖层垂向封闭性的因素主要有埋藏深度、泥质含量、孔隙度、渗透率等（图6-7），这些因素和突破压力之间都具有一定的函数关系，故可用突破压力来表征盖层垂向封闭能力。与盖层封堵能力更为密切的因素主要是泥岩厚度和突破压力。泥质盖层研究尚处于定性评价和静态定量分析阶

段—现今封闭性定量研究。但是盖层的封盖性具有动态演化性。在建造阶段，盖层封闭性逐渐增强；在后期构造改造阶段，封闭性可能减弱，甚至完全破坏。盖层封闭性动态演化定量评价技术是评价盖层封堵能力的技术发展方向。

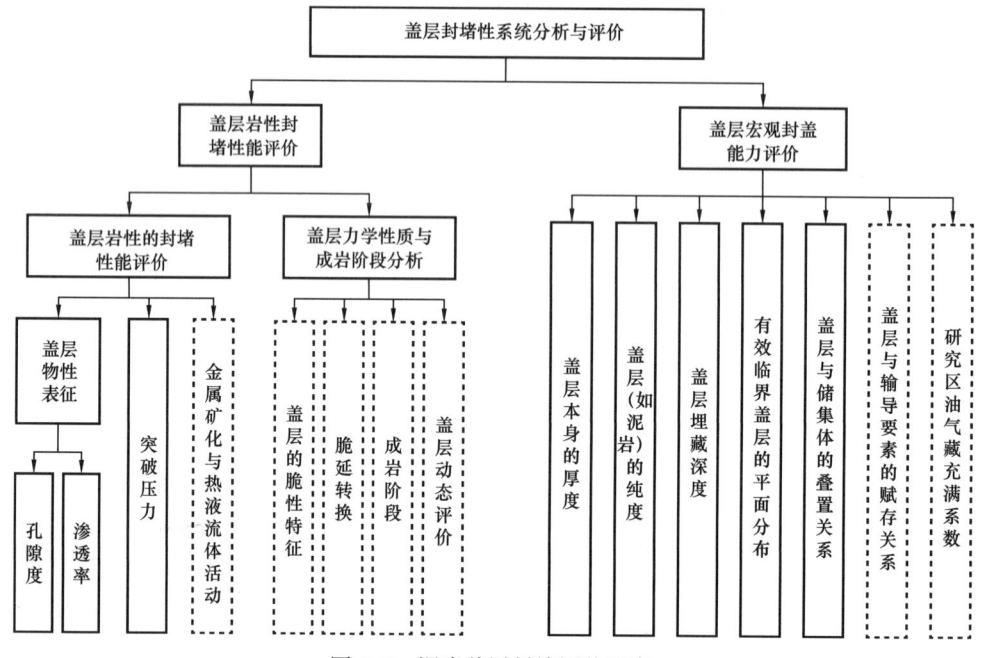

图 6-7 泥岩盖层封堵评价要素

侧向封堵性主要包括不同岩性体的侧向对接关系分析或断层的封闭性研究，其中不同岩性体的侧向对接关系研究较多。断层的封闭性主要与油气成藏后的应力场方向、应力大小、断层的倾角、断面封堵量（断面两侧岩性封堵量、断层泥涂抹封堵量）有关。与输导体系相结合的断层开启与封闭演化研究是评价断层封闭有效性技术的发展方向。

岩性油气藏区带、圈闭的顶底板封盖和侧向封堵是岩性圈闭聚集成藏的必要条件，对于区带和圈闭封堵条件的全方位系统评价是未来技术发展的方向。

3）以含油气饱和度预测为基础的烃类检测

烃类检测是利用地球物理信息判断区带、圈闭含油气性的有益尝试。目前利用地球物理资料进行烃类检测的方法以定性评价为主，主要通过目标与已知含油气部位地球物理属性的相似性来判断目标的含油气性，有些方法采用测井标定后的地震逐道外推反演算法，虽然属性分析与反演的过程是定量的，但是在判断结果时仍以定性为主。以含油气饱和度预测为基础的烃类检测是判断圈闭含油气性技术发展的主要方向。

3. 陆相湖盆地质特征对于评价技术的需求方面

多物源、短物源、多类型、小规模沉积体系等岩性圈闭发育地质背景和小而多、成群成带的岩性圈闭赋存状态决定了陆相湖盆岩性油气藏勘探技术需求的独特性。其中，以地震反演为基础的全岩性预测、小型有效储集体边界检测与刻画、煤系等特殊岩性体的去强反射与振幅补偿是未来需要攻关的主要技术。

1）以地震反演为基础的全岩性预测

储层预测强调了有效储层的空间分布预测，但没有从地震反演的角度整体考虑岩性油气藏成藏过程中油气在储层中聚集并受围岩封堵作用之间的配置关系。地震反演得到的储层预测结果只是强调了有利于油气成藏聚集的一个方面，不能有效反映油气聚集后的保存环境。因此以地震反演进行单纯储层预测的研究必须向以地震反演进行全岩性预测的方向发展（见图4-12），其中储集体与围岩的分布关系是地震反演攻关的主要方向。

2）有效储集体边界检测与刻画

陆相湖盆岩性圈闭面积较小，有效储集体面积也小，有利于油气聚集的范围更小，同时考虑到岩性圈闭油气藏形成过程中相对复杂的油水驱替关系，因而精细刻画有效储集体的范围以便选择最佳的钻探部位就显得更为重要。由于地震资料分辨率的限制，目前准确检测砂岩上倾尖灭点的位置仍存在较大的难度。因此，陆相湖盆有效储集体边界检测与范围的精细刻画仍期待技术攻关。结合已钻井，进行有效储集体地球物理属性量版的确定是从地球物理属性方面区分有效储集体，进而在地震反演数据体上刻画有效储集体的技术发展方向；结合模型正演，采用趋势面法是提高砂岩上倾尖灭点识别精度的技术发展方向。

3）煤系等特殊岩性体的去强反射与振幅补偿

煤系地层在陆相湖盆内发育广泛，层状火山岩也有一定程度的发育。由于波阻抗特征与砂泥岩组合的显著差异，煤系地层、层状火成岩等特殊岩性体在地震反射中形成强反射并对于之下的砂泥岩地层造成明显的屏蔽作用（图6-8、图6-9），因而给储层预测、烃类检测等带来误差。特别是煤系地层作为陆相湖盆的重要烃源岩类型之一，它的发育环境与储集体在空间上关系密切，是源内油气藏发育的有利层系。因此针对特殊岩性体的去强反射或之下砂泥岩地层的振幅补偿来恢复强反射之下地层的真实反射特征是陆相湖盆岩性油气藏勘探需要攻关的技术。对于局部分布的特殊岩性体（如层状火山岩），基于真实反射系数的匹配追踪算法是特殊岩性体去强反射和正常地层振幅补偿技术发展的方向，通过地

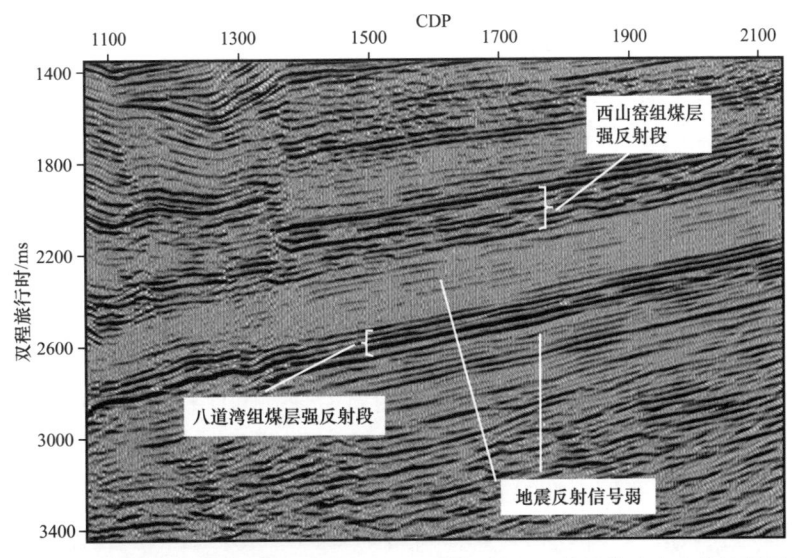

图6-8　煤系地层引起的地震强反射及其对下伏地层的反射屏蔽（吐哈盆地侏罗系）

层真实反射系数与井旁地震道反射系数对比，采用频率域最小二乘法计算补偿系数是叠后地震资料振幅补偿的有效方法（Yao et al.，2017）；针对单层大面积分布的煤层，基于匹配追踪的多子波分解技术有利于揭示下伏砂泥岩的真实反射系数（Ni et al.，2022）；针对多层大面积分布的煤层，基于 Hebb 神经网络主分量分析的短旋回体提取有利于提高强反射之下砂泥岩地层的储层预测精度（Dou，2020）。

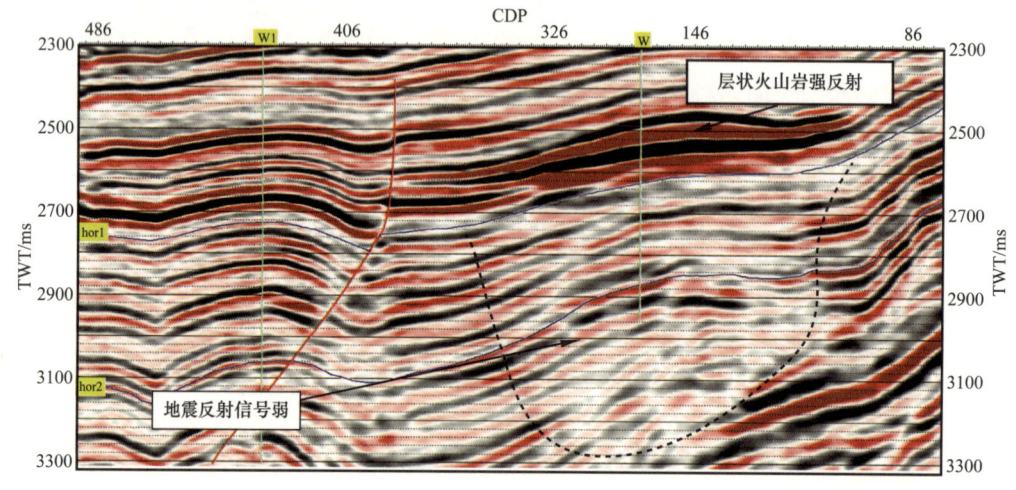

图 6-9　层状火山岩地震强反射对下伏地层造成屏蔽（渤海湾盆地歧口凹陷古近系—新近系）
（据 Yao et al.，2017）

总之，针对陆相湖盆岩性圈闭发育地质背景和岩性油气藏成藏对于勘探技术的特殊需求，未来一段时间，岩性油气勘探在地质背景分析、圈闭有效性评价及陆相湖盆岩性圈闭针对性技术方面需要进行攻关研究，以提高圈闭的识别精度和圈闭描述的准确度，增加圈闭评价的可靠性，进而提升岩性油气藏勘探的成功率。

在岩性油气藏区带，圈闭发育地质背景分析方面需要攻关的技术有井震匹配全方位隐性层序界面识别技术与高精度等时地层格架建立技术；在区带与圈闭有效性评价方面需要攻关的技术有结合断层、不整合面、输导层和古地貌等要素的输导体系统评价技术；圈闭顶底板和侧向封堵性整体评价技术；以含油气饱和度预测为主的烃类检测技术；在陆相湖盆地质特征对于评价技术的针对性需求方面需攻关的技术有地震反演的全岩性预测技术、有效储集体边界检测与刻画技术、煤系等特殊岩性体的去强反射或振幅补偿技术等。

第二节　技术标准和规范的建立与完善

岩性油气藏在很大程度上不同于目前相对具有成熟勘探技术的构造油气藏，其勘探难度更大，对技术的要求更高，面临很多的技术问题需要解决和规范，构造油气藏本身发展也得益于有很多科学的工作流程和标准、规范可供参考和约束，这也为岩性油气藏勘探提供了借鉴。目前与岩性油气藏勘探有关的技术规范或标准以整体的勘探过程或者着重于区带评价等为主，缺乏对于整个过程中相关技术或工作流程中关键步骤点的规范与标准化。

岩性油气藏勘探地震解释与地质评价等技术或工作流程、标准有必要根据实际予以建立或完善，以促进岩性油气藏勘探科学、有序、高效、快速展开。

一、地震解释资料基础方面

1. 地震资料评价标准的建立

高品质的地震资料是识别、描述并评价岩性圈闭落实程度的前提，如何有效且客观评价已有地震资料品质是否适合岩性圈闭勘探的标准尚未建立。

在实际工作过程中，对地震资料品质的分析与评价以肉眼观察与分析为主，缺乏具体的量化评价标准。目前地震资料品质评价相关规范主要集中在采集方面，按照Ⅰ类、Ⅱ类、Ⅲ类记录和废炮等区分采集的单炮。而叠后资料主要根据揭示地下地质体的清晰与可靠程度以人为定性评价为主。需要重点从以下方面进行分析。

地震勘探施工后需要提供观测系统设计参数（面元变长、覆盖次数、最大炮间距、最小炮间距、横纵比、纵向激发点间距及线束滚动距等参数）并开展以下分析：

（1）原始资料频率分析：分频扫描，明确主频段分辨目的层地质体的能力（Ⅰ类记录中主要目的层反射清晰；Ⅱ类记录中主要目的层反射信息较弱；Ⅲ类记录中难以见到有效地层反射信息）；有效频宽分析：明确资料有效频宽，了解资料开展高分辨率处理的潜质。

（2）原始资料干扰波分析：面波（分布范围、速度及频率范围）、浅层折射波（分布范围、速度及频率范围）、多次波（分布位置、深度及类型）、水动低频干扰（是否发育）、次生震源干扰（是否发育）、脉冲野值（分布情况）等。

（3）原始资料信噪比分析：按照野外单炮记录的信噪比分类标准（信噪比高、主要目的层连续性好，为Ⅰ类记录；主要目的层连续性较好、与Ⅰ类记录相比信噪比较低，为Ⅱ类记录；有效反射能量弱，各种区域噪声干扰严重，单炮记录上很难看清有效反射信息、资料信噪比很低，为Ⅲ类记录）明确各类记录的百分比。分析引起信噪比低的地表、地理、施工等原因。由于AVO处理是在叠前道集上进行的，因此叠前数据的信噪比高低十分重要。对叠前噪声进行有效压制，提高叠前道集资料信噪比，是提高AVO处理精度的基础。

（4）原始资料静校正分析：低降速带速度及其厚度变化、工区高程变化、地表植被、农田基本情况、静校正的波长范围等。

（5）原始资料覆盖次数分析：覆盖次数分布情况、满覆盖次数及其深度变化范围、主要目的层满覆盖次数等。

（6）方位角分析：原始资料方位角分布范围及占比等。

处理资料出站前，全面分析整个地震数据体、主要目的层系、重点关注区块的资料频谱特征，主要包括地震资料的信噪比；主频、频宽与地震采集设计之间的变化；低频成分的保留与分布范围；不同频带提频与原始频率的对比；不同深度地震资料的能量分布；地

震资料分辨地下不同深度地质体的纵向分辨率变化等，并提供相关评价图件或表格。

2. 测井曲线环境校正及归一化规范的建立

测井资料特别是测井曲线数据是开展测井解释、地震反演与储层预测、含油气性检测等研究的关键数据，准确有效地对测井数据进行归一化和环境校正是利用地震资料正确进行地震反演、岩性预测及含油气性评价的基础。

环境校正与归一化前需要开展钻井液侵入、井径扩大、围岩分布及层厚变化对测井信号造成影响的机理分析，评价斯仑贝谢、德莱赛理论图版在研究区的实用性。测井环境如井径、钻井液密度与矿化度、滤饼、井壁粗糙度、钻井液侵入带、地层温度与压力、围岩及仪器外径、间隙等非地层因素，不可避免地要对各种测井曲线产生重要影响；特别是在井眼不好的情况下，这些影响会使测井曲线发生严重畸变。直接使用这些测井曲线做测井解释会影响解释结果。在地震层位解释和地震反演中，直接使用未考虑上述因素的校正测井曲线会影响合成记录的标定、反演初始模型的建立等。

声波和密度曲线的环境校正是测井资料预处理中的难题，目前还没有成熟的方法和软件能够进行这两个参数的环境校正。要想消除井径扩径影响，还原扩径井段的声波、密度曲线的真实读数非常困难。目前是尽量修正扩径井段的曲线读数至正常读数范围内，宁可校正不足，不可校正过量。尽量对环境校正前后的效果进行对比，分析不同井段校正量的变化情况，避免校正过度。

环境校正后，还需对测井曲线进行归一化和标准化处理，以达到工区内的统一刻度，消除因钻井时间不同、测井仪器不同造成的各井之间的刻度差。

标准化的关键是选择重点井和标准层。重点井一般选择测井质量好、地层发育全、取心多、钻深大的井。使用直方图法进行标准化。标准层的选择影响到标准化的结果。标准层一般选择全区分布、厚度较大、稳定的泥岩层或石灰岩层等。标准化后的测井曲线具有全区统一的刻度，便于多井分析，保证了后续测井资料分析、解释的准确性。

由于陆相沉积环境横向变化相对比较大，已有的归一化方法在具有趋势性变化的地区仍存在误差，测井资料环境校正与归一化的方法和标准仍需要探索。

二、地震资料解释与评价方面

1. 层序地层工业化制图标准的建立

建立利用地震资料开展层序地层学研究及层序格架建立规范或标准的目的是：规范工作流程、明确成图类型、标准化成图要素，这是业内交流并对相关地质体进行分析和评价的基础。

规范工作流程并提供工业化图件：单井时频分析、单井层序界面识别与层序划分（沉积旋回分析）、连井层序对比、井震标定、地震时频分析、地震层序界面识别、地震层位追踪解释、空间层序格架建立、地震高频层序格架约束下的沉积体系（沉积相）研究、地震属性分析等，并提供相应的过程和成果图件。对于岩性油气藏勘探，同时需明确相应的

制图标准，并在研究过程中强化对露头、岩心、测井、地震资料的综合运用。

2. 地震相、地震属性分析规范的建立

地震相与地震属性分析目前应用比较多，但其技术分析与评价结果仍具有较强的多解性，这可能与实际工作中研究方法的探索程度低及缺乏相应的工作规范和标准有关。

3. 三维自动追踪解释规范的建立

地震参数分析结果与目标体约束层位解释精度（等时性）密切相关，而三维层位自动追踪解释是客观描述地震属性横向变化的主要约束框架，为了精确描述地质体，地震层位—层序解释规范和标准仍需根据实际进一步完善。

4. 地震反演与储层预测结果评价

通过波阻抗反演、测井参数反演结果与实际地震波形叠加后的地质分析，对波阻抗反演结果进行质量监控和评价。重点提供波阻抗反演剖面与地震波形的叠加剖面，分析波阻抗变化与地震波形变化之间的关系，确定波阻抗反演结果的合理性。同时分析波阻抗预测结果与已钻井的吻合程度等。

通过完善上述规范或建立标准工作流程，提升岩性圈闭地震资料解释的准确性和地质评价结果的客观性，促进岩性油气藏勘探科学、有序、高效、全面展开。

参考文献

阿·埃·莱复生，1975.石油地质学（上下册，李汉瑜译校）[M].北京：地质出版社.

边西燕，唐文榜，1998.三维宽带约束反演中的正反演联合层位标定及子波外推技术[J].石油地球物理勘探，33（3）：407-412.

蔡忠，曾发富，2000.临南油田沉积微相模式及剩余油分布[J].石油大学学报（自然科学版），24（1）：44-47.

陈欢庆，朱筱敏，张琴，等，2009.输导体系研究进展[J].地质论评，55（2）：269-276.

陈建阳，田昌炳，周新茂，等，2011.融合多种地震属性的沉积微相研究与储层建模[J].石油地球物理勘探，46（1）：98-102.

陈启林，杨占龙，2006.岩性油气藏勘探方法与技术[J].天然气地球科学，17（5）：622-626.

陈涛，宋国奇，蒋有录，等，2011.不整合油气输导能力定量评价——以济阳坳陷太平油田为例[J].油气地质与采收率，18（5）：27-30.

崔凤林，王允清，陈树民，2001.松辽盆地北部薄互层地震资料解释方法及效果[J].石油物探，40（2）：63-76.

邓传伟，李莉华，金银姬，等，2008.波形分类技术在储层沉积微相预测中的应用[J].石油物探，47（3）：262-265.

邓宏文，1995.美国层序地层研究中的新学派—高分辨率层序地层学[J].石油与天然气地质，15（2）：89-97.

邓宏文，王洪亮，1997.高分辨率层序地层对比在河流相中的应用[J].石油与天然气地质，18（2）：90-95，114.

邓宏文，王洪亮，李熙喆，1996.层序地层基准面的识别、对比技术及应用[J].石油与天然气地质，17（3）：177-184.

邓宏文，徐长贵，王洪亮，1998.陆东凹陷上侏罗统层序地层与生储盖组合[J].石油与天然气地质，19（4）：275-279，284.

董春梅，张宪国，林承焰，2006.地震沉积学的概念、方法和技术[J].沉积学报，24（5）：698-704.

杜金虎，易士威，王权，2003.华北油田隐蔽油藏勘探实践与认识[J].中国石油勘探，8（1）：1-10.

杜世通，2004.层序框架下的地震高分辨率资料解释[J].油气地球物理，2（4）：66-77.

段春节，赵虎，吴汉宁，等，2009.基于井位的地震属性融合技术研究[J].地球物理学进展，24（1）：288-292.

段玉顺，李芳，2004.地震相的自动识别方法及应用[J].石油地球物理勘探，39（2）：158-162.

冯磊，2011.利用地震资料时频特征分析沉积旋回[J].岩性油气藏，23（2）：95-99.

付广，雷琳，2010.油源区内外断裂控藏作用差异性研究——以松辽盆地三肇凹陷和长10区块扶余—杨大城子油层为例[J].地质论评，56（5）：719-725.

付广，薛永超，吕延防，2001.断层对流体势空间分布的影响及研究方法[J].断块油气田，8（2）：1-5.

高长海，2008.不整合运移通道类型及输导油气特征[J].地质学报，82（8）：1113-1120.

高建虎，雍学善，2004.利用地震子波进行油气检测[J].天然气地球科学，15（1）：47-50.

与标准化。

岩性油气藏勘探地震解释与地质评价等技术或工作流程、标准有必要根据实际予以建立或完善，以促进岩性油气藏勘探科学、有序、高效、快速展开。

一、地震解释资料基础方面

1. 地震资料评价标准的建立

高品质的地震资料是识别、描述并评价岩性圈闭落实程度的前提，如何有效且客观评价已有地震资料品质是否适合岩性圈闭勘探的标准尚未建立。

在实际工作过程中，对地震资料品质的分析与评价以肉眼观察与分析为主，缺乏具体的量化评价标准。目前地震资料品质评价相关规范主要集中在采集方面，按照Ⅰ类、Ⅱ类、Ⅲ类记录和废炮等区分采集的单炮。而叠后资料主要根据揭示地下地质体的清晰与可靠程度以人为定性评价为主。需要重点从以下方面进行分析。

地震勘探施工后需要提供观测系统设计参数（面元变长、覆盖次数、最大炮间距、最小炮间距、横纵比、纵向激发点间距及线束滚动距等参数）并开展以下分析：

（1）原始资料频率分析：分频扫描，明确主频段分辨目的层地质体的能力（Ⅰ类记录中主要目的层反射清晰；Ⅱ类记录中主要目的层反射信息较弱；Ⅲ类记录中难以见到有效地层反射信息）；有效频宽分析：明确资料有效频宽，了解资料开展高分辨率处理的潜质。

（2）原始资料干扰波分析：面波（分布范围、速度及频率范围）、浅层折射波（分布范围、速度及频率范围）、多次波（分布位置、深度及类型）、水动低频干扰（是否发育）、次生震源干扰（是否发育）、脉冲野值（分布情况）等。

（3）原始资料信噪比分析：按照野外单炮记录的信噪比分类标准（信噪比高、主要目的层连续性好，为Ⅰ类记录；主要目的层连续性较好、与Ⅰ类记录相比信噪比较低，为Ⅱ类记录；有效反射能量弱，各种区域噪声干扰严重，单炮记录上很难看清有效反射信息、资料信噪比很低，为Ⅲ类记录）明确各类记录的百分比。分析引起信噪比低的地表、地理、施工等原因。由于 AVO 处理是在叠前道集上进行的，因此叠前数据的信噪比高低十分重要。对叠前噪声进行有效压制，提高叠前道集资料信噪比，是提高 AVO 处理精度的基础。

（4）原始资料静校正分析：低降速带速度及其厚度变化、工区高程变化、地表植被、农田基本情况、静校正的波长范围等。

（5）原始资料覆盖次数分析：覆盖次数分布情况、满覆盖次数及其深度变化范围、主要目的层满覆盖次数等。

（6）方位角分析：原始资料方位角分布范围及占比等。

处理资料出站前，全面分析整个地震数据体、主要目的层系、重点关注区块的资料频谱特征，主要包括地震资料的信噪比；主频、频宽与地震采集设计之间的变化；低频成分的保留与分布范围；不同频带提频与原始频率的对比；不同深度地震资料的能量分布；地

震资料分辨地下不同深度地质体的纵向分辨率变化等，并提供相关评价图件或表格。

2. 测井曲线环境校正及归一化规范的建立

测井资料特别是测井曲线数据是开展测井解释、地震反演与储层预测、含油气性检测等研究的关键数据，准确有效地对测井数据进行归一化和环境校正是利用地震资料正确进行地震反演、岩性预测及含油气性评价的基础。

环境校正与归一化前需要开展钻井液侵入、井径扩大、围岩分布及层厚变化对测井信号造成影响的机理分析，评价斯仑贝谢、德莱赛理论图版在研究区的实用性。测井环境如井径、钻井液密度与矿化度、滤饼、井壁粗糙度、钻井液侵入带、地层温度与压力、围岩及仪器外径、间隙等非地层因素，不可避免地要对各种测井曲线产生重要影响；特别是在井眼不好的情况下，这些影响会使测井曲线发生严重畸变。直接使用这些测井曲线做测井解释会影响解释结果。在地震层位解释和地震反演中，直接使用未考虑上述因素的校正测井曲线会影响合成记录的标定、反演初始模型的建立等。

声波和密度曲线的环境校正是测井资料预处理中的难题，目前还没有成熟的方法和软件能够进行这两个参数的环境校正。要想消除井径扩径影响，还原扩径井段的声波、密度曲线的真实读数非常困难。目前是尽量修正扩径井段的曲线读数至正常读数范围内，宁可校正不足，不可校正过量。尽量对环境校正前后的效果进行对比，分析不同井段校正量的变化情况，避免校正过度。

环境校正后，还需对测井曲线进行归一化和标准化处理，以达到工区内的统一刻度，消除因钻井时间不同、测井仪器不同造成的各井之间的刻度差。

标准化的关键是选择重点井和标准层。重点井一般选择测井质量好、地层发育全、取心多、钻深大的井。使用直方图法进行标准化。标准层的选择影响到标准化的结果。标准层一般选择全区分布、厚度较大、稳定的泥岩层或石灰岩层等。标准化后的测井曲线具有全区统一的刻度，便于多井分析，保证了后续测井资料分析、解释的准确性。

由于陆相沉积环境横向变化相对比较大，已有的归一化方法在具有趋势性变化的地区仍存在误差，测井资料环境校正与归一化的方法和标准仍需要探索。

二、地震资料解释与评价方面

1. 层序地层工业化制图标准的建立

建立利用地震资料开展层序地层学研究及层序格架建立规范或标准的目的是：规范工作流程、明确成图类型、标准化成图要素，这是业内交流并对相关地质体进行分析和评价的基础。

规范工作流程并提供工业化图件：单井时频分析、单井层序界面识别与层序划分（沉积旋回分析）、连井层序对比、井震标定、地震时频分析、地震层序界面识别、地震层位追踪解释、空间层序格架建立、地震高频层序格架约束下的沉积体系（沉积相）研究、地震属性分析等，并提供相应的过程和成果图件。对于岩性油气藏勘探，同时需明确相应的

制图标准，并在研究过程中强化对露头、岩心、测井、地震资料的综合运用。

2. 地震相、地震属性分析规范的建立

地震相与地震属性分析目前应用比较多，但其技术分析与评价结果仍具有较强的多解性，这可能与实际工作中研究方法的探索程度低及缺乏相应的工作规范和标准有关。

3. 三维自动追踪解释规范的建立

地震参数分析结果与目标体约束层位解释精度（等时性）密切相关，而三维层位自动追踪解释是客观描述地震属性横向变化的主要约束框架，为了精确描述地质体，地震层位—层序解释规范和标准仍需根据实际进一步完善。

4. 地震反演与储层预测结果评价

通过波阻抗反演、测井参数反演结果与实际地震波形叠加后的地质分析，对波阻抗反演结果进行质量监控和评价。重点提供波阻抗反演剖面与地震波形的叠加剖面，分析波阻抗变化与地震波形变化之间的关系，确定波阻抗反演结果的合理性。同时分析波阻抗预测结果与已钻井的吻合程度等。

通过完善上述规范或建立标准工作流程，提升岩性圈闭地震资料解释的准确性和地质评价结果的客观性，促进岩性油气藏勘探科学、有序、高效、全面展开。

参 考 文 献

阿·埃·莱复生, 1975. 石油地质学（上下册, 李汉瑜译校）[M]. 北京: 地质出版社.

边西燕, 唐文榜, 1998. 三维宽带约束反演中的正反演联合层位标定及子波外推技术 [J]. 石油地球物理勘探, 33（3）: 407-412.

蔡忠, 曾发富, 2000. 临南油田沉积微相模式及剩余油分布 [J]. 石油大学学报（自然科学版）, 24（1）: 44-47.

陈欢庆, 朱筱敏, 张琴, 等, 2009. 输导体系研究进展 [J]. 地质论评, 55（2）: 269-276.

陈建阳, 田昌炳, 周新茂, 等, 2011. 融合多种地震属性的沉积微相研究与储层建模 [J]. 石油地球物理勘探, 46（1）: 98-102.

陈启林, 杨占龙, 2006. 岩性油气藏勘探方法与技术 [J]. 天然气地球科学, 17（5）: 622-626.

陈涛, 宋国奇, 蒋有录, 等, 2011. 不整合油气输导能力定量评价——以济阳坳陷太平油田为例 [J]. 油气地质与采收率, 18（5）: 27-30.

崔凤林, 王允清, 陈树民, 2001. 松辽盆地北部薄互层地震资料解释方法及效果 [J]. 石油物探, 40（2）: 63-76.

邓传伟, 李莉华, 金银姬, 等, 2008. 波形分类技术在储层沉积微相预测中的应用 [J]. 石油物探, 47（3）: 262-265.

邓宏文, 1995. 美国层序地层研究中的新学派——高分辨率层序地层学 [J]. 石油与天然气地质, 15（2）: 89-97.

邓宏文, 王洪亮, 1997. 高分辨率层序地层对比在河流相中的应用 [J]. 石油与天然气地质, 18（2）: 90-95, 114.

邓宏文, 王洪亮, 李熙喆, 1996. 层序地层基准面的识别、对比技术及应用 [J]. 石油与天然气地质, 17（3）: 177-184.

邓宏文, 徐长贵, 王洪亮, 1998. 陆东凹陷上侏罗统层序地层与生储盖组合 [J]. 石油与天然气地质, 19（4）: 275-279, 284.

董春梅, 张宪国, 林承焰, 2006. 地震沉积学的概念、方法和技术 [J]. 沉积学报, 24（5）: 698-704.

杜金虎, 易士威, 王权, 2003. 华北油田隐蔽油藏勘探实践与认识 [J]. 中国石油勘探, 8（1）: 1-10.

杜世通, 2004. 层序框架下的地震高分辨率资料解释 [J]. 油气地球物理, 2（4）: 66-77.

段春节, 赵虎, 吴汉宁, 等, 2009. 基于井位的地震属性融合技术研究 [J]. 地球物理学进展, 24（1）: 288-292.

段玉顺, 李芳, 2004. 地震相的自动识别方法及应用 [J]. 石油地球物理勘探, 39（2）: 158-162.

冯磊, 2011. 利用地震资料时频特征分析沉积旋回 [J]. 岩性油气藏, 23（2）: 95-99.

付广, 雷琳, 2010. 油源区内外断裂控藏作用差异性研究——以松辽盆地三肇凹陷和长10区块扶余—杨大城子油层为例 [J]. 地质论评, 56（5）: 719-725.

付广, 薛永超, 吕延防, 2001. 断层对流体势空间分布的影响及研究方法 [J]. 断块油气田, 8（2）: 1-5.

高长海, 2008. 不整合运移通道类型及输导油气特征 [J]. 地质学报, 82（8）: 1113-1120.

高建虎, 雍学善, 2004. 利用地震子波进行油气检测 [J]. 天然气地球科学, 15（1）: 47-50.

与标准化。

岩性油气藏勘探地震解释与地质评价等技术或工作流程、标准有必要根据实际予以建立或完善，以促进岩性油气藏勘探科学、有序、高效、快速展开。

一、地震解释资料基础方面

1. 地震资料评价标准的建立

高品质的地震资料是识别、描述并评价岩性圈闭落实程度的前提，如何有效且客观评价已有地震资料品质是否适合岩性圈闭勘探的标准尚未建立。

在实际工作过程中，对地震资料品质的分析与评价以肉眼观察与分析为主，缺乏具体的量化评价标准。目前地震资料品质评价相关规范主要集中在采集方面，按照Ⅰ类、Ⅱ类、Ⅲ类记录和废炮等区分采集的单炮。而叠后资料主要根据揭示地下地质体的清晰与可靠程度以人为定性评价为主。需要重点从以下方面进行分析。

地震勘探施工后需要提供观测系统设计参数（面元变长、覆盖次数、最大炮间距、最小炮间距、横纵比、纵向激发点间距及线束滚动距等参数）并开展以下分析：

（1）原始资料频率分析：分频扫描，明确主频段分辨目的层地质体的能力（Ⅰ类记录中主要目的层反射清晰；Ⅱ类记录中主要目的层反射信息较弱；Ⅲ类记录中难以见到有效地层反射信息）；有效频宽分析：明确资料有效频宽，了解资料开展高分辨率处理的潜质。

（2）原始资料干扰波分析：面波（分布范围、速度及频率范围）、浅层折射波（分布范围、速度及频率范围）、多次波（分布位置、深度及类型）、水动低频干扰（是否发育）、次生震源干扰（是否发育）、脉冲野值（分布情况）等。

（3）原始资料信噪比分析：按照野外单炮记录的信噪比分类标准（信噪比高、主要目的层连续性好，为Ⅰ类记录；主要目的层连续性较好、与Ⅰ类记录相比信噪比较低，为Ⅱ类记录；有效反射能量弱，各种区域噪声干扰严重，单炮记录上很难看清有效反射信息、资料信噪比很低，为Ⅲ类记录）明确各类记录的百分比。分析引起信噪比低的地表、地理、施工等原因。由于AVO处理是在叠前道集上进行的，因此叠前数据的信噪比高低十分重要。对叠前噪声进行有效压制，提高叠前道集资料信噪比，是提高AVO处理精度的基础。

（4）原始资料静校正分析：低降速带速度及其厚度变化、工区高程变化、地表植被、农田基本情况、静校正的波长范围等。

（5）原始资料覆盖次数分析：覆盖次数分布情况、满覆盖次数及其深度变化范围、主要目的层满覆盖次数等。

（6）方位角分析：原始资料方位角分布范围及占比等。

处理资料出站前，全面分析整个地震数据体、主要目的层系、重点关注区块的资料频谱特征，主要包括地震资料的信噪比；主频、频宽与地震采集设计之间的变化；低频成分的保留与分布范围；不同频带提频与原始频率的对比；不同深度地震资料的能量分布；地

震资料分辨地下不同深度地质体的纵向分辨率变化等，并提供相关评价图件或表格。

2. 测井曲线环境校正及归一化规范的建立

测井资料特别是测井曲线数据是开展测井解释、地震反演与储层预测、含油气性检测等研究的关键数据，准确有效地对测井数据进行归一化和环境校正是利用地震资料正确进行地震反演、岩性预测及含油气性评价的基础。

环境校正与归一化前需要开展钻井液侵入、井径扩大、围岩分布及层厚变化对测井信号造成影响的机理分析，评价斯仑贝谢、德莱赛理论图版在研究区的实用性。测井环境如井径、钻井液密度与矿化度、滤饼、井壁粗糙度、钻井液侵入带、地层温度与压力、围岩及仪器外径、间隙等非地层因素，不可避免地要对各种测井曲线产生重要影响；特别是在井眼不好的情况下，这些影响会使测井曲线发生严重畸变。直接使用这些测井曲线做测井解释会影响解释结果。在地震层位解释和地震反演中，直接使用未考虑上述因素的校正测井曲线会影响合成记录的标定、反演初始模型的建立等。

声波和密度曲线的环境校正是测井资料预处理中的难题，目前还没有成熟的方法和软件能够进行这两个参数的环境校正。要想消除井径扩径影响，还原扩径井段的声波、密度曲线的真实读数非常困难。目前是尽量修正扩径井段的曲线读数至正常读数范围内，宁可校正不足，不可校正过量。尽量对环境校正前后的效果进行对比，分析不同井段校正量的变化情况，避免校正过度。

环境校正后，还需对测井曲线进行归一化和标准化处理，以达到工区内的统一刻度，消除因钻井时间不同、测井仪器不同造成的各井之间的刻度差。

标准化的关键是选择重点井和标准层。重点井一般选择测井质量好、地层发育全、取心多、钻深大的井。使用直方图法进行标准化。标准层的选择影响到标准化的结果。标准层一般选择全区分布、厚度较大、稳定的泥岩层或石灰岩层等。标准化后的测井曲线具有全区统一的刻度，便于多井分析，保证了后续测井资料分析、解释的准确性。

由于陆相沉积环境横向变化相对比较大，已有的归一化方法在具有趋势性变化的地区仍存在误差，测井资料环境校正与归一化的方法和标准仍需要探索。

二、地震资料解释与评价方面

1. 层序地层工业化制图标准的建立

建立利用地震资料开展层序地层学研究及层序格架建立规范或标准的目的是：规范工作流程、明确成图类型、标准化成图要素，这是业内交流并对相关地质体进行分析和评价的基础。

规范工作流程并提供工业化图件：单井时频分析、单井层序界面识别与层序划分（沉积旋回分析）、连井层序对比、井震标定、地震时频分析、地震层序界面识别、地震层位追踪解释、空间层序格架建立、地震高频层序格架约束下的沉积体系（沉积相）研究、地震属性分析等，并提供相应的过程和成果图件。对于岩性油气藏勘探，同时需明确相应的

制图标准，并在研究过程中强化对露头、岩心、测井、地震资料的综合运用。

2. 地震相、地震属性分析规范的建立

地震相与地震属性分析目前应用比较多，但其技术分析与评价结果仍具有较强的多解性，这可能与实际工作中研究方法的探索程度低及缺乏相应的工作规范和标准有关。

3. 三维自动追踪解释规范的建立

地震参数分析结果与目标体约束层位解释精度（等时性）密切相关，而三维层位自动追踪解释是客观描述地震属性横向变化的主要约束框架，为了精确描述地质体，地震层位—层序解释规范和标准仍需根据实际进一步完善。

4. 地震反演与储层预测结果评价

通过波阻抗反演、测井参数反演结果与实际地震波形叠加后的地质分析，对波阻抗反演结果进行质量监控和评价。重点提供波阻抗反演剖面与地震波形的叠加剖面，分析波阻抗变化与地震波形变化之间的关系，确定波阻抗反演结果的合理性。同时分析波阻抗预测结果与已钻井的吻合程度等。

通过完善上述规范或建立标准工作流程，提升岩性圈闭地震资料解释的准确性和地质评价结果的客观性，促进岩性油气藏勘探科学、有序、高效、全面展开。

参考文献

阿·埃·莱复生，1975. 石油地质学（上下册，李汉瑜译校）[M]. 北京：地质出版社.

边西燕，唐文榜，1998. 三维宽带约束反演中的正反演联合层位标定及子波外推技术[J]. 石油地球物理勘探，33（3）：407-412.

蔡忠，曾发富，2000. 临南油田沉积微相模式及剩余油分布[J]. 石油大学学报（自然科学版），24（1）：44-47.

陈欢庆，朱筱敏，张琴，等，2009. 输导体系研究进展[J]. 地质论评，55（2）：269-276.

陈建阳，田昌炳，周新茂，等，2011. 融合多种地震属性的沉积微相研究与储层建模[J]. 石油地球物理勘探，46（1）：98-102.

陈启林，杨占龙，2006. 岩性油气藏勘探方法与技术[J]. 天然气地球科学，17（5）：622-626.

陈涛，宋国奇，蒋有录，等，2011. 不整合油气输导能力定量评价——以济阳坳陷太平油田为例[J]. 油气地质与采收率，18（5）：27-30.

崔凤林，王允清，陈树民，2001. 松辽盆地北部薄互层地震资料解释方法及效果[J]. 石油物探，40（2）：63-76.

邓传伟，李莉华，金银姬，等，2008. 波形分类技术在储层沉积微相预测中的应用[J]. 石油物探，47（3）：262-265.

邓宏文，1995. 美国层序地层研究中的新学派—高分辨率层序地层学[J]. 石油与天然气地质，15（2）：89-97.

邓宏文，王洪亮，1997. 高分辨率层序地层对比在河流相中的应用[J]. 石油与天然气地质，18（2）：90-95，114.

邓宏文，王洪亮，李熙喆，1996. 层序地层基准面的识别、对比技术及应用[J]. 石油与天然气地质，17（3）：177-184.

邓宏文，徐长贵，王洪亮，1998. 陆东凹陷上侏罗统层序地层与生储盖组合[J]. 石油与天然气地质，19（4）：275-279，284.

董春梅，张宪国，林承焰，2006. 地震沉积学的概念、方法和技术[J]. 沉积学报，24（5）：698-704.

杜金虎，易士威，王权，2003. 华北油田隐蔽油藏勘探实践与认识[J]. 中国石油勘探，8（1）：1-10.

杜世通，2004. 层序框架下的地震高分辨率资料解释[J]. 油气地球物理，2（4）：66-77.

段春节，赵虎，吴汉宁，等，2009. 基于井位的地震属性融合技术研究[J]. 地球物理学进展，24（1）：288-292.

段玉顺，李芳，2004. 地震相的自动识别方法及应用[J]. 石油地球物理勘探，39（2）：158-162.

冯磊，2011. 利用地震资料时频特征分析沉积旋回[J]. 岩性油气藏，23（2）：95-99.

付广，雷琳，2010. 油源区内外断裂控藏作用差异性研究——以松辽盆地三肇凹陷和长10区块扶余—杨大城子油层为例[J]. 地质论评，56（5）：719-725.

付广，薛永超，吕延防，2001. 断层对流体势空间分布的影响及研究方法[J]. 断块油气田，8（2）：1-5.

高长海，2008. 不整合运移通道类型及输导油气特征[J]. 地质学报，82（8）：1113-1120.

高建虎，雍学善，2004. 利用地震子波进行油气检测[J]. 天然气地球科学，15（1）：47-50.

关士聪，1989. 中国陆盆多成盆期理论与找油实践［J］. 石油与天然气地质，10（3）：203-209.

郭栋，韩文功，2004. 高分辨率地震资料综合解释技术及其应用［J］. 勘探地球物理进展，27（4）：290-296.

郭栋，韩文功，杨玉龙，2001. 车西高分辨率地震资料精细层位标定方法［J］. 石油地球物理勘探，36（5）：533-539.

郭凯，曾溅辉，金凤鸣，等，2013. 不整合输导层侧向非均质性及其对油气成藏的差异控制作用［J］. 中南大学学报（自然科学版），44（9）：3776-3785.

何海清，范土芝，郭绪杰，等，2021. 中国石油"十三五"油气勘探重大成果与"十四五"发展战略［J］. 中国石油勘探，26（1）：17-30.

何治亮，2004. 中国陆相非构造圈闭油气勘探领域［J］. 石油实验地质，26（2）：194-199.

侯连华，杨帆，陶士振，等，2017. 地层油气藏［M］. 北京：地质出版社.

黄汲清，1943. 新疆油田地质调查报告［R］. 地质调查所第21号《地质专报》.

黄云峰，杨占龙，郭精义，等，2006. 地震属性分析及其在岩性油气藏勘探中的应用［J］. 天然气地球科学，17（5）：739-742.

霍尔布蒂，1988. 寻找隐蔽油藏［M］. 刘民中等，译. 北京：石油工业出版社.

季卫华，焦立新，王仲杰，等，2004. 吐哈盆地小草湖次凹天然气成藏条件及勘探方向分析［J］. 天然气地球科学，15（3）：266-271.

季玉新，王立歆，王军，等，2004. 综合地球物理技术在济阳坳陷潜山油藏勘探开发中的应用［J］. 勘探地球物理进展，27（3）：157-169.

贾承造，池英柳，2004. 中国岩性地层油气藏资源潜力与勘探技术：隐蔽油气藏形成机理与勘探实践［M］. 北京：石油工业出版社.

贾承造，赵文智，邹才能，等，2004. 岩性地层油气藏勘探研究的两项核心技术［J］. 石油勘探与开发，31（3）：3-9.

贾承造，赵文智，邹才能，等，2007. 岩性地层油气藏地质理论与勘探技术［J］. 石油勘探与开发，34（3）：257-272.

焦志锋，杨占龙，2008. 地震信息多参数综合分析与岩性圈闭评价［J］. 石油实验地质，30（4）：408-413.

金成志，秦月霜，2017. 利用长、短旋回波形分析法去除地震强屏蔽［J］. 石油地球物理勘探，52（5）：1042-1048.

金凤鸣，崔周旗，王权，等，2017. 冀中坳陷地层岩性油气藏分布特征与主控因素［J］. 岩性油气藏，29（2）：19-27.

靳玲，苏桂芝，刘桂兰，等，2004. 合成地震记录制作的影响因素及对策［J］. 石油物探，43（3）：267-271.

勘探与生产分公司，2005. 岩性地层油气藏勘探理论与实践培训教材［M］. 北京：石油工业出版社.

李斌，宋岩，何玉萍，等，2009. 地震沉积学探讨及应用［J］. 地质学报，83（6）：820-826.

李国发，廖前进，王尚旭，等，2008. 合成地震记录层位标定若干问题的探讨［J］. 石油物探，47（2）：145-149.

李国发，王亚静，熊金良，等，2014.薄互层地震切片解释中的几个问题——以一个三维地质模型为例［J］.石油地球物理勘探，49（2）：388-393.

李国发，岳英，国春香，等，2011.基于模型的薄互层地震属性分析及其应用［J］.石油物探，50（2）：144-149.

李国发，岳英，熊金良，等，2011.基于三维模型的薄互层振幅属性实验研究［J］.石油地球物理勘探，46（1）：115-120.

李国玉，唐养吾，1997.世界油田图集（上册）［M］.北京：石油工业出版社.

李红哲，杨占龙，吴青鹏，等，2006.沉积相分析在岩性油气藏勘探中的应用——以吐哈盆地胜北洼陷中侏罗统—白垩系为例［J］.天然气地球科学，17（5）：698-702.

李焕鹏，吕世全，李文克，等，2001.复杂断块油田中的断层封堵性研究［J］.特种油气藏，8（1）：68-70.

李庆忠，1994.走向精确勘探的道路［M］.北京：石油工业出版社.

李庆忠，2008.岩性油气藏地震勘探若干问题讨论（Ⅰ）［J］.岩性油气藏，20（2）：1-5.

李庆忠，2008.岩性油气藏地震勘探若干问题讨论（Ⅱ）——关于垂向分辨率的认识［J］.岩性油气藏，20（3）：1-5.

李日容，2006.油气成藏动力学模拟现状与展望［J］.石油实验地质，28（1）：78-82.

李相博，2022.深水重力流沉积与油气成藏［M］.北京：石油工业出版社.

李小梅，俞娟丽，2008.时频分析技术在层序旋回划分中的应用［J］.石油与天然气地质，29（6）：793-796.

李在光，杨占龙，郭精义，等，2005.吐哈盆地台北凹陷葡北东斜坡含油性检测［J］.新疆石油地质，26（3）：269-271.

李在光，杨占龙，李红哲，等，2006.吐哈盆地胜北地区含油气性检测［J］.天然气地球科学，17（4）：532-537.

李在光，杨占龙，刘俊田，等，2006.多属性综合方法预测含油气性及其效果［J］.天然气地球科学，17（5）：727-730.

李治，邓国振，罗凤芝，2002.地震道波形分类方法在储层预测中的应用——以二连盆地白音查干凹陷为例［J］.中国海上油气：地质，16（5）：65-67.

里丁，1985.沉积环境与相［M］.北京：科学出版社.

林景晔，门广田，黄薇，2004.砂岩透镜体岩性油气藏成藏机理与成藏模式探讨［J］.大庆石油地质与开发，23（2）：5-7.

林玉祥，郭凤霞，孙宁富，等，2014.油气输导体系研究技术思路与展望［J］.山东科技大学学报（自然科学版），33（2）：11-19.

林玉祥，郭凤霞，闫晓霞，等，2013.论油气输导体系的层次性与动态性［J］.石油天然气学报，35（8）：1-6.

凌云，2003.基本地震属性在沉积环境解释中的应用研究［J］.石油地球物理勘探，38（6）：642-653.

凌云，孙德胜，高军，等，2006.叠置薄储层的沉积微相解释研究［J］.石油物探，45（4）：329-341.

凌云研究组，2004.地震分辨率极限问题的研究［J］.石油地球物理勘探，39（4）：435-442.

刘本培，陈芬，王五立，1986.从事件地层学角度探讨东亚陆相侏罗、白垩系界线［J］.地球科学，11（5）：465-472.

刘传虎，2005.地震属性与非构造油气藏勘探［J］.新疆石油地质，26（5）：485-488.

刘化清，洪忠，张晶，等，2014.断陷湖盆重力流水道地震沉积学研究——以歧南地区沙一段为例［J］.石油地球物理勘探，49（4）：784-794.

刘化清，倪长宽，陈启林，等，2014.地层切片的合理性及影响因素［J］.天然气地球科学，25（11）：1821-1829.

刘家铎，田景春，李琦，等，1999.精细油藏描述中的沉积微相研究——以东营凹陷现河庄油田河31断块区沙一段、沙二段为例［J］.古地理学报，1（2）：36-45.

刘培，于水明，王福国，等，2017.珠江口盆地恩平凹陷海相泥岩盖层有效性评价及应用［J］.天然气地球科学，28（3）：452-459.

刘全新，袁剑英，张虎权，等，2005.西北地区油气成藏特征与勘探前景［C］//天然气工业杂志社.中国石油勘探开发研究院西北分院建院20周年论文专集.天然气工业杂志社：25-30，11.

刘伟方，于兴河，黄兴文，等，2006.利用地震属性进行无井条件下的储层及含油气预测［J］.西南石油学院学报，28（4）：22-25.

刘喜武，宁俊瑞，张改兰，等，2009.Cauchy稀疏约束Bayesian估计地震盲反褶积框架与算法研究［J］.石油物探，48（5）：459-464.

刘永春，李晓平，王波，等，2001.卫81块沙四段储层沉积微相及剩余油分布研究［J］.断块油气田，8（5）：42-46.

刘玉祥，张金功，王永诗，等，2008.断层输导封闭性能及其油气运移机理研究现状［J］.兰州大学学报（自然科学版），44（S1）：54-57.

刘治凡，2002.利用VSP资料标定层位［J］.新疆石油地质，23（3）：252-253.

柳广弟，高先志，2003.油气运聚单元分析：油气勘探评价的有效途径［J］.地质科学，38（3）：307-314.

卢刚臣，孔凡东，丁学垠，等，2004.震—井吻合提高精细解释水平［J］.石油地球物理勘探，39（2）：198-204.

陆基孟，王永刚，1993.地震勘探原理［M］.东营：中国石油大学出版社.

罗晓容，雷裕红，张立宽，等，2012.油气运移输导层研究及量化表征方法［J］.石油学报，33（3）：428-436.

马劲风，许升辉，王桂水，等，2002.地震反演面临的问题与进展［J］.石油与天然气地质，23（4）：321-325.

马丽娟，陈珊，2014.高频地震层序解释技术及应用［J］.地球物理学进展，29（3）：1206-1211.

马水平，王志宏，田永乐，等，2010.地震反射同相轴的地质含义［J］.石油地球物理勘探，45（3）：454-457.

倪长宽，刘化清，苏明军，等，2014.有关地层切片应用条件和分辨率的探讨［J］.天然气地球科学，25（11）：1830-1838.

聂荔，周洁玲，2002.地震勘探原理和构造解释方法［M］.北京：石油工业出版社.

潘钟祥，1941. 中国陕北和四川白垩系地层的陆相生油［J］. AAPG，25（11）.

潘钟祥，1986. 石油地质学［M］. 北京：地质出版社.

彭存仓，谭河清，武国华，等，2003. 流体势与油气运聚规律研究：以孤东地区为例［J］. 石油实验地质，25（3）：269-273.

钱荣钧，2007. 对地震切片解释中一些问题的分析［J］. 石油地球物理勘探，42（4）：482-488.

秦伟军，张永华，全书进，2004. 精细构造解释与储层预测技术在泌阳凹陷中南部地区二次勘探中的应用［J］. 石油物探，43（1）：62-66.

盛湘，2009. 应用地震属性确定莫西庄地区沉积微相的事例［J］. 石油地球物理勘探，44（3）：354-357.

孙孟茹，高树新，2003. 胜坨油田二区沉积微相特征与剩余油分布［J］. 石油大学学报（自然科学版），27（3）：26-29.

孙义梅，陈程，2002. 储集层沉积微相对剩余油分布的控制——以双河油田为例［J］. 新疆石油地质，23（3）：205-207.

孙永河，冯丹，王汉强，2015. 松辽盆地姚家组砂岩输导层划分与定量表征［J］. 黑龙江科技大学学报，25（2）：157-161.

陶士振，袁选俊，侯连华，等，2016. 中国岩性油气藏区带类型、地质特征与勘探领域［J］. 石油勘探与开发，43（6）：863-872.

田昌莹，禹寿和，2000. 应用VSP资料进行地震特征波组的地质层位标定［J］. 石油物探，39（4）：100-106.

王必金，杨光海，袁井菊，等，2006. 高分辨地震资料在沉积微相与储层研究中的应用［J］. 石油物探，45（1）：52-56.

王海荣，尚楠，高伯南，等，2008. 挠曲作用的形变响应及其识别特征［J］. 中国石油大学学报（自然科学版），32（5）：22-27.

王克宁，1992. 地震记录极性和层位标定研究［J］. 石油地球物理勘探，27（1）：130-139.

王学习，毕建军，王利功，等，2012. 地层切片穿时现象对地震属性的影响［J］. 物探与化探，36（1）：94-98.

王雪玲，刘中戎，2006. 江汉盆地西南缘油气运移和成藏期次［J］. 石油实验地质，28（2）：142-146.

王智勇，2006. 岩性油气藏勘探技术在铁匠炉——大湾斜坡带中的应用［J］. 特种油气藏，13（3）：41-44.

吴东胜，杨申谷，刘少华，2006. 陆相盆地隐蔽油气藏综合勘探方法与应用初探［J］. 石油与天然气地质，27（1）：118-123.

吴孔友，刘建勋，姚卫江，等，2019. 准噶尔盆地红车断裂带结构与成藏差异性分析［J］. 地质与资源，28（1）：57-65.

肖冬生，杨占龙，2013. 吐哈盆地台北凹陷西缘油气成藏过程主控因素及成藏模式［J］. 中南大学学报（自然科学版），44（2）：679-686.

熊伟，万忠宏，刘兰锋，等，2010. 波形分类中半自动确定分类数的方法［J］. 石油地球物理勘探，45（2）：266-271.

徐怀大，王世凤，陈开远，1990. 地震地层学解释基础［M］. 武汉：中国地质大学出版社.

徐黔辉，姜培海，沈亮，2001.Stratimagic 地震相分析软件在 BZ25-1 构造的应用［J］.中国海上油气：地质，15（6）：55-60.

薛良清，2002.湖相盆地中的层序、体系域与隐蔽油气藏［J］.石油与天然气地质，23（2）：115-120.

鄢继华，陈世悦，程立华，2004.扇三角洲亚相定量划分的思考［J］.沉积学报，22（3）：443-448.

杨德彬，朱光有，苏劲，等，2011.中国含油气盆地输导体系类型及其有效性评价［J］.西南石油大学学报（自然科学版），33（3）：8-17.

杨飞，彭大钧，沈守文，等，1999.综合利用三维地震资料研究岩性圈闭［J］.天然气工业，19（6）：25-29.

杨占龙，2020.地震地貌切片解释技术及应用［J］.石油地球物理勘探，55（3）：669-677.

杨占龙，陈启林，2006.关于吐哈盆地台北凹陷岩性油气藏勘探的几点思考［J］.天然气地球科学，17（3）：323-329.

杨占龙，陈启林，2006.岩性圈闭与陆相盆地岩性油气藏勘探［J］.天然气地球科学，17（5）：616-621.

杨占龙，陈启林，郭精义，2006.胜北洼陷岩性油气藏成藏条件特殊性分析［J］.天然气地球科学，16（2）：181-185.

杨占龙，陈启林，郭精义，2007."三相"联合解释技术在岩性油气藏勘探中的应用——以吐哈盆地胜北地区为例［J］.天然气地球科学，18（3）：370-374.

杨占龙，陈启林，郭精义，等，2005.模型正演与地震资料品质分析——以吐哈盆地葡北地区为例［J］.天然气地球科学，16（5）：641-646.

杨占龙，陈启林，郭精义，等，2006.胜北洼陷胜北构造带白垩系连木沁组沉积体系与岩性油气藏勘探［J］.天然气地球科学，17（1）：89-93.

杨占龙，陈启林，郭精义，等，2007.流体势分析技术在岩性油气藏勘探中的应用［J］.石油实验地质，29（6）：623-627.

杨占龙，陈启林，沙雪梅，等，2008.关于地震波形分类的再分类研究［J］.天然气地球科学，19（3）：377-380.

杨占龙，陈启林，魏立花，等，2006.地震相分类技术在岩性油气藏勘探中的应用［J］.天然气工业，26（增刊A）：51-53.

杨占龙，陈启林，张虎权，等，2005.胜北洼陷 J—K 岩性油气藏成藏条件分析［C］//天然气工业杂志社.中国石油勘探开发研究院西北分院建院20周年论文专集.天然气工业杂志社：80-83，16-17.

杨占龙，郭精义，陈启林，等，2004.地震信息多参数综合分析与岩性油气藏勘探——以 JH 盆地 XN 地区为例［J］.天然气地球科学，15（6）：628-632.

杨占龙，黄云峰，郭精义，2005.地震信息多参数综合分析与岩性圈闭识别、优选与评价［J］.岩性油气藏（原西北油气勘探），17（3）：6-14.

杨占龙，刘化清，沙雪梅，等，2017.融合地震结构信息与属性信息表征陆相湖盆沉积体系［J］.石油地球物理勘探，52（1）：138-145.

杨占龙，彭立才，陈启林，等，2007.地震属性分析与岩性油气藏勘探［J］.石油物探，46（2）：131-136.

杨占龙，沙雪梅，2005.储层预测中层位—储层的精细标定方法［J］.石油物探，44（6）：107-111.

杨占龙，沙雪梅，李在光，等，2010.含油气检测技术及其在岩性圈闭油气藏勘探中的应用［J］.天然气地球科学，21（5）：822-827.

杨占龙，沙雪梅，魏立花，等，2019.地震隐性层序界面识别、高频层序格架建立与岩性圈闭勘探——以吐哈盆地西缘侏罗系—白垩系为例［J］.岩性油气藏，31（6）：1-13.

杨占龙，肖冬生，周隶华，等，2017.高分辨率层序格架下的陆相湖盆精细沉积体系研究：以吐哈盆地西缘侏罗系—古近系为例［J］.岩性油气藏，29（5）：1-10.

杨占龙，张正刚，陈启林，等，2007.利用地震信息评价陆相盆地岩性圈闭的关键点分析［J］.岩性油气藏，19（4）：57-63.

姚超，焦贵浩，吕友生，等，2005.岩性地层圈闭勘探思路及其工业制图的建议［J］.中国石油勘探，（6）：6-13.

易士威，2005.断陷盆地岩性地层油藏分布特征［J］.石油学报，26（1）：38-41.

印兴耀，韩文功，李振春，等，2006.地震技术新进展［M］.北京：石油大学出版社.

余烨，张昌民，李少华，等，2014.元素地球化学在层序识别中的应用［J］.煤炭学报，39（S1）：204-211.

俞寿朋，1993.高分辨率地震勘探［M］.北京：石油工业出版社.

袁剑英，刘全新，卫平生，等，2005.西北地区岩性地层油气藏勘探［C］//天然气工业杂志社.中国石油勘探开发研究院西北分院建院20周年论文专集.天然气工业杂志社：41-44，12-13.

袁选俊，周红英，张志杰，等，2021.坳陷湖盆大型浅水三角洲沉积特征与生长模式［J］.岩性油气藏，33（1）：1-11.

云美厚，2005.地震分辨率［J］.勘探地球物理进展，28（1）：12-18.

曾洪流，2011.地震沉积学在中国：回顾和展望［J］.沉积学报，29（3）：417-426.

曾洪流，朱筱敏，朱如凯，等，2012.陆相坳陷型盆地地震沉积学研究规范［J］.石油勘探与开发，39（3）：275-284.

曾溅辉，王洪玉，1999.输导层和岩性圈闭中石油运移和聚集模拟实验研究［J］.地球科学，24（2）：85-88.

曾允孚，夏文杰，1986.沉积岩石学［M］.北京：地质出版社.

曾忠，阎世信，魏修成，等，2006.地震属性解释技术的研究及确定性分析［J］.天然气工业，26（3）：41-43.

张繁昌，刘杰，印兴耀，等，2008.修正柯西约束地震盲反褶积方法［J］.石油地球物理勘探，43（4）：391-396.

张宏，董宁，宁俊瑞，等，2010.利用地震地貌学刻画古喀斯特地貌［J］.石油地球物理勘探，45（S1）：125-129.

张军华，王永刚，杨国权，等，2003.地震旋回体的概念及应用［J］.石油地球物理勘探，38（3）：281-284.

张军华，周振晓，谭明友，等，2007.地震切片解释中的几个理论问题［J］.石油地球物理勘探，42（3）：348-352，361.

张延章，李淑恩，黄国平，等，2002.地震切片的分类及应用价值［J］.油气地质与采收率，9（3）：

67-69.

张永刚, 2004. 油气地球物理技术新进展 [M]. 北京: 石油工业出版社.

张永华, 陈萍, 赵雨晴, 2004. 基于合成记录的综合层位标定技术 [J]. 石油地球物理勘探, 39 (1): 92-96.

张永华, 李桂林, 1999. 斜井层位标定技术及其应用 [J]. 石油物探, 38 (1): 121-126.

张玉芬, 凌峰, 程冰洁, 2001. 井约束地震道反演和多项式拟合的联合应用 [J]. 石油与天然气地质, 22 (4): 388-390.

赵军, 2004. 地震属性技术在沉积相研究中的应用 [J]. 石油物探, 43 (S1): 67-69.

赵力民, 郎晓玲, 金凤鸣, 等, 2001. 波形分类技术在隐蔽油藏预测中的应用 [J]. 石油勘探与开发, 28 (6): 53-55.

赵力民, 彭苏萍, 郎晓玲, 等, 2002. 利用 Stratimagic 波形研究冀中探区大王庄地区岩性油藏 [J]. 石油学报, 23 (4): 33-36.

赵文智, 张光亚, 王红军, 2005. 石油地质理论新进展及其在拓展勘探领域中的意义 [J]. 石油学报, 26 (1): 1-7.

中国石油天然气股份有限公司勘探与生产分公司, 2005. 岩性地层油气藏勘探理论与实践培训教材 [M]. 北京: 石油工业出版社.

周海民, 廖保方, 2005. 冀东油田复杂断块油藏精细描述与实例 [J]. 中国石油勘探, (5): 5-12.

周金保, 2004. 沉积微相研究成果在濮城油气田滚动勘探中的应用 [J]. 石油勘探与开发, 31 (4): 68-70.

周玉冰, 董桥梁, 张玉斌, 2003. 多参数多信息储层预测中岩性特征及层位标定技术 [J]. 石油地球物理勘探, 38 (1): 53-57.

朱超, 宫清顺, 孟祥超, 等, 2011. 地震属性分析在扇体识别中的应用 [J]. 石油天然气学报, 33 (9): 64-67.

朱红涛, 2001. 流体势分析研究及应用 [J]. 新疆石油学院学报, 13 (3): 9-14.

朱秋影, 魏国齐, 杨威, 等, 2017. 利用时频分析技术预测依拉克构造有利砂体分布 [J]. 石油地球物理勘探, 52 (3): 538-547.

朱筱敏, 董艳蕾, 曾洪流, 等, 2019. 沉积地质学发展新航程——地震沉积学 [J]. 古地理学报, 21 (2): 189-201.

朱筱敏, 刘长利, 张义娜, 等, 2009. 地震沉积学在陆相湖盆三角洲砂体预测中的应用 [J]. 沉积学报, 27 (5): 915-921.

邹才能, 李明, 赵文智, 等, 2004. 松辽盆地南部构造—岩性油气藏识别技术及应用 [J]. 石油学报, 25 (3): 33-36.

邹才能, 袁选俊, 陶士振, 等, 2010. 岩性地层油气藏 [M]. 北京: 石油工业出版社.

Afifi M, A Fassi-Fihri, M Marjane, et al., 2002. Paul wavelet-based algorithm for optical phase distribution evaluation [J]. Optics Communications, 211 (1): 47-51.

Al-Dossary S, K J Marfurt, 2006. 3D volumetric multispectral estimates of reflector curvature and rotation [J]. Geophysics, 71 (5): 41-51.

Al-Dossary S, Y Simon, K Marfurt, 2004. Inter azimuth coherence attribute for fracture detection [J]. SEG Technical Program Expanded Abstracts, 187-186.

Alimonti C, G Falcone, 2002. Knowledge Discovery in Databases and Multiphase Flow Metering: The Integration of Statistics, Data Mining, Neural Networks, Fuzzy Logic, and Ad Hoc Flow Measurements Towards Well Monitoring and Diagnosis [C]. Society of Petroleum Engineers.

Alistair R Brown, 1996. Seismic Attributes and Their Classification [J]. The Leading Edge, 15 (10): 1090.

Anderson W G, R Balasubramanian, 1999. Time-frequency detection of gravitational waves [J]. Physical Review. D. Particles and Fields, 10 (60): 477-479.

Angrisani L, M D Arco, 2002. A measurement method based on a modified version of the chirplet transform for instantaneous frequency estimation [J]. IEEE Transactions on Instrumentation and Measurement, 51 (4): 704-711.

Angrisani, L, M D Arco, L M Schiano, et al., 2005. On the use of the warblet transform for instantaneous frequency estimation [C]. Instrumentation & Measurement IEEE Transactions, 54 (4): 1374-1380.

Anselmetti F S, Eberli G P, D. Bernoulli, 1997. Seismic modeling of a carbonate platform margin (Montagna della Maiella, Italy): variations in seismic facies and implications for sequence stratigraphy. Carbonate seismology [J]. Society of Exploration Geophysicists Geophysical Developments, 6: 377-406.

Audebert F, P Froidevaux, H Rakotoarisoa, et al., 2002. Insights into migration in the angle domain [J]. SEG Expanded Abstracts, 1188-1191.

Barrett S J, J M Webster, 2012. Holocene evolution of the Great Barrier Reef: Insights from 3D numerical modelling [J]. Sedimentary Geology, (265-266): 56-71.

Basir H M, A Javaherian, M T Yaraki, 2013. Multi-attribute auto-tracking and neural network for fault detection: a case study of an Iranian oilfield [J]. Journal of Geophysics & Engineering, 10 (1): 1-9.

Batzle M, 1996. Attenuation and velocity dispersion at seismic frequencies [J]. SEG Technical Program Expanded Abstracts, 15 (1): 1687.

Beatriz Q, M S Stefan, Y P Yuri, 2009. Low-frequency reflections from a thin layer with high attenuation caused by interlayer flow [J]. Geophysics, 74 (4): Y7.

Bleistein N, 1987. On the imaging of reflectors in the earth [J]. Geophysics, 52 (7): 931-942.

Bleistein N, Cohen J K, J W Stockwell, 2001. Mathematics of multidimensional seismic imaging, migration, and inversion [M]. Springer-verlag New York, Inc.

Blumensath T, Davies M E, 2008. Iterative thresholding for sparse approximations [J]. Journal of Fourier Analysis and Applications, 14 (5): 629-654.

Bohacs K M, Carroll R A, Neal E J, et al., 2000.Lake-basin type, source potential, and hydrocarbon character: an integrated sequence-stratigraphic geochemical framework [M].

Brown A R, 1996. Seismic attributes and their classification [J]. The Leading Edge, 25 (10): 1090.

Brown L F, Fisher W L, 1977. Seismic-stratigraphic interpretation of depositional systems: examples from Brazilian rift and pull-apart basins: application of seismic reflection configuration to stratigraphic interpretation [J]. Seismic stratigraphy-applications to hydrocarbon exploration. Mem. Amer. Assoc. Petrol.

Geol., 26.

Cai Y, S Fomel, H Zeng, 2013. Automated spectral recomposition with application in stratigraphic interpretation [J]. Interpretation, 1 (1): 109-116.

Candès E J, P R Charlton, H Helgason, 2006. Detecting high oscillatory signals by chirplet path pursuit [J]. Applied & Computational Harmonic Analysis, 24 (1): 14-40.

Carillat A, Randen T, Sonneland L, et al., 2003. 3D texture attributes aid seismic facies classification [J]. G. Offshore, 63 (2): 78-80.

Carroll A R, K M Bohacs, 1995. A Stratigraphic Classification of Lake Types and Hydrocarbon Source Potential: Balancing Climatic and Tectonic Controls [C]. 1st International Limno-geological Congress, Geological Institute, University of Copenhagen, Denmark, 18-19.

Carroll A R, K M Bohacs, 1999. Stratigraphic classification of ancient lakes: balancing tectonic and climatic controls [J]. Geology, 27: 99-102.

Castagna J P, Sun Shengjie, et al., 2003. Instantaneous spectral analysis: Detection of low-frequency shadows associated with hydrocarbons [J]. The Leading Edge, 22 (2): 120-127.

Chakraborty A, Okaya D, 1995. Frequency-time decomposition of seismic data using wavelet based methods [J]. Geophysics, 60 (6): 1906-1916.

Chowdhury A N, Sheriff R E. 1996. Prospect development in sequence stratigraphic framework using high resolution seismic data [J]. The Leading Edge, 15 (3): 211-213.

Cross T A, 1994. High-resolution stratigraphic correlation from the perspective of base-evel cycles and sediment accommodation [C]. Proceedings of Northwestern European Sequence Stratigraphy Congress. Holland: Elsevier, 105-123.

Currey D R, Oviatt C G, 1985. Durations, average rates, and probable causes of Lake Bonneville expansion, still-stands, and contractions during the last deep-lake cycle, 32, 000 to 10, 000 years ago [J]. Problems of and Prospects for Predicting Great Salt Lake Levels-Proceedings of a NOAA Conference, Salt Lake City, Center for Public Affairs and Administration, University of Utah, 9-24.

D R Spearing, 1975. Shallow marine sands. In: Depositional environment as interpreted from primary sedimentary, Structures and Stratification Sequence [M]. Soc. Ecom. Paleont. Miner., 103-132.

Dahlberg E C, 1982. Fluids in the Subsurface Environment. In: Applied Hydrodynamics in Petroleum Exploration [M]. New York: Springer.

Dahm C G, R J Graebner, 1982.Field development with three-dimensional seismic methods in the Gulf of Thailand-A case history [J].Geophysics, 47 (2): 149.

Demirli R, J Saniie, 2014. Asymmetric Gaussian chirplet model and parameter estimation for generalized echo representation [J]. Journal of the Franklin Institute, 351 (2): 907-921.

Deng M, Z Xiuli, 2010. A robust digital image watermarking algorithm based on chirplet transform. In Intelligent Information Hiding and Multimedia Signal Processing (IIH-MSP)[C]. 6th International Conference on IEEE.

Dhillon I S, Y Guan, B Kulis, 2007. Weighted Graph Cuts without Eigenvectors: A Multilevel Approach [J].

IEEE Transactions on Pattern Analysis & Machine Intelligence, 29 (11): 1944-1957.

Di H, D Gao, 2014. A new algorithm for evaluating 3D curvature and curvature gradient for improved fracture detection [J]. Computers & Geosciences, 70: 15-25.

Dou Yutan, 2020. A method to remove depositional background data based on the Modified Kernel Hebbian Algorithm [J]. Acta Geophysica, 68 (3): 701-710.

F Mohammed, Y Wang, 2014. Ultra-thin bed reservoir interpretation using seismic attributes [J]. Arabian Journal for Science & Engineering (Springer Science & Business Media B), 39 (1): 379-386.

Fillippone W R, 1979. On the prediction of abnormally pressured sedimentary rocks from seismic data [J]. 11th annual offshore technology conference, 2667-2676.

Fomel S, 2005. Shaping regulation in geophysical-estimation problems [J]. Geophysics, 24 (2): 29-36.

Galloway W E, 1989. Genetic stratigraphic sequences in basin analysis I: Architecture and genesis of flooding surface bounded depositional units [J]. AAPG Bulletin, 73 (2): 125-142.

Galloway W E, 2012. Clastic depositional systems and sequences: Applications to reservoir prediction, delineation and characterization [J]. The Leading Edge, 17 (2): 173-180.

Gholamy A, V Kreinovich, 2014. Why Ricker wavelets are successful in processing seismic data: Towards a theoretical explanation [C]. Computational Intelligence for Engineering Solutions (CIES) IEEE Symposium on 2014.

Gholamy A, Zand T, 2018. Three-parameter Radon transform based on shifted hyperbolas [J]. Geophysics: Journal of the Society of Exploration Geophysicists, 83 (1): 39-48.

Gierlowski-Kordesch E, B R Rust, 1994. The Jurassic East Berlin Formation, Hartford basin, Newark Supergroup (Connecticut and Massachusetts): a saline lake-playa-alluvial plain system [M]. SEPM Special Publication.

Gilbert G K, 1890. Lake Bonneville [M]. U.S. Geological Survey Monograph 1.

Gilles J, 2013. Empirical Wavelet Transform [J]. IEEE Transactions on Signal Processing, 61 (16): 3999-4010.

Goloshubin G, C Van, V Korneev, et al., 2006. Reservoir imaging using low frequencies of seismic reflections [J]. The Leading Edge, 25 (5): 527-531.

Grassberger P, I Procaccia, 1983. Characterization of Strange Attractors [J]. Physical Review Letters, 50 (5): 346-349.

Gray S H, G Maclean, K J Marfurt, 1999. Crooked line, rough topography: advancing towards the correct seismic image [J]. Geophysical Prospecting, 47 (5): 721-733.

Hails J R, 1977. Applied geomorphology—a perspective of the contribution of geomorphology to interdisciplinary studies and environmental management [J]. Engineering Geology, 14 (4): 287-288.

Halbouty M T, 1980. Giant Oil and Gas Fields of the Decade 1968-1978, AA PG Memoir 30 [M]. Tulsa: AAPG, 1-596.

Halbouty M T, 1982. The Deliberate search for the subtle trap [M]. American Association of Petroleum Geologists.

Hao Fang, Zou Huayao, Gong Zaisheng, 2010. Preferential petroleum migration pathways and prediction of petroleum occurrence in sedimentary basins : A review [J]. Petroleum Sciences, 1 (7): 2-9.

Hart B, Sarzalejo S, Mccullagh T, 2007. Seismic stratigraphy and small 3D seismic surveys [J]. The Leading Edge, 26 (7): 876-881.

Hayberan K A, R E Hecky, 1987. The late Pleistocene and Holocene stratigraphy and paleoclimatology of lakes Kivu and Tanganyika [J]. Palaeogeography, Palaeoclimatology, Palaeoecology, 61: 169-197.

Hennenfent G, Fenelon L, Herrmann F J, 2010. Nonequispaced curvelet transform for seismic data reconstruction : A sparsity-promoting approach [J]. Geophysics, 75 (6): 207-210.

Hentz T F, Zeng H L, 2003. High frequency Miocene sequence stratigraphy, offshore Louisiana : Cycle framework and influence on production distribution in a mature shelf province [J]. AAPG Bulletin, 87 (2): 197-230.

Hongliu Zeng, Stephen C Henry, John P Riola, 1998a. Stratal Slicing, Part I : Realistic 3-D seismic model [J]. Geophysics, 63 (2): 502-513.

Hongliu Zeng, Stephen C Henry, John P Riola, 1998b. Stratal Slicing, Part II : Realistic 3-D seismic model [J]. Geophysics, 63 (2): 514-522.

Hooper E C D, 1991. Fluid migration along growth faults in compacting sediments [J]. Journal of Petroleum Geology, 14 (2): 161-180.

Hubbert M K, 1953. Entrapment of petroleum under hydrodynamic conditions [J]. AAPG Bulletin, 37 (8): 1954-2026.

Jervey M T, 1988. Quantitative Geological Modeling of Siliciclastic Rock Sequences and Their Seismic Expression [M].

Jin C Z, Qin Y, Company D O, et al., 2017. Seismic strong shield removal based on the long and short cycle analysis [J]. Oil Geophysical Prospecting, 52 (5): 1042-1048.

Johnson J G, Klapper G, Sandberg C A, 1985.Devonian eustatic fluctuations in Euramerica [J]. Bull. Geo. Soc. America, 99: 567-587.

Johnson T C, J D Halfman, B R Rosendahl, et al., 1987. Climatic and tectonic effects on sedimentation in a rift-valley lake ; evidence from high-resolution seismic profiles, Lake Turkana, Kenya [J]. Geological Society of America Bulletin, 98 (4): 439-447.

Jones T D, 1986. Pore fluids and frequency-dependent wave propagation in rocks [J]. Geophysics, 51 (10): 1939-1953.

Jose Luis, M B Ruth, J Jean-Claude, 2003. 3D visualization of carbonate reservoirs [J]. The Leading Edge, 22 (1): 18-25.

José M C, P Stefano, 2006. P-wave seismic attenuation by slow-wave diffusion : Effects of inhomogeneous rock properties [J]. Geophysics, 71 (3): 1-8.

Junyu B, X Zilong, X yunfei, et al., 2014. Nonlinear hybrid optimization algorithm for seismic impedance inversion [C]. International Geophysical Conference and Exposition, 541-544.

Kaiser J F, 1990. On a simple algorithm to calculate the "energy" of a signal [C]. International Conference on Acoustics, Speech and Signal Processing, (1): 381-384.

Kalkomey C T, 1997. Potential risks when using seismic attributes as predictors of reservoir properties [J]. The Leading Edge, 16 (3): 247-251.

Kallweit R S, L C Wood, 1982. The limits of resolution of zero-phase wavelets [J]. Geophysics, 47 (7): 1035-1046.

Kan I, H Kocak, J A Yorke, 1992. Antimonotonicity: Concurrent Creation and Annihilation of Periodic Orbits [J]. Annals of Mathematics, 136 (2): 219-252.

Kevin M Bohacs, Alan R Carroll, John E Neal, et al., 2000. Lake-Basin Type, Source Potential, and Hydrocarbon Character: An Integrated Sequence-Stratigraphic-Geochemical Framework [J]. AAPG Studies in Geology, 46: 3-33.

Kim K I, Franz M O, Schlkopf B, 2005. Iterative Kernel Principal Component Analysis for Image Modeling [J]. IEEE Transactions on Pattern Analysis & Machine Intelligence, 27 (9): 1351-1366.

Klokov A, Fomel S, 2012. Separation and imaging of seismic diffractions using migrated dip-angle gathers [J]. Geophysics, 77 (6): 131-143.

Knapp R W, 1990. Vertical resolution of thick beds, thin beds, and bed cyclothems [J]. Geophysics, 55 (9): 1183-1190.

Knipe R J, 1997. Juxtaposition and seal diagrams to help analyze fault seals in hydrocarbon reservoirs [J]. AAPG Bulletin, 81 (2): 187-195.

Kusumastuti A, Van Rensbergen P, Warren J K, 2002. Seismic Sequence Analysis and Reservoir Potential of Drowned Miocene Carbonate Platforms in the Madura Strait, East Java, Indonesia [J]. AAPG Bulletin, 86 (2): 213-232. doi: 10.1306/61EEDA94-173E-11D7-8645000102C1865D.

Landa E, Fomel S, Reshef, 2008. Separation, imaging, and velocity analysis of seismic diffractions using migrated dip-angle gathers [J]. Seg Technical Program Expanded Abstracts, 27 (1): 3713.

Li H S, Yang W Y, Tian J, et al., 2014. Coal seam strong reflection separation with matching pursuit [J]. Oil Geophysical Prospecting, 49 (5): 866-870.

Li Hao, Gao Xianzhi, Meng Xiaoyan, et al., 2013. Evaluation of effective carrier system and function on hydrocarbon accumulation in Gaoyou Sag, Subei Basin, China [J]. Journal of Central South University, 20 (6): 1679-1692.

Ligtenberg J H, 2005. Detection of fluid migration pathways in seismic data: implications for fault seal analysis [J]. Basin Research, 17 (1): 141-153.

Liu J L, Wu Y F, Han D H, et al., 2004. Time-frequency decomposition based on Ricker wavelet [C]. SEG Technical Program Expanded Abstracts, 23: 1937-1940.

Lu W, 2013. An accelerated sparse time-invariant Radon transform in the mixed frequency-time domain based on iterative 2D model shrinkage [J]. Geophysics, 78 (4): 147-155.

Lumley D E, Claerbout J F, Bevc D, 1994. Anti-aliased Kirchhoff 3-D migration [C]. SEG, 1282-1285.

Mallat S G, Zhang Z, 1993. Matching pursuits with time-frequency dictionaries [J]. IEEE Transactions on Signal Processing, 41 (12): 3397-3415.

Manspeizer W, 1985. The Dead Sea rift: impact of climate and tectonism on Pleistocene and Holocene sedimentation, in K T Biddle, N Christie-Blick, eds, Strike-slip deformation, basin formation, and sedimentation [M]. SEPM Special Publication.

McCaslin, 1979. International petroleum encyclopedia, Volume 12 [J].

Michel T Halbouty, 1982. The deliberate search for subtle trap [M]. AAPG Memoir, AAPG Tulsa Oklahoma.

Mitchum R M J, 1977. Seismic stratigraphy and global changes of sea level, Part I, Glossary of terms used in seismic stratigraphy [M].

Mohler R R, M J Wilkinson, J R Giardino, 1995. The extreme reduction of Lake Chad surface area: input to paleoclimatic reconstructions [C]. Geological Society of America Abstracts with Program Annual Meeting, A: 265.

Ni Changkuan, Su Mingjun, Yuan Cheng, et al., 2022. Thin-interbedded reservoirs prediction based on seismic sedimentology [J]. 石油勘探与开发: 英文版, 49 (4): 851-863.

Oliveira S, L Loures, F Moraes, et al., 2009. Nonlinear impedance inversion for attenuating media [J]. Geophysics, 74 (6): 111-117.

Peacock K L, Treitel S, 1969. Predictive deconvolution-Theory and practice [J]. Geophysics, 34 (2): 155-169.

Perlmutter M A, M D Matthews, 1990. Global cyclostratigraphy-a model [M]. Quantitative Dynamic Stratigraphy: Englewood Cliffs, New Jersey, Prentice Hall.

Pialucha T, C C H Guyott, P Cawley, 1989. Amplitude spectrum method for the measurement of phase velocity [J]. Ultrasonics, 27 (5): 270-279.

Pierre-Yves O, 2003. The production and recognition of emotions in speech: features and algorithms [J]. International Journal of Human-Computer studies, 62 (1-2): 157-183.

Pinnegar C R, L Mansinha, 2003. The Bi-Gaussian S-Transform [J]. SIAM Journal on Scientific Computing, 24 (5): 1678-1692.

Pinnegar C R, L Mansinha, 2003. The S-transform with windows of arbitrary and varying shape [J]. Geophysics, 68 (1): 381-385.

Posamentier H W, Allen G P, 1999. Siliciclastic Sequence Stratigraphy – Concepts and Applications [J]. DOI: 10.2110/csp.99.07.

Posamentier H W, Allen G P, James D P, et al., 1992. Forced regressions in a sequence stratigraphic framework: concepts, examples, and exploration significance [J]. AAPG Bulletin, 76 (11): 1687-1709.

Posamentier H W, Dorn G A, Cole M J, et al., 1996. Imaging elements of depositional systems with 3-D seismic data: A case study [C]. GCSSEPM Foundation, 17th Annual Research Conference, 213-228.

Posamentier H W, Jervey M T, Vail P R, 1988. Eustatic controls on Clastic Deposition – Conceptual Framework [M].

Posamentier H W, P R Vail, 1988. Eustatic controls on clastic deposition II-sequence and systems tracts models, in C K Wilgus, et al, eds, Sea-level changes: an integrated approach [M]. SEPM Special

Publication.

Quincy Chen, Steve Sidney, 1997. Seismic Attributes Technology for Reservoir Forecasting and Monitoring [J]. The Leading Edge, 26 (3): 445-450.

Ramsayer G R, 1979. Seismic stratigraphy, a fundamental exploration tool [C]. Offshore Technology Conference, 1859-1867.

Rayleigh L, Strutt J W, Bruce R, et al., 1945. The theory of sound [M]. Dover Publishing, New York.

Ricker N, 1953. Wavelet contraction, wavelet expression and the control of seismic resolution [J]. Geophysics, 18 (6): 769-792.

Rust B R, 1978. A classification of alluvial channel systems [J] .Dallas geological society.

Saggaf M M, Nebrija Ed L, 2002. Estimating reservoir potential by integrating multiple attributes [J]. World Oil, 223 (5): 56-60.

Sanger T D, 1989. Optimal unsupervised learning in a single-layer linear feed forward neural network [J]. Neural Networks, 2 (6): 459-473.

Shen C, A Wang, L Wang, et al., 2015. Resolution equivalence of dispersion-imaging methods for noise-free high-frequency surface-wave data [J]. Journal of Applied Geophysics, 122: 167-171.

Sheng X, Z Yu, P Don, et al., 2005. Antileakage Fourier transform for seismic data regularization [J]. Geophysics, 70 (4): 87-95.

Sheriff R E, Geldart L P, 1982. Exploration Seismology [M]. Cambridge University Press.

Sheriff R E, L P Geldart, 1995. Exploration Seismology [M]. Cambridge University Press.

Sladen C P, 1994. Key elements during the search for hydrocarbons in lake systems, in E.Gierlowski Kordesch, K Kelts eds [M]. Global Geological Record of Lake Basins, 1: C.

Su M J, Yuan C, Hong Z, 2017. Building high-resolution sequence framework by jointly using well logging and seismic data [C]. SEG Technical Program Expanded Abstracts, 1950-1954.

Sun J, Abma R, Bernitsas N, 1999. Anti-aliasing in Kirchhoff migration [C]. SEG 1999 Expanded Abstracts, 1134-1137.

Thakur G, E Brevdo, N S Fučkar, et al., 2013. The Synchrosqueezing algorithm for time-varying spectral analysis: Robustness properties and new paleoclimate applications [J]. Signal Processing, 93 (5): 1079-1094.

Tobias M M, G Boris, L Maxim, 2010. Seismic wave attenuation and dispersion resulting from wave-induced flow in porous rocks-A review [J]. Geophysics, 75 (5): 147-164.

Torrence C, G P Compo, 1998. A Practical Guide to Wavelet Analysis [J]. Bulletin of the American Meteorological Society, 79 (1): 61-78.

Vail P R, 1987. Seismic stratigraphy interpretation using sequence stratigraphy. Part 1 : Seismic stratigraphy interpretation procedure [J] .Atlas of seismic stratigraphy.

Vail P R, Hardenbol J, Todd R G, 1984. Jurassic unconformities, chronostratigraphy, and sea-level changes from seismic stratigraphy and biostratigraphy [M] .Mem.Amer.Assoc.Petrol.Geol.

Vail P R, Mitchum R M, 1977. Seismic stratigraphy and global changes of sea level : part 5, chronostratigraphic significance of seismic reflections [J]. AAPG Memoir, 26: 99-116.

Vail P R, Mitchum R M, Thompsom S, 1977. Seismic stratigraphy and global changes of sea level, Part 3: Relative changes of sea level from coastal onlap [J]. Geophysical Research Letters, 29 (22): 71-74.

Van Wagoner J C, 1988. An overview of sequence stratigraphy and key definitions [J]. Sea level changes-An integrated approach.

Walker C, T J Ulrych, 1983. Autoregressive recovery of the acoustic impedance [J]. Geophysics, 48: 1338-1350.

Wang L, Mendel J M, 1992. Adaptive minimum prediction-error deconvolution and source wavelet estimation using Hopfield neural networks [J]. Geophysics, 57 (4): 670-679.

Wang Y H, 2007. Seismic time-frequency spectral decomposition by matching pursuit [J]. Geophysics, 72 (1): 17-20.

Wawrzyniak K, 2010. Application of Time-Frequency Transforms to Processing of Full Waveforms from Acoustic Logs [J]. Acta Geophysica, 58 (1): 49-82.

Welte D H, Hantschel T, Wygrala B P, et al., 2000. Aspects of petroleum migration modeling (In: Proceedings of Geofluids III, Third international conference on fluid evolution, migration and interaction in sedimentary basins and orogenic belts)[J]. Journal of Geochemical Exploration, 69-70, 711-714.

Widess M A, 1973. How thin is a thin bed? [J], Geophysics, 38 (6): 1176-1254.

Widess M A, 2012. Quantifying resolution power of seismic systems [J], Geophysics, 47 (8): 1160-1173.

Wu M J, Zhong G F, Li Y L, et al., 2012. All-reflector-tracking based 3D seismic sequence analysis for shale gas reservoir prediction: case study from the lower Silurian Longmaxi Formation, southern Sichuan Basin, southwest China [C]. SEG Technical Program Expanded Abstracts, 1-5.

Xu L, Wu X H, Zhang M Z, 2019. Strong reflection identification and separation based on the local-frequency-constrained dynamic matching pursuit [J]. Oil Geophysics Prospect, 54 (3): 587-593.

Xue Y J, Cao J X, Wang D X, et al., 2016. Application of the Variational-Mode Decomposition for Seismic Time-frequency Analysis [J]. IEEE Journal of Selected Topics in Applied Earth Observations and Remote Sensing, 9 (8): 3821-3831.

Xue Y, Cao J, Tian R, et al., 2014. Application of the empirical mode decomposition and wavelet transform to seismic reflection frequency attenuation analysis [J]. Journal of Petroleum Science and Engineering, 122: 360-370.

Yang Z L, Huang Y F, 2015. Concept and application of seismogeology isochronous body: Relationship discussion of seismic reflection isochronous and geological deposition isochronous [C]. 31st IAS Meeting of Sedimentology, Krakow, Poland.

Yang Z L, Huang Y F, Wu Q P, 2015. Key points analysis of using seismic data to study sedimentary system in terrestrial lacustrine rift basins [C]. 31st IAS Meeting of Sedimentology, Krakow, Poland.

Yang Z L, Sha X M, 2017. An analytical method combining seismic structure and attributes with applications for characterizing depositional systems in lacustrine basins [C]. SEG Technical Program Expanded Abstracts, 1970-1975.

Yao J, Li S, Hong Z, et al., 2017. Application of amplitude compensation method for poststack seismic data in the study of seismic sedimentology [C] //SEG Technical Program Expanded Abstracts 2017.DOI: 10.1190/segam2017-17626811.1.

Yao Jun, Li Shuangwen, Hong Zhong, et al., 2017. Application of amplitude compensation method for post-stack seismic data in the study of seismic Sedimentology [C]. SEG, Houston.

Yielding G, Freeman B, Needhamd T, 1997. Quantitative fault seal prediction [J]. AAPG Bulletin, 81 (6): 897-917.

Zeng Hongliu, Posamentier H W, Miall A D, et al., 2011. 地震沉积学 [M]. 朱筱敏, 曾洪流, 董艳蕾, 等, 译. 北京: 石油工业出版社.

Zeng H L, Backus M M, Barrow K T, 1998. Stratal Slicing, Part I: Realistic 3-D seismic model [J]. Geophysics, 63 (2): 502-513.

Zeng H L, Henry C S, Riola J P, 1998. Stratal Slicing, Part II: Realistic 3-D seismic model [J]. Geophysics, 63 (2): 514-522.

Zeng H L, Hentz T F, 2004. High-frequency sequence stratigraphy from seismic sedimentology: applied to Miocene, Vermilion block 50, Tiger shoal area, off-shore Louisiana [J]. AAPG Bulletin, 88 (2): 153-174.

Zeng Hongliu, Kerans C, 2003. Seismic frequency control on carbonate seismic stratigraphy: A case study of the Kingdom Abo sequence, west Texas [J]. AAPG Bulletin, 87 (2): 273-293.

Zeng Hongliu, Zhao Wenzhi, Xu Zhaohui, et al., 2018. Carbonate seismic sedimentology: A case study of Cambrian Longwangmiao Formation, Gaoshiti-Moxi area, Sichuan Basin, China [J]. Petroleum Exploration and Development, 45 (5): 775-784.

Zeng Hongliu, Zhu Xiaomin, Zhu Rukai, et al., 2012.Guidelines for seismic sedimentological study in non-marine postrift basins [J]. Petroleum exploration and development, 39 (3): 275-284.

Zhong G F, Li Y L, Wu F R, et al., 2010. Identification of subtle seismic sequence boundaries by all-reflector tracking method [C]. SEG Technical Program Expanded Abstracts, 1545-1549.

Zhong G F, X Yin, 2004. An acoustic impedance inversion approach using discrete inversion theory [C]. SEG Technical Program Expanded Abstracts, 1854-1857.